JIBING LINCHUANG ZHENZHI TUJIAN

鸡病临床诊治图鉴

谷风柱　李克鑫　陈合权　主编

山东科学技术出版社
·济南·

图书在版编目（CIP）数据

鸡病临床诊治图鉴 / 谷风柱，李克鑫，陈合权主编．
-- 济南：山东科学技术出版社，2020.11（2022.1 重印）
ISBN 978-7-5723-0694-5

Ⅰ．①鸡…　Ⅱ．①谷…　②李…　③陈…　Ⅲ．①鸡病 - 诊疗 - 图集　Ⅳ．① S858.31-64

中国版本图书馆 CIP 数据核字 (2020) 第 208977 号

鸡病临床诊治图鉴

JIBING LINCHUANG ZHENZHI TUJIAN

责任编辑：于　军
装帧设计：李晨溪

主管单位：山东出版传媒股份有限公司
出 版 者：山东科学技术出版社
地址：济南市市中区舜耕路 517 号
邮编：250003　电话：（0531）82098088
网址：www.lkj.com.cn
电子邮件：sdkj@sdcbcm.com
发 行 者：山东科学技术出版社
地址：济南市市中区舜耕路 517 号
邮编：250003　电话：（0531）82098067
印 刷 者：山东新华印务有限公司
地址：济南市世纪大道 2366 号
邮编：250104　电话：（0531）82079112

规格：16 开（210 mm × 285 mm）
印张：15.25　　**字数：**264 千
版次：2020 年 11 月第 1 版　**印次：**2022 年 1 月第 2 次印刷
定价：168.00 元

编　委　会

BIAN WEI HUI

PREFACE 前言

近年来，我国家禽产业迅猛发展，规模化养殖程度、标准化管理水平不断提高，取得了令人瞩目的成绩。但是，鸡病仍是困扰养鸡产业发展的一大难题，“老病未去、新病又添，新病没治、新病又变，混合感染、诊断困难”的复杂局面让临床诊治愈来愈棘手。为提高临床兽医对鸡常见病和新发病的诊治水平，我们组织了几十位临床一线的兽医专家，编写了《鸡病临床诊治图鉴》。

根据近年来的临床实践发现，鸡安卡拉病、气囊炎、肺坏死、滑膜炎等新发病给养鸡产业造成了极大损失，已经引起了兽医专家的高度关注，本书予以充分论述。本书以“病例典型、材料真实、精挑细选、一目了然”为编写原则，共介绍50余种鸡病，图片800余幅，包括鸡的病毒病、细菌病、寄生虫病、营养代谢病和普通病等，每种鸡病都介绍了病原与流行、症状与病变、诊断要点与防治措施等。本书内容言简意赅，符合基层禽病临床兽医工作者的真正需求，能达到“看图识病、看图诊病、看图治病、看图防病”的目的。将典型的临床和剖检照片纳入了图鉴，增加了临床实战病例，优化了临床诊断要点，组合了最佳防治方案，提出了新颖治疗理念。本书具有理论与实践相结合，实用价值高的特点，适合鸡场、兽药厂、饲料厂技术与管理人员，高校动物医学专业学生，基层畜牧兽医工作者参考使用。

由于我们的水平有限，鸡病诊疗技术日新月异，书中疏漏和不足之处在所难免，诚请各位专家、同行提出宝贵意见。

编者

CONTENTS 目录

第一章　病毒性疾病

第二章　细菌性疾病

第三章　寄生虫病

第四章　营养代谢性疾病

第五章　普通病

第一章　病毒性疾病

一、禽流感

禽流感全名为鸟禽类流行性感冒，又称真性鸡瘟或欧洲鸡瘟，是由病毒引起的一种鸟禽急性、烈性、高度致死性传染病，被国际兽疫局定为甲类传染病。到目前为止，禽流感疫情在不少国家和地区仍时有发生，而且还不断扩散，病死率和淘汰率很高，给蛋鸡、肉鸡、黄鸡、鹌鹑、水禽等养殖业带来极大的地区风险和威胁。目前我国普遍实行的是疫苗防疫政策，但由于地域辽阔、饲养分散，禽流感仍有零星发生，特别是 H9 流感时有发生。

【病原】禽流感病毒为正黏病毒属，小颗粒球形病毒。病毒表层为对红细胞有凝集作用的血凝素（HA），能解脱吸附在细胞表面病毒粒子的神经氨酸酶（NA）。这两种物质都是糖蛋白，具有亚型的多变性，在病毒感染过程中起着重要作用。如果两个以上不同亚型毒株混合感染时，则易发生基因的交换和重组，这时病毒就会发生变异。

高致病性禽流感病毒毒株多为 H5 和 H7，目前 H5 以 N1、N2、N6、N8 等亚型多发，且有若干个变异毒株，如 Re-6、Re-7、 Re-8、Re-10、Re-11、Re-12 等；高致病性 H7N9 也由 Re-2 变为 Re-3。由于病毒多变异，导致 A 型禽流感反复发生，难以彻底根除。

低致病性禽流感病毒毒株多为 H9N2 和 H7N9。原来总认为 H9 是弱毒，只带毒不发病，但经几次发生变异后，致病性和致死性都有明显增强趋势，且易造成家禽的免疫抑制。

【流行特点】野鸟带毒、冬春多发、病鸡扩散、应激促发，特别是冷应激易引发呼吸型和肾病型的低致病性禽流感。

野鸟污染饲料

河北张双良先生“一闷一闪，必得流感”一语，道出了温度恒定的重要性和温差过大的危害性。H9是否有垂直传播趋向，专家们正在密切关注。

【临床症状】

1. 强毒型

鸡群突然发病，流行传播迅速，常常不表现任何症状而大批死亡。病程稍长的鸡，精神沉郁，废食，羽毛松乱，头颈下垂，鸡冠和肉垂发黑或高度水肿。腿部鳞片出血变紫非常严重；有些鸡可出现扭颈、抽搐、惊厥和瘫痪等神经症状；蛋鸡可引起产蛋率急剧下降，薄皮蛋、沙皮蛋、浅壳蛋、畸形蛋明显增多。鸡群死亡率可达20%~50%，甚至更高。

2. 弱毒型

病鸡以呼吸道症状为主，流鼻液、流泪，眼角拉长，眼睑肿胀，肿头肿窦，呼噜吭哧，“咔咔”甩鼻，高声怪叫，沉郁衰竭；有的病鸡脚鳞轻微变紫；产蛋率突然下降，但死亡率不高。有些病鸡下痢，排黄绿色、水样粪便。

3. 轻慢型

病鸡发病率高，死亡率低，有其他并发症时，死亡率明显增高。鸡群仅表现为轻微的呼吸道症状，同时伴有产蛋率下降。一般持续几周后，产蛋率可回升。

种鸡精神沉郁，冠髯发紫，眼炎

肉鸡脚鳞轻度出血

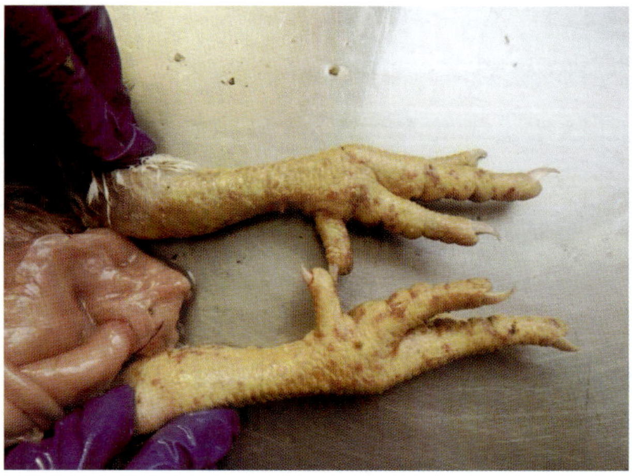

肉鸡脚鳞中度出血

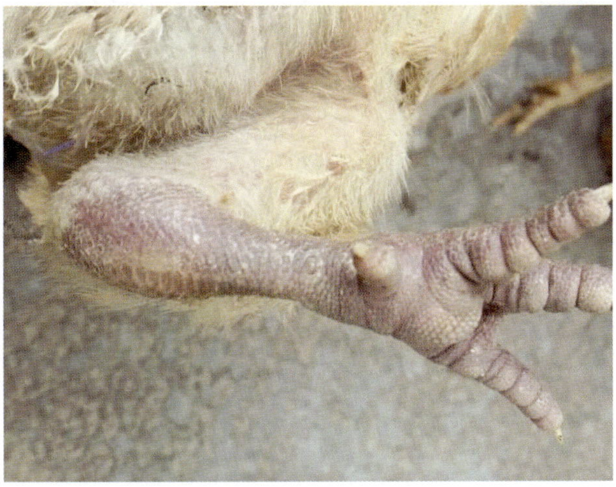

肉鸡脚鳞严重出血

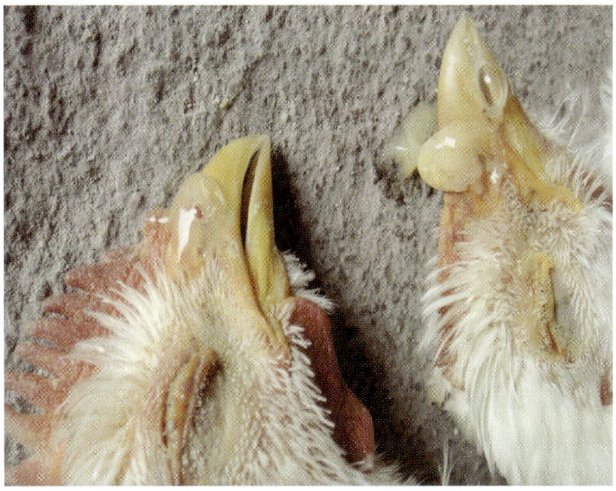

肉鸡流鼻液

肉鸡眼睑肿胀，呼吸困难

蛋鸡眼睑肿胀变形

蛋鸡肉髯水肿

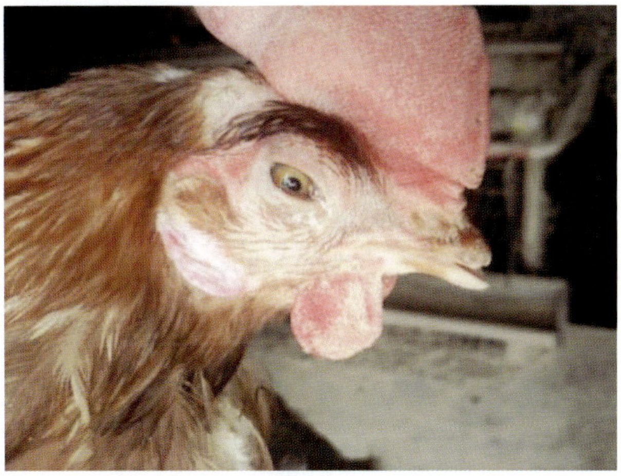

蛋鸡流泪，眼角拉长

褐壳蛋鸡产白壳蛋且脱色变淡，蛋畸形

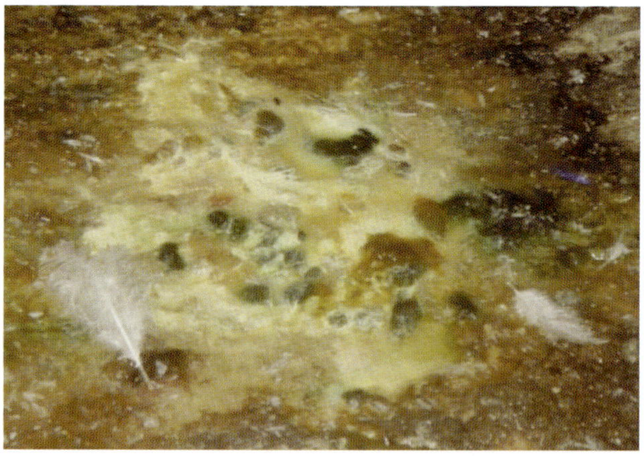

严重下痢，呈黄绿色

【病理变化】

1. 最急性死亡鸡

最急性死亡鸡仅在内脏浆膜面和心冠脂肪上见到出血点。

2. 急性发病鸡

鸡头肿大，头部皮下胶冻样浸润与出血。嗉囊溃疡；心内膜、心外膜点状出血或有灰黄色坏死灶；腺胃乳头出血，腺胃与肌胃交界处有带状出血；肝、脾明显肿大；胸腺出血；腺胃黏膜、十二指肠、盲肠扁桃腺及泄殖腔有条状出血或斑块状出血；睾丸出血；腿肌及脏器脂肪都有出血带或出血点。气囊炎症、支气管堵塞，严重的呈现出血性、坏死性肺炎。母鸡卵巢萎缩，卵泡变形、充血、淤血坏死，输卵管内有白色黏稠的分泌物。易继发大肠杆菌病和肾脏病变。

3. 症状轻微鸡

眶下窦有卡他性、浆液—纤维素性、黏液—脓性或干酪样炎症。气管黏膜水肿，有渗出物。

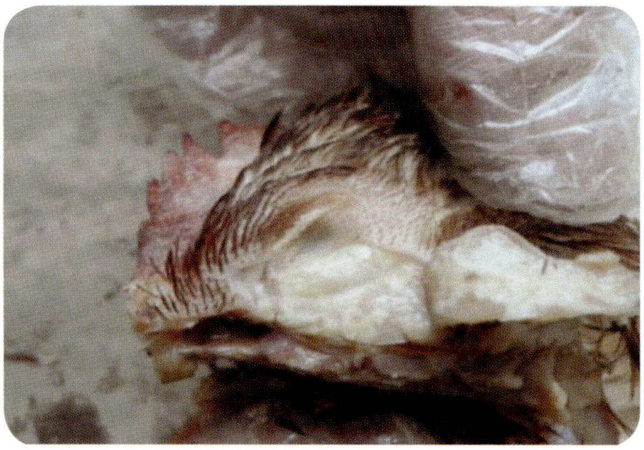

蛋鸡肿头，皮下胶冻样浸润

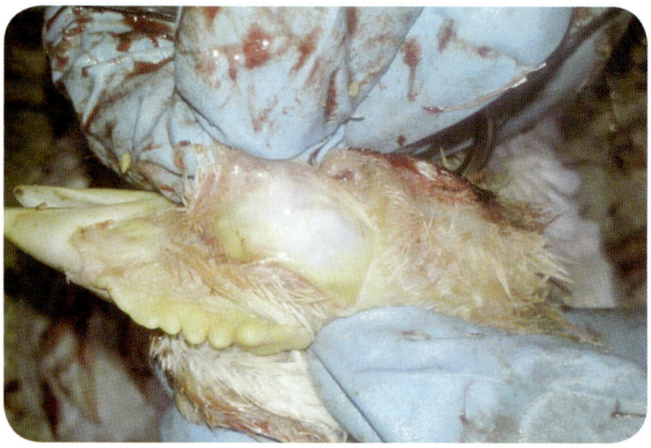

肉鸡头部皮下胶冻样浸润

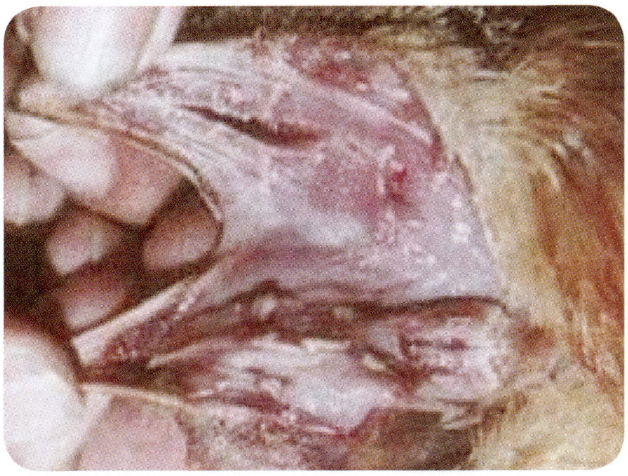

口腔黏膜出血严重

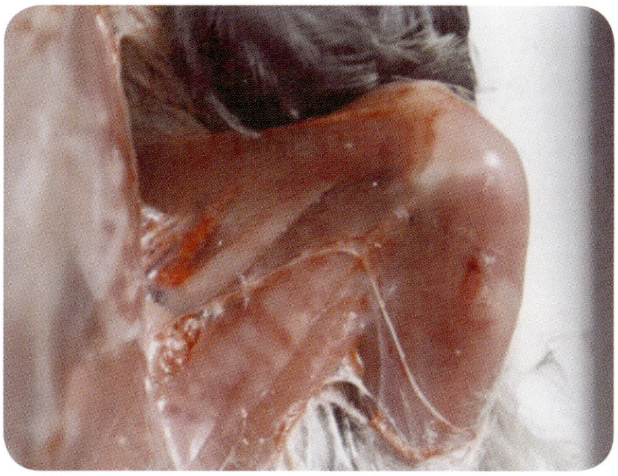

蛋鸡腿肌条纹状出血

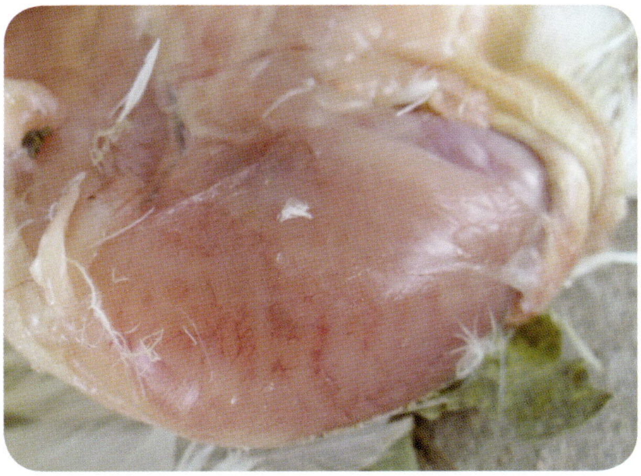

肉鸡腿肌规则条纹状出血

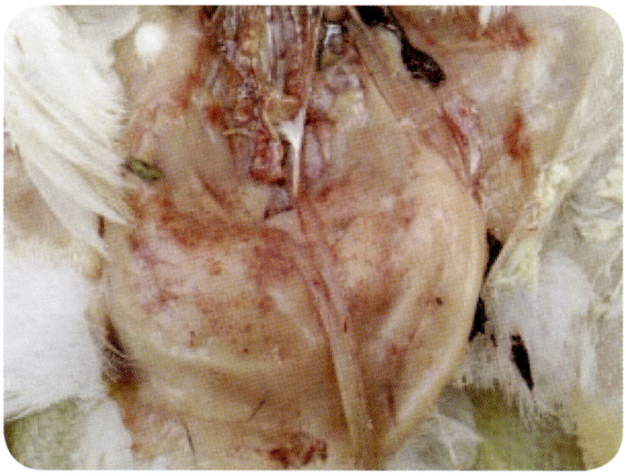

腹部脂肪有明显出血点

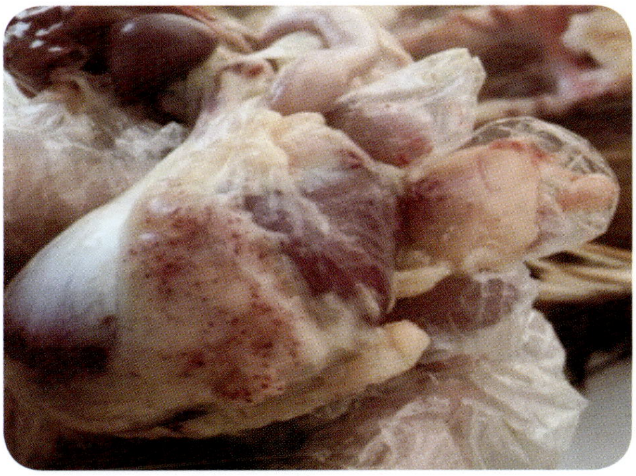

肌胃脂肪有大量出血点

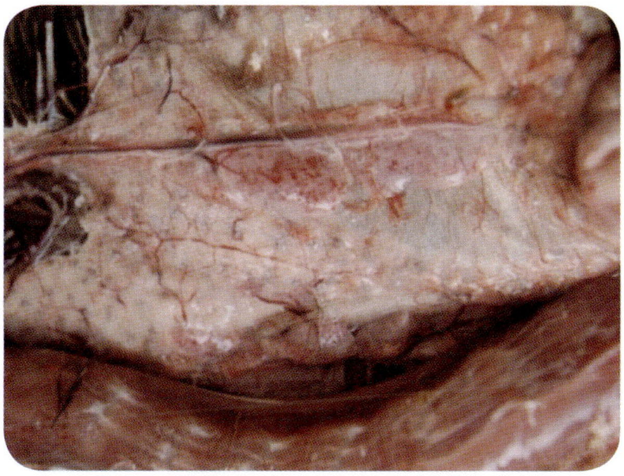

黄鸡胸腺有出血点

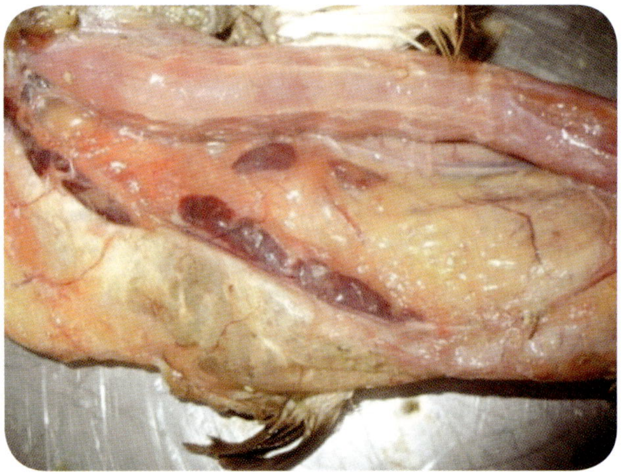

蛋鸡胸腺严重出血

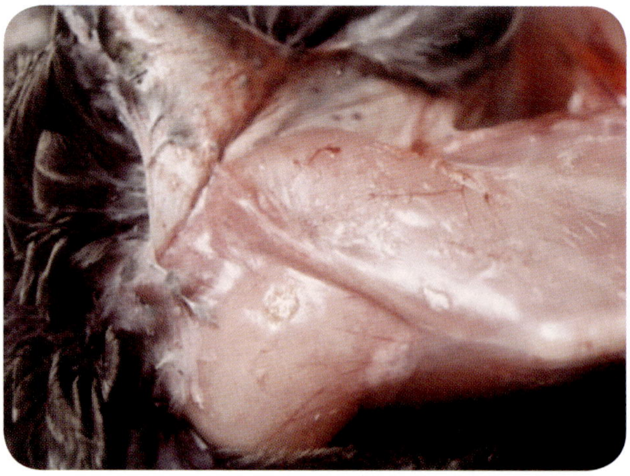

黄鸡嗉囊有溃疡灶

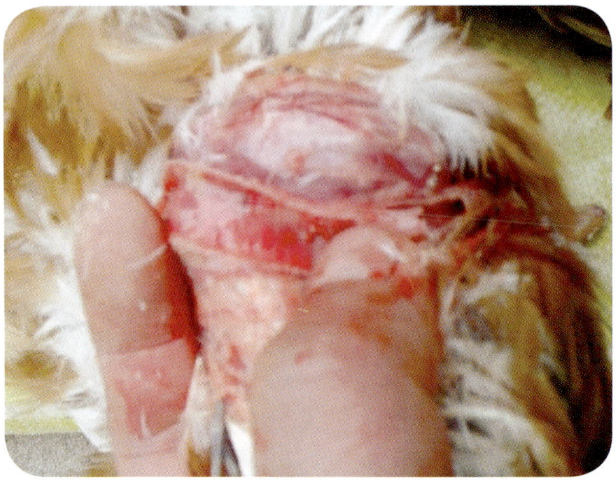

蛋鸡气管弥漫性出血

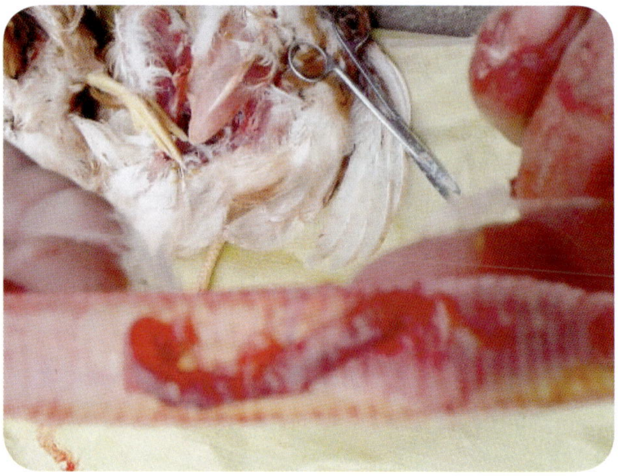

蛋鸡气管内有凝血块

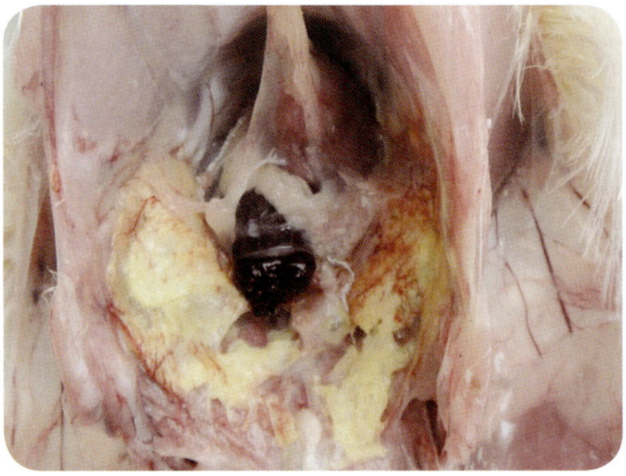

肉鸡胸气囊炎

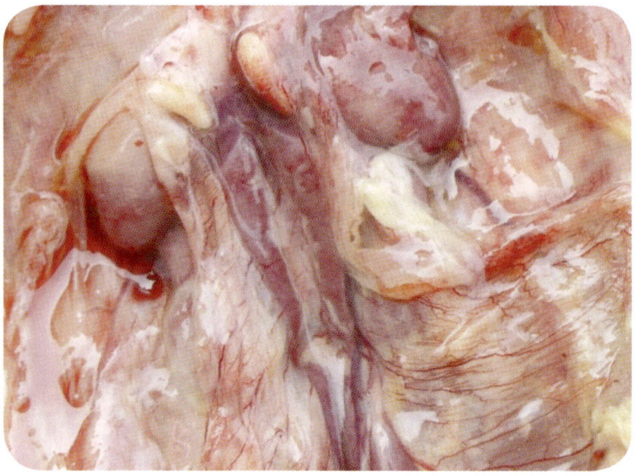

肉鸡腹气囊炎，睾丸出血

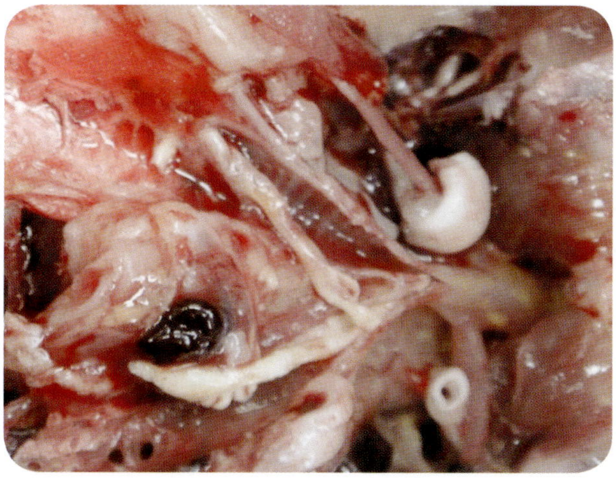

肉鸡支气管堵塞

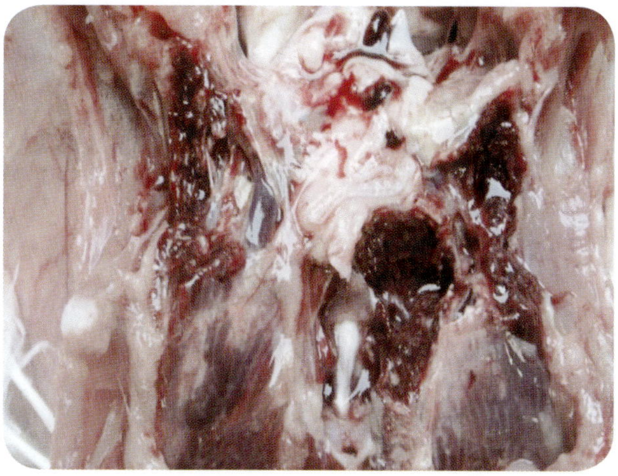

出血性、坏死性肺炎

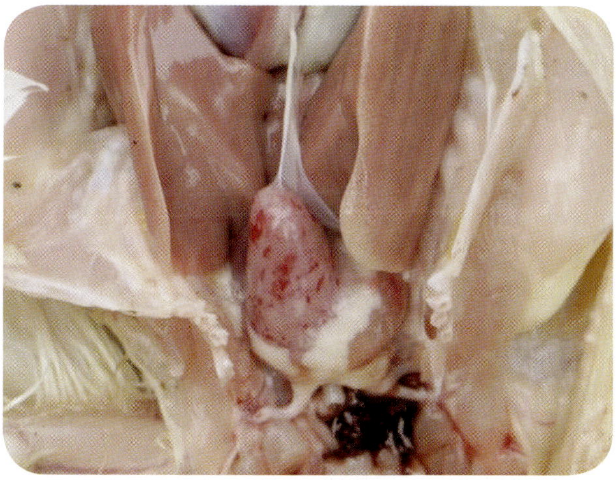

心肌外膜严重出血

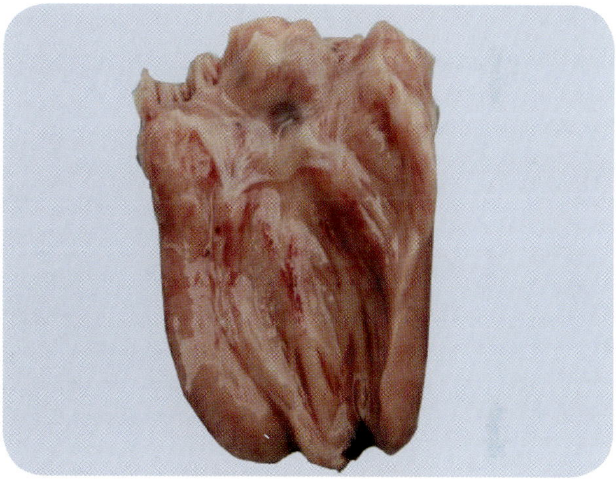

心肌内膜明显出血

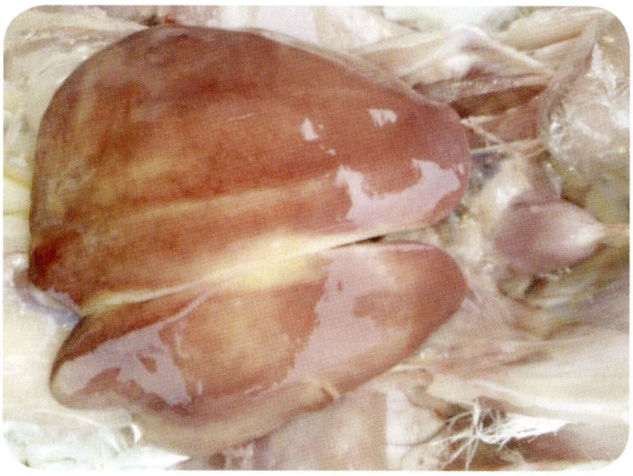

肝脏肿胀黄染，呈桃花芯样病变

肝脏肿胀淤血，胆囊胀满

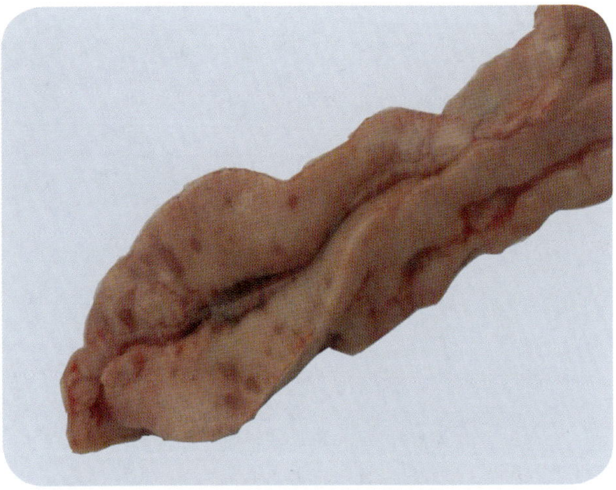

强毒感染：胰腺体出血

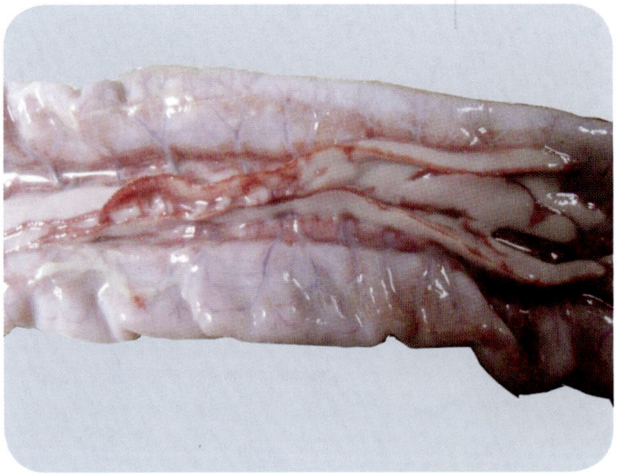

弱毒感染：胰腺边缘出血

脾脏出血

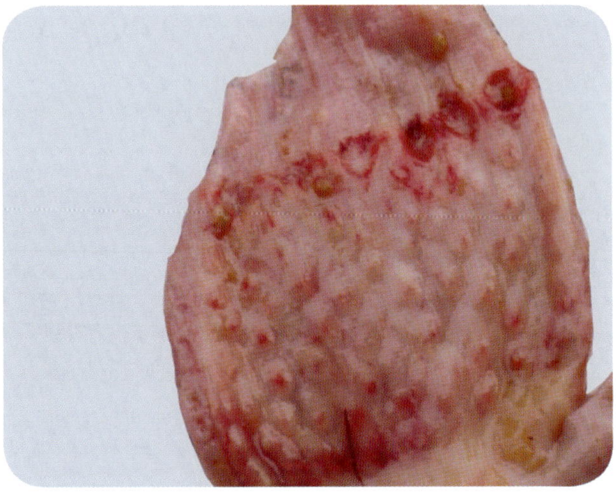

食道与腺胃间的出血带

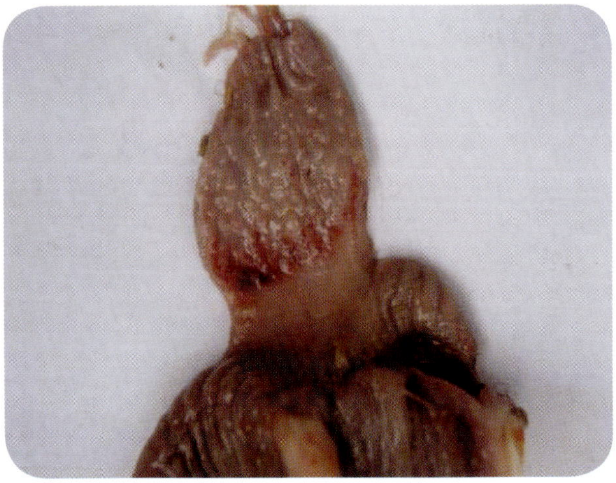

腺胃与肌胃间的出血带

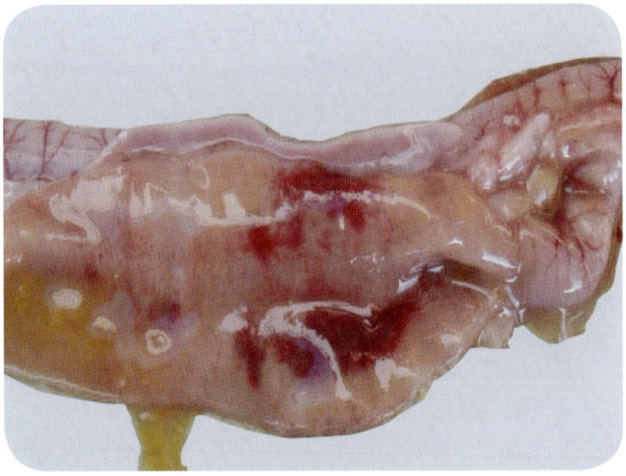

十二指肠黏膜出血斑

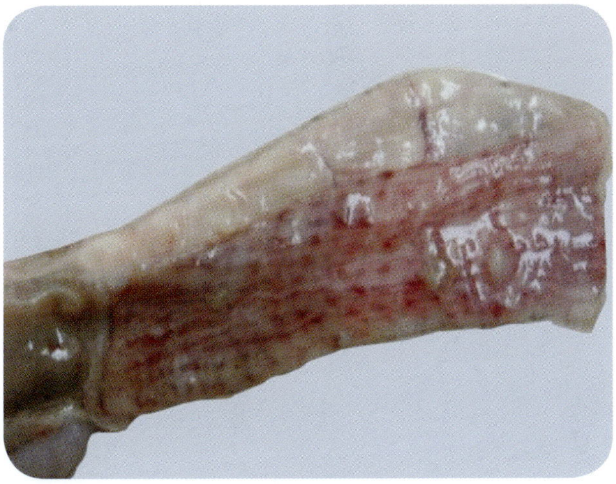

直肠黏膜条状出血

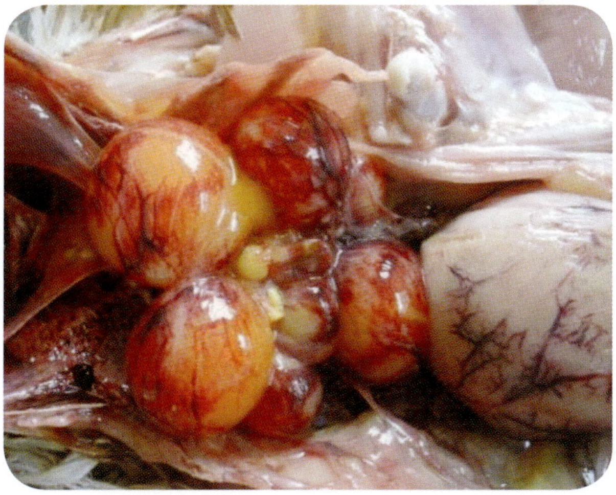

卵泡明显充血

卵泡严重淤血

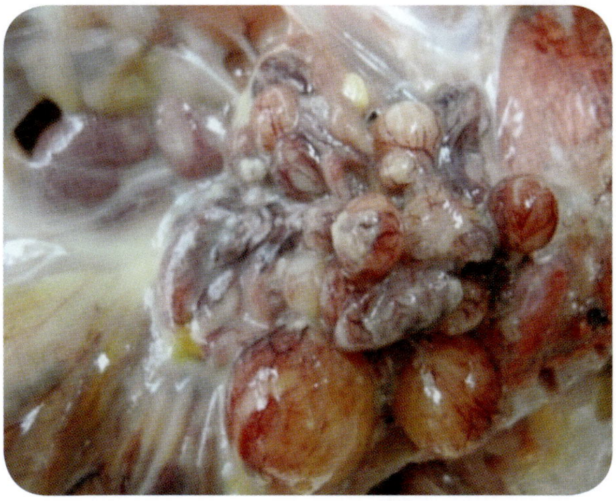

卵泡萎缩坏死

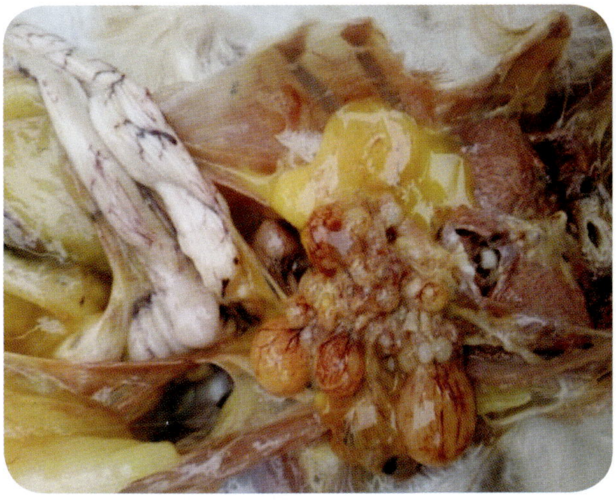

卵泡萎缩液化

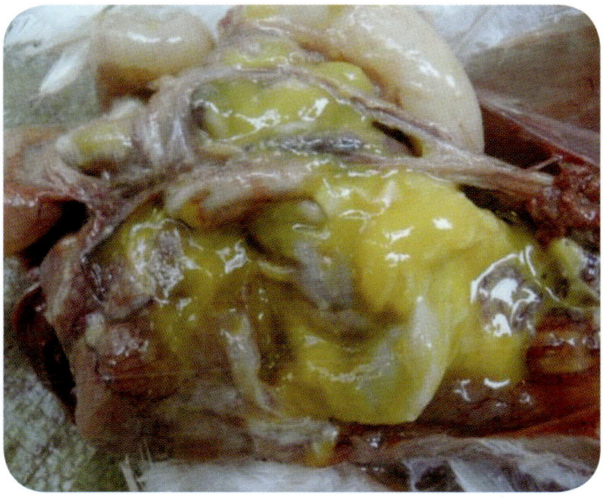

卵黄性腹膜炎

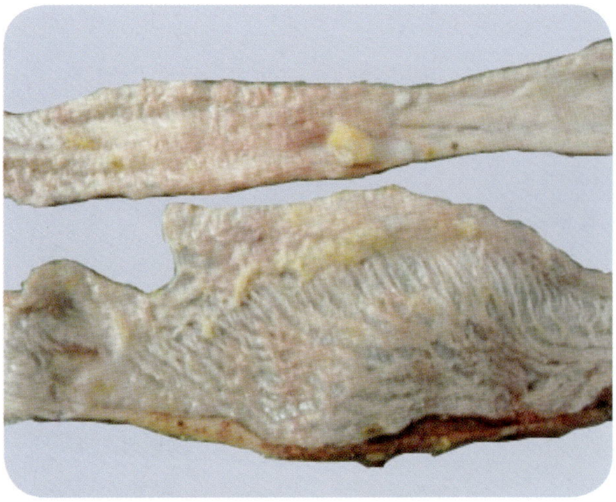

输卵管出血，有黏液渗出

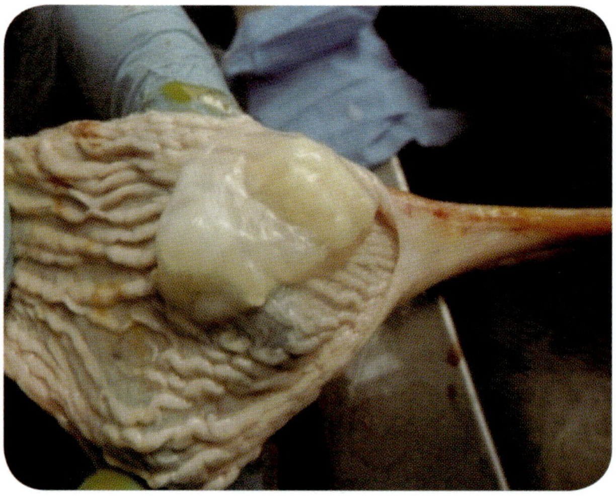

输卵管内有纤维素团

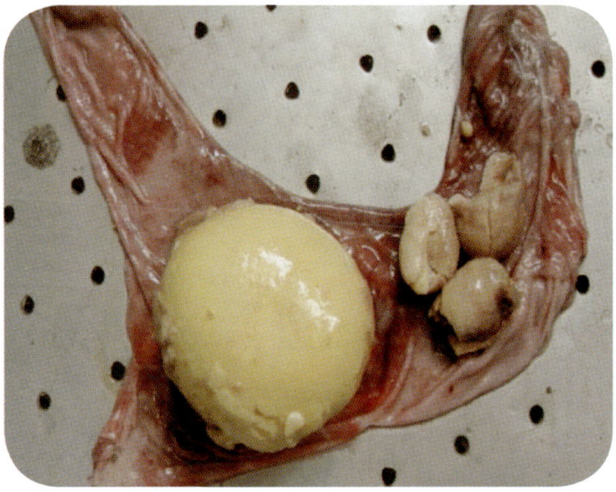

子宫内膜出血，有成形蛋及凝块

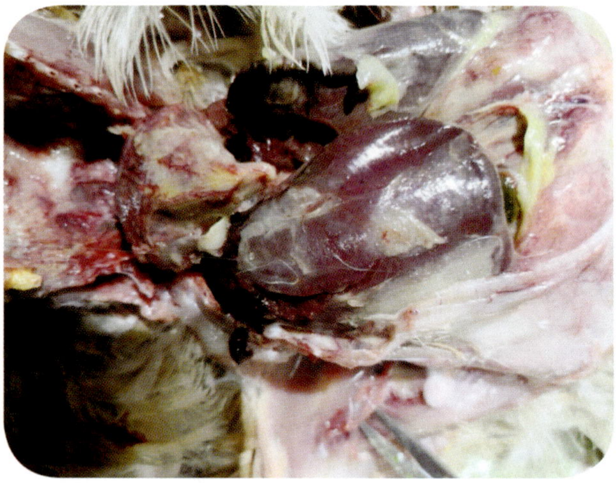

易继发大肠杆菌病

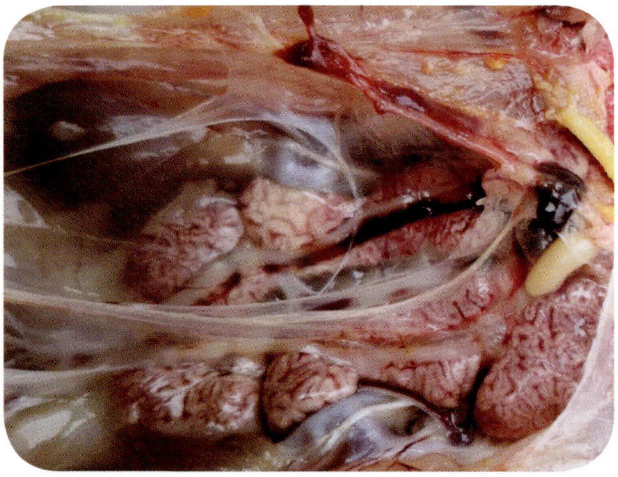

易继发肾脏病变

【诊断要点】依据流行特点、临床症状和剖检病变做出初步判断，确诊需做病毒分离和鉴定。高致病性禽流感及其毒株变异，以国家标准实验室检测发布为准。

【防控措施】

1. 预防

做好严格的检疫、监控工作；加强生物安全措施，杜绝畜禽混养、水禽混养，避免与野生鸟类接触，严格消毒制度等；严格按照免疫程序，做好禽流感疫苗接种工作。

对于高致病性禽流感的预防，自 2005 年我国就对变异毒株 R–4 开始应用疫苗了。目前我们用的 H5 亚型毒株疫苗为 H5N1–11 和 H5N1–12，H5N2–RFJ56 和 H5N2–RSD57，这两种疫苗已于 2019 年 3 月在全国普及应用。流感 H9N2 的疫苗也在不断更新毒株，以便适应疫情变化。

H9 流感疫苗：商品肉鸡多在 10 日龄前注射一次即可，而蛋（种）鸡要在开产前再应用 2 次，黄羽肉鸡在出栏前也要应用 2~3 次；鸡群开产后，每隔 3~4 个月注射一次。

H5 流感疫苗：蛋（种）鸡、黄鸡要在 20 日龄、50 日龄、110 日龄多次应用；开产后的鸡群，每隔 3~4 个月注射一次。

2. 控制

发生高致病性禽流感时，按照国家规定严格处理。发生温和性禽流感时，要严密封锁，彻底消毒。必要时应用提高鸡只免疫力的药物，适当使用抗生素，防止细菌继发感染；修复生殖系统受损细胞，消除输卵管炎症，恢复产蛋率。

对并发气囊炎病例，要在抗病毒的同时，添加治疗气囊炎的有效药物。对并发支气管堵塞的病例，要应用抗病毒药 + 治疗堵气管的药物。对并发肺坏死的病例，要在抗病毒的同时，添加治疗肺部炎症的药物。对继发大肠杆菌病的鸡群，除抗流感外，应分别应用有针对性的敏感抗生素和保肝药物。对继发肾脏病变的鸡群，除抗流感外，要注重肾脏保护和尿酸盐的排出，力争做到“消炎解肾肿，排盐不腹泻”。

二、新城疫

鸡新城疫是由副黏病毒科新城疫病毒引起的一种高度接触性、急性、烈性传染病。本病常呈败血症经过，临床特征为冠髯发紫、呼吸困难、排绿色粪便、神经症状，感染率和致死率极高。

新城疫可分为典型和非典型两种，一旦典型新城疫发生，会给养鸡业带来极大损失。目前在大中型蛋鸡、肉鸡养殖场，鸡群有一定免疫力的情况下，新城疫主要表现为非典型性，饲养后期的中大肉鸡时有发生，应引起高度重视。

【病原及传播途径】 病原为副黏病毒科、副黏病毒属的禽副黏病毒 I 型。病毒存在于病鸡的所有组织器官、体液、分泌物和排泄物中，以脑、脾、肺含毒量最高，以骨髓含毒时间最长。鸡感染后，在临床症状出现前 24 小时，分泌物和排泄物就会含有病毒。

幼雏鸡和中雏鸡易感性最高，两年以上的老鸡易感性较低，水禽也能感染本病。病鸡和带毒鸡是主要传染源，鸟类是重要的病毒传播者。

病毒传播途径主要是经消化道和呼吸道，也可经损伤的皮肤、黏膜侵入体内。本病一年四季均可发生，但以春、秋季较多，夏季主要以肠道症状为主。在非免疫区或免疫低下的鸡群，一旦有典型毒株侵入，4~5 天就会波及全群；特别是存在免疫抑制病时，发病率和死亡率可达 90% 以上。

【临床症状】 临床以呼吸道和消化道症状为主。

1. 典型败血型

鸡突然发病死亡。鸡冠和肉髯发紫，精神委顿，昏睡，体温升高达 44℃，食欲废绝；多出现甩头，呼吸困难，发出“咯咯”声；嗉囊内积有液体和气体，口腔内有黏液，倒提病鸡可从口中流出酸臭液体；粪便稀薄恶臭，呈绿色或黄绿色。一般 2~5 天发病率和死亡率可达 90% 以上。后期可见病鸡有转圈、扭颈、仰头等神经症状。产蛋鸡产蛋率急速下降，软壳蛋数量增多，很快绝产。

2. 典型神经型

与典型败血型相似，典型神经型病情较轻，表现腿翅麻痹、运动失调、头向后仰、转圈、扭脖或向一边弯曲等，在应激状态下可急性发作。

3. 非典型新城疫

鸡群具备一定免疫水平，又遭受强毒攻击时而出现的一种特殊型式。有的蛋鸡有轻微呼吸道症状或无任何可见症状，只是产畸形蛋、软壳蛋和沙皮蛋等。30 日龄后中大肉鸡多发，表现采食量减少。病鸡精神沉郁、羽毛蓬松、粪便绿色，不断死亡。

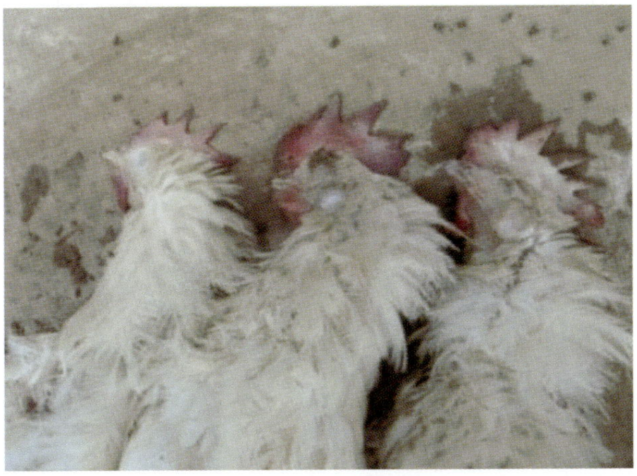
鸡冠败血，呈黑紫色

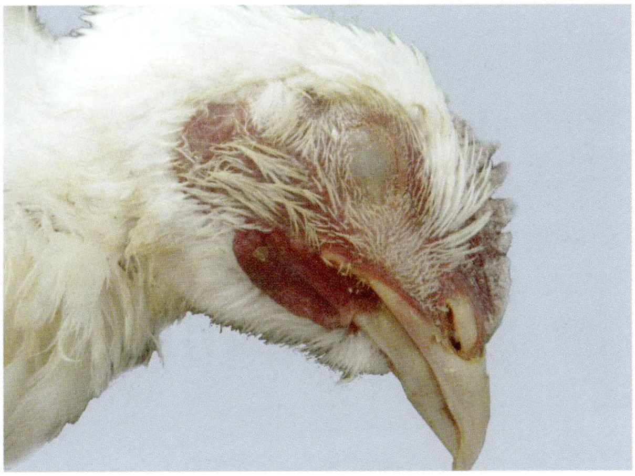
肉鸡冠髯发紫

大群鸡精神萎靡，羽毛蓬松

神经症状：蛋鸡扭颈、歪头

神经症状：勾头，角弓腹张

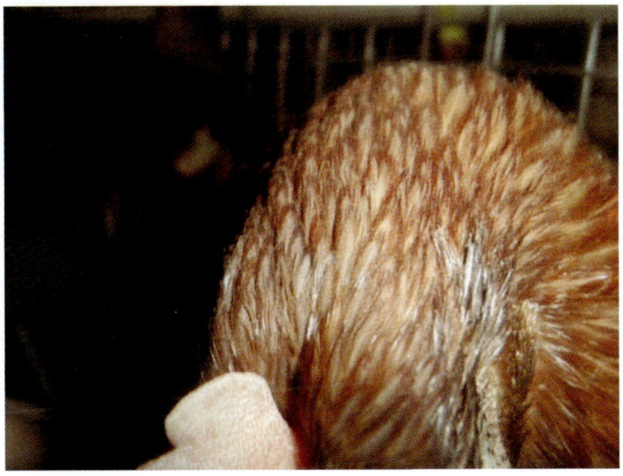
全身羽毛蓬松，呈鳞片状

产软皮蛋，多破裂

排草绿色粪便

【病理变化】

1. 典型新城疫

病鸡多黏膜和浆膜出血，特别是喉头、气管黏膜出血，心脏脂肪出血，腺胃乳头、小肠及直肠黏膜出血。

消化道淋巴滤泡丛肿大、出血和溃疡，是新城疫的一个突出特征。消化道出血病变，主要分布于腺胃前部－食道移行部，腺胃后部－肌胃移行部，十二指肠、小肠各部，回肠中部（两盲肠夹合部）。盲肠扁桃体枣核样隆起、出血、坏死。多见嗉囊积液。最具诊断意义的是十二指肠黏膜、卵黄蒂前后的淋巴滤泡丛、盲肠扁桃体、回直肠黏膜等部位的出血灶。卵泡出血、坏死，卵泡破裂，导致卵黄性腹膜炎。

2. 非典型新城疫

病鸡气管轻度充血，有少量黏液；肠道淋巴滤泡丛肿胀和出血。少见腺胃乳头出血等典型病变。

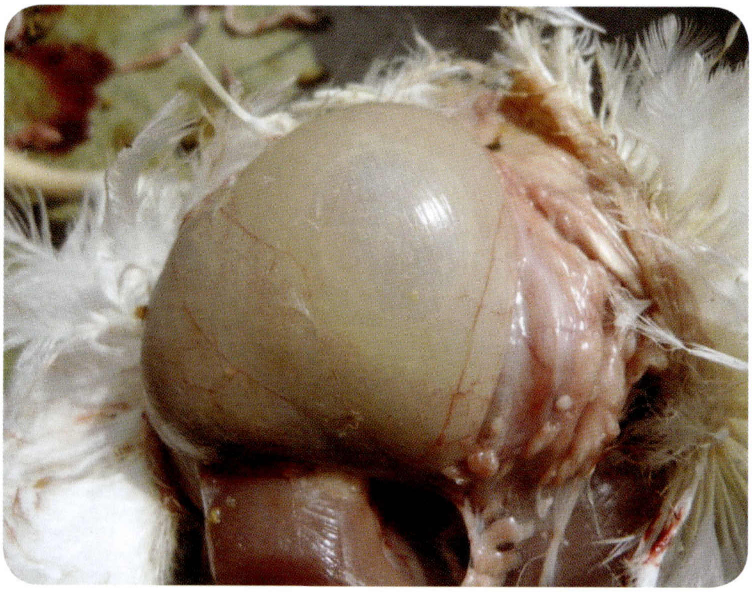

嗉囊积液

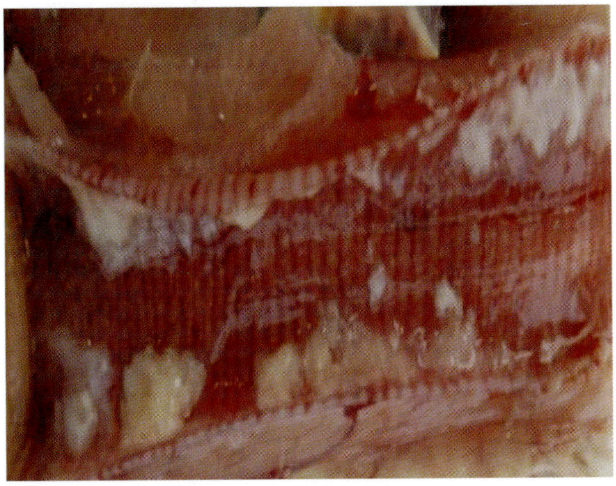

气管出血有黏液

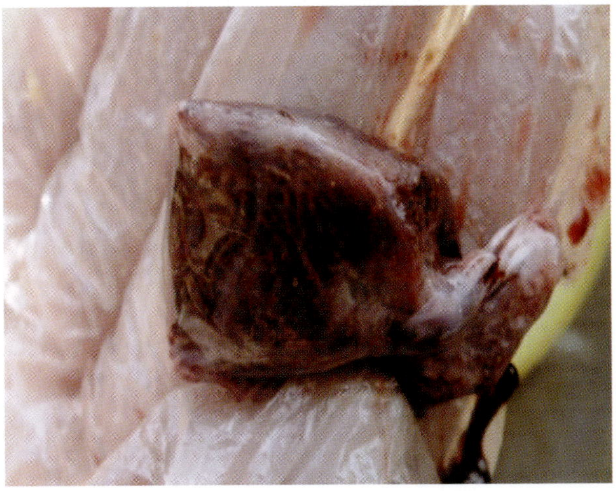

肺脏出血，呈黑紫色

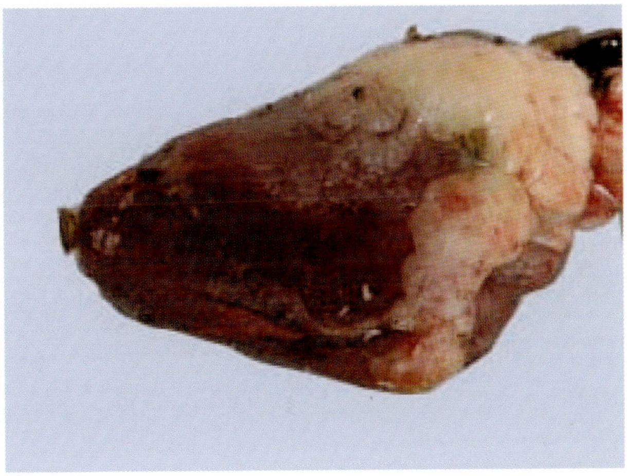

心冠脂肪出血

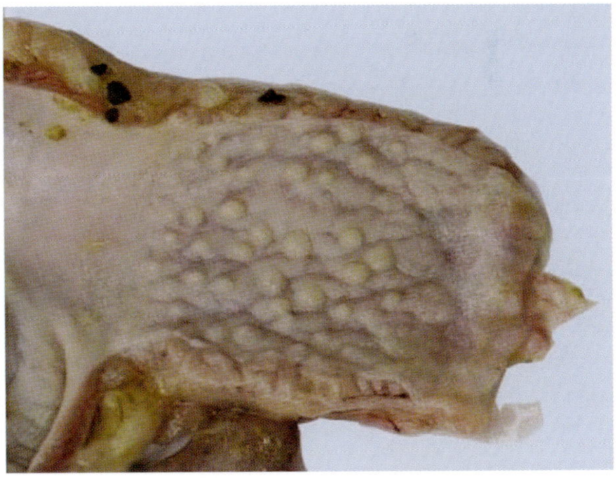

腺胃乳头有脓性分泌物

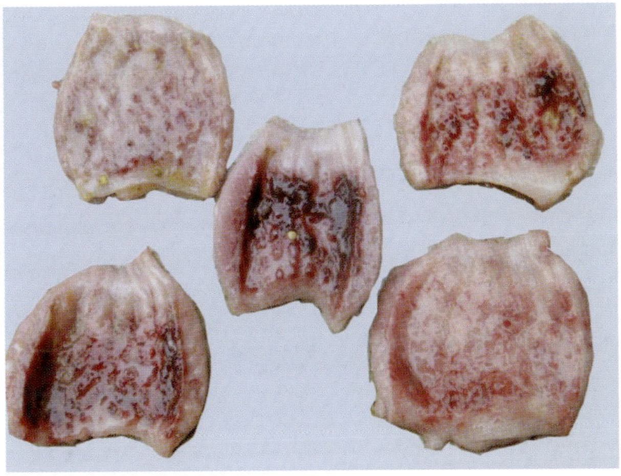

腺胃乳头有不同程度出血

腺胃与肌胃间有出血带

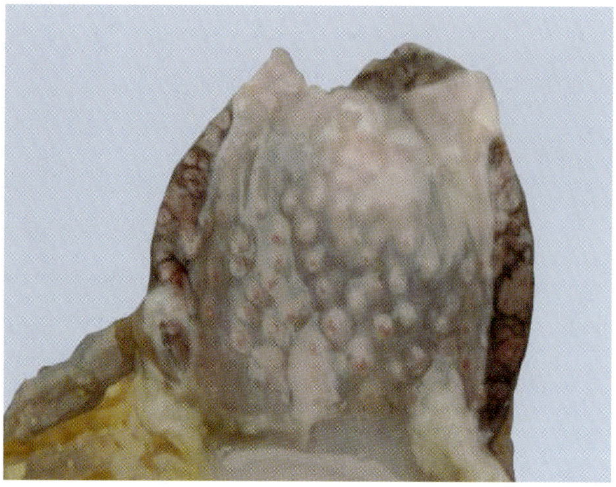

乌骨鸡：腺胃乳头出血

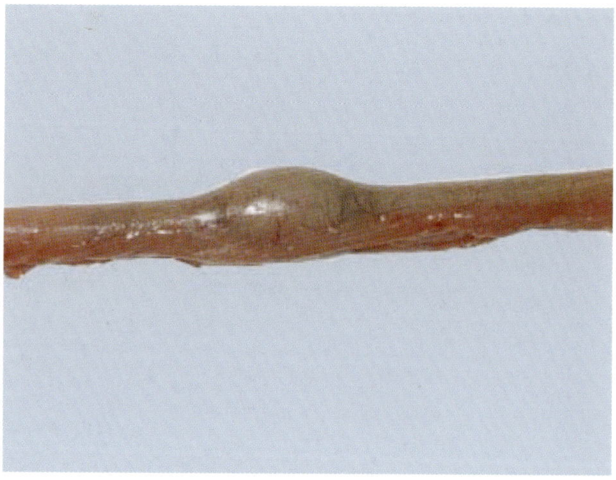

肠道淋巴滤泡丛肿胀

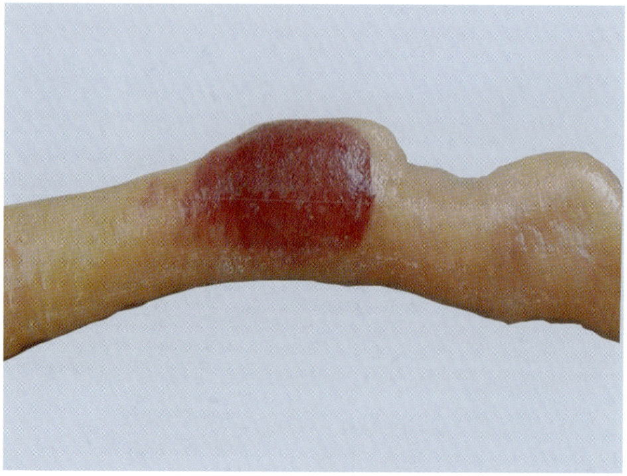

肠道淋巴滤泡丛出血

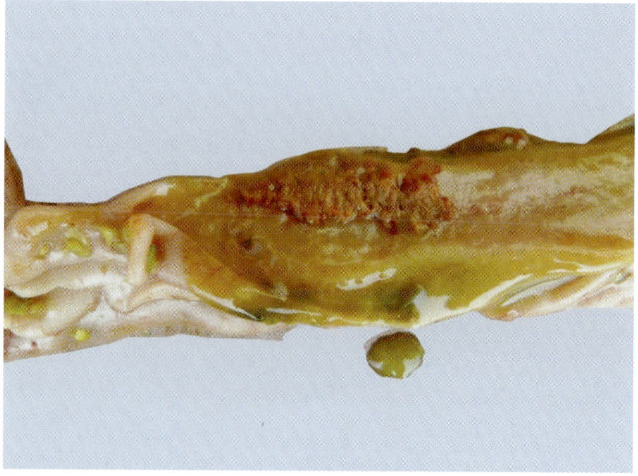

肠道淋巴滤泡丛溃疡

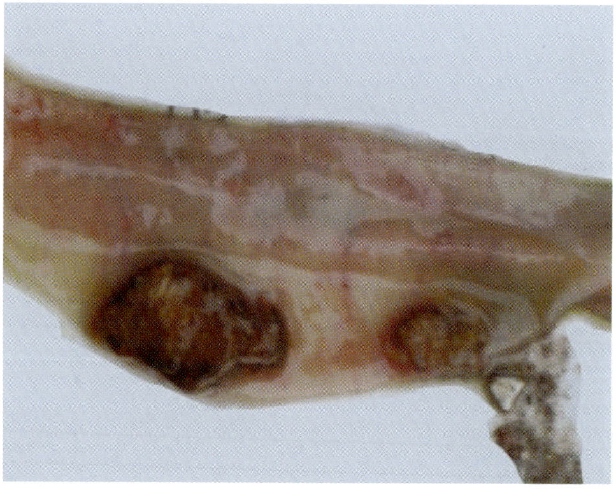

肠道淋巴滤泡丛坏死

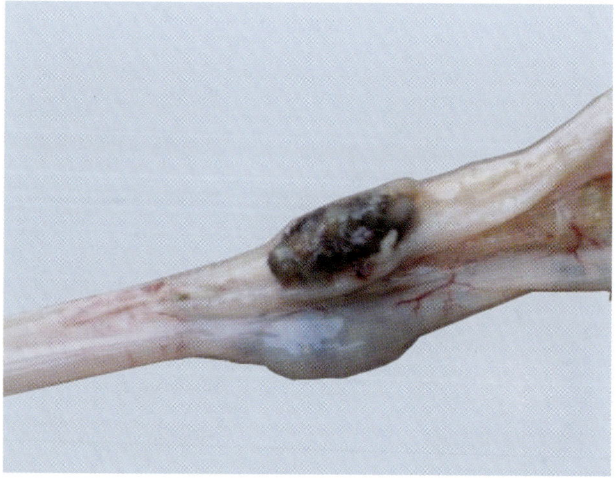

盲肠扁桃体出血、坏死

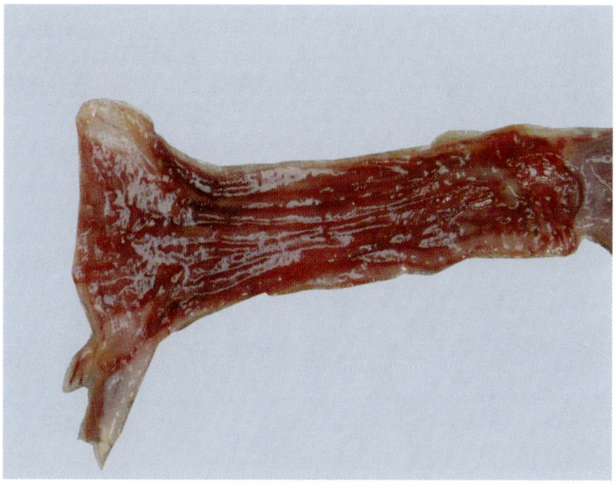

直肠黏膜弥漫性出血

肝脏肿胀

卵泡充血、出血

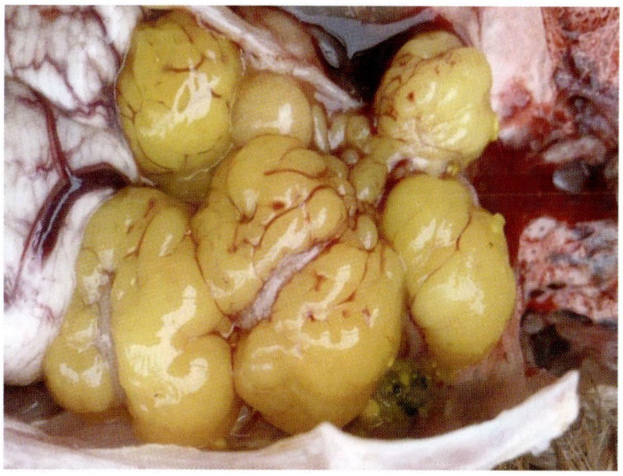

卵泡液化坏死

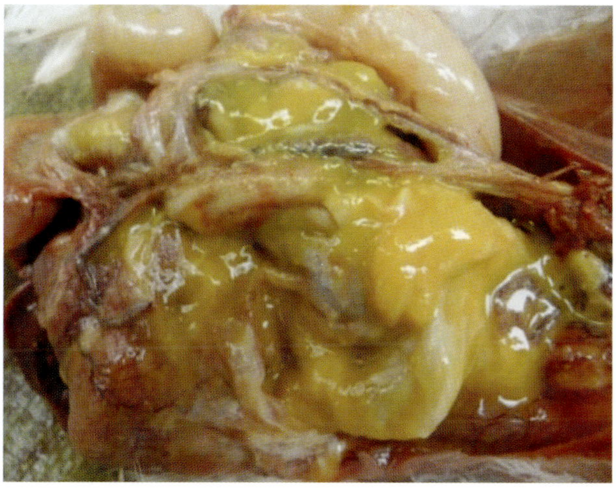

形成卵黄性腹膜炎

重度褐色沙皮蛋

白色沙皮蛋

蛋壳颜色变浅，软壳、破壳、畸形

【诊断要点】

1. 临床特征

病鸡采食量突然减少，呼吸道症状明显，排绿色稀粪，产蛋率明显下降。

2. 病理变化

消化道黏膜出血、坏死和溃疡。

3. 实验室检查

确诊要进行病毒分离和鉴定，也可通过血清学诊断来判定。

【防控原则】

1. 预防

（1）加强饲养管理，减少应激，提高鸡群免疫力水平；强调“全进全出”和封闭式饲养制度，提倡育雏鸡、育成鸡、成年鸡分场饲养方式。

（2）严格防疫消毒制度，杜绝强毒污染和入侵。建立适合于本场实际情况的免疫程序。

（3）坚持定期的免疫监测，随时调整免疫计划，使鸡群始终保持有效的抗体水平；联合应用冻干活苗和灭活油苗。

2. 控制

（1）一旦发生非典型新城疫，应立即隔离和淘汰早期病鸡，全群紧急接种 3 倍剂量的 LaSota（Ⅳ系）活毒疫苗，必要时也可考虑注射一系活毒疫苗。如果同时应用 3 倍量四系活苗与新城疫油乳剂灭活苗，效果更好。对发病鸡群可应用中药抗病毒药和肽制剂，配合抗生素，同时饮用电解多维水，可增强免疫力，控制继发细菌感染。

（2）控制新城疫常用鸡新城疫一系、四系（LaSota）活疫苗和油乳灭活疫苗。

一系苗是中等毒力的冻干活苗，产生免疫力快（3~4 天），免疫期长，可达半年以上，常用于经过弱毒疫苗免疫过的鸡或 2 月龄以上鸡群，多采用肌注接种。现因毒力稍强而限制应用。

四系苗（LaSota）是弱毒冻干活苗，多为基因七型。四系苗还包括克隆 –30、N79 等。在大型鸡场多采用气雾和饮水免疫；小型鸡场仍采用滴鼻和饮水等方法，应用非常广泛。另有四系油苗与 H9 联苗，油苗产生抗体稍慢，但抗体水平稳定且持久。

（3）新城疫参考免疫程序。7 日龄：四系苗滴鼻点眼，同时新城疫灭活苗 0.3 毫升肌肉注射；21 日龄：四系苗喷雾免疫或 2 倍量饮水；9 周龄：四系苗喷雾或饮水免疫；同时用一系苗注射补强；16 周龄：新城疫灭活苗肌注，一系苗注射。开产鸡群每 2 个月用四系苗喷雾或饮水免疫一次，每 3~4 个月用油苗注射一次。

三、淋巴白血病

鸡淋巴性白血病是以淋巴组织增生为特征的慢性恶性肿瘤病。20 周龄以上鸡多发病，但目前有小日龄发病的鸡群，呈慢性经过。多数蛋鸡无明显临床症状，可导致性成熟延迟、产蛋率下降和蛋品质下降，消瘦，衰竭死亡。黄鸡发病率和病死率很高，本病对鸡群生产性能影响极大。

【病原及传播途径】病原是鸡网状内皮组织增生病毒，能引起淋巴细胞畸变，丧失血细胞及血液的基本功能。该病毒现有 A、B、C、D、E、J 6 个亚群。E 亚群属内源性，可入染色体内，致病性弱；其他 5 个亚群属外源性，致病力强，但不入染色体。生产中净化鸡群，主要就是净化外源性的 5 个亚群。A、B、C、D 亚群主要引发淋巴细胞瘤，包括各脏器的肿瘤；J 亚群则引发临床血管瘤。

我国于 1999 年发现此病，其中，内脏肿瘤型占 80% 以上，血管瘤型占 3% 以下，但淘汰率高。鸡淋巴白血病类似于人类的爱滋病，鸡只无任何免疫力和抗病力。2009 年 6 月份以来，我国各地蛋鸡场在鸡群开产后白血病 / 血管瘤的发生率显著上升，淋巴白血病已成为影响蛋鸡业的第一大疫病。产蛋鸡开产后发生的白血病 / 血管瘤，主要是由 J 亚型禽白血病病毒引起的，也有的是由 A 和 B 亚型白血病毒感染所引起。

成鸡多发，蛋鸡、黄鸡和种鸡常发于 20 周龄以上；无明显季节性；主要通过种鸡、种蛋垂直传播，水平传播少，主要是通过污染的孵化厅设备和运输箱传播。另外，昆虫、针头和疫苗污染也不可忽视。一般发病率在 1%~5%。

【临床症状】淋巴白血病可分为淋巴细胞性白血病、成红细胞性白血病（消瘦和毛囊出血）、成骨髓细胞性白血病（肋骨、胸骨和胫骨有异常隆凸）、骨髓细胞瘤病、内皮瘤（皮肤上见单个或多个肿瘤，破溃后常出血不止）、肾真性瘤（肾脏肿大，压迫坐骨神经而瘫痪）、纤维瘤和骨化石症（病鸡胫骨增粗，呈“穿靴”样）等。临床最多见的是淋巴细胞性白血病，也称为大肝病。

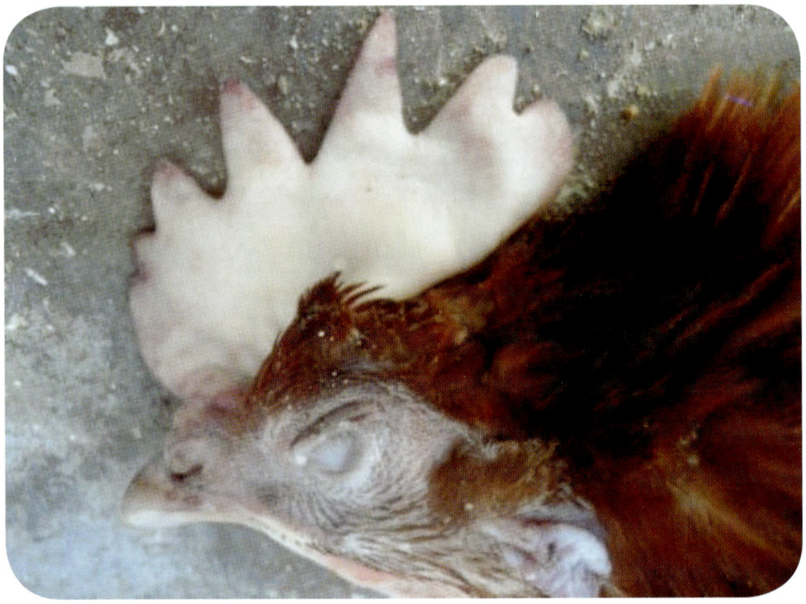

鸡冠苍白、贫血

淋巴白血病病鸡主要是内脏肿瘤，食欲不振、消瘦、产蛋停止；鸡冠和肉髯苍白、皱缩，颈部；排绿色稀便；有的鸡腹部膨大，指压有波动感，有时可以触摸到肿大的肝脏，最后衰竭死亡。

蛋鸡 J 亚群感染，主要是在脚掌下、脾脏、肝脏、心脏、头部和翅膀等处有血管瘤生长。血管瘤易破裂，鸡流血不止而死亡。

【病理变化】剖检，可见腺胃肿胀、胃壁增厚；肝脏显著肿大、变脆，肿大的肝脏可占据整个腹腔，有的肝脏呈现结节状、粟粒状或弥漫性、灰白色的肿瘤，均匀分布于肝实质中，俗称“大肝病”；脾脏肿大质脆，呈灰棕色，亦有许多突出于表面的灰白色肿瘤结节；肺脏、气囊、肾脏、心肌有结节；卵巢有灰白色肿瘤病变，似核桃、似菜花；肌肉长有结节；皮肤各处和内脏长有不同的血管瘤。

【诊断要点】目前能检测出病毒，但难以确定是外源性，还是内源性的。无菌采集有肿瘤性病变的病鸡肝脏和血液各 15 份，琼脂扩散试验和酶联免疫吸附试验（elisa）结果均为阳性，确诊为鸡淋巴细胞性白血病。

鸡冠基部肿瘤

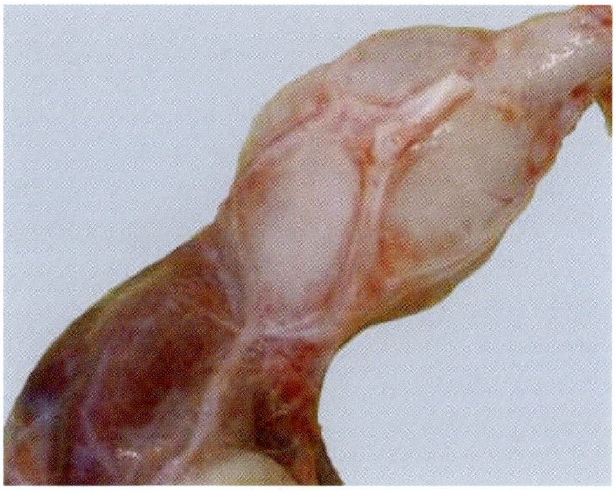

腺胃高度肿胀

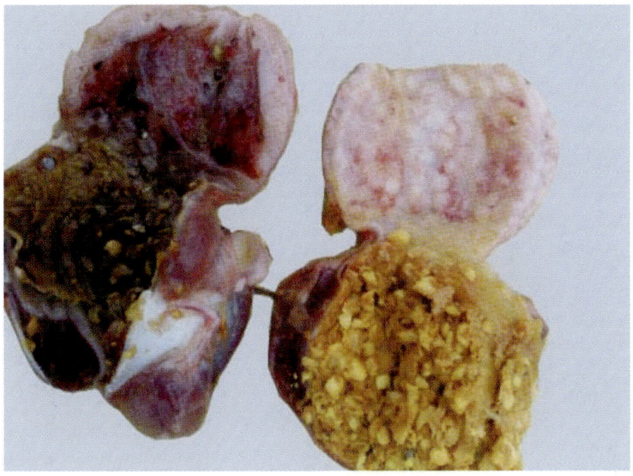

腺胃壁明显增厚

肌胃：切开胃壁，可见肌间白色肿瘤

脾脏：高度肿胀，有出血斑

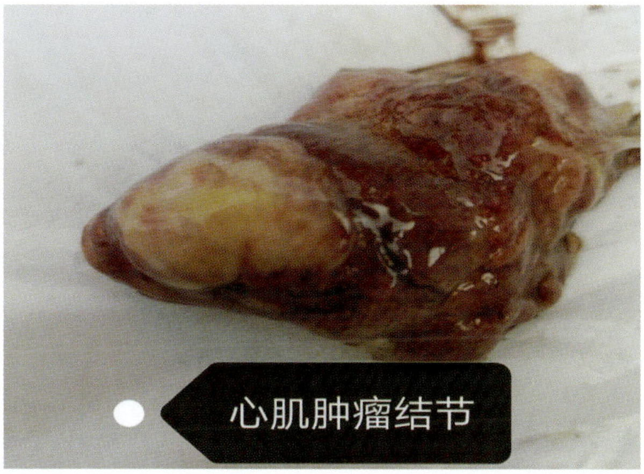

心脏：心肌肿瘤

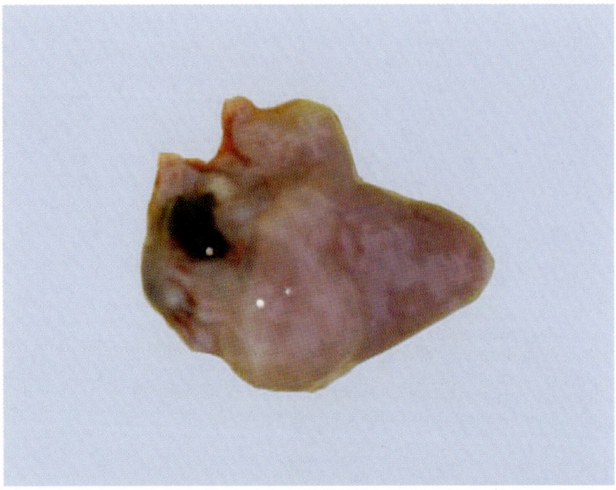

心脏：心肌结节明显凸出

肝脏肿胀，有轻度白色坏死灶

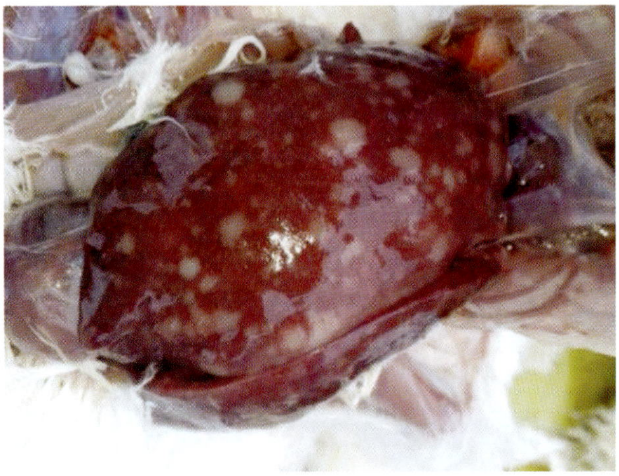

肝脏肿胀，有明显白色坏死灶

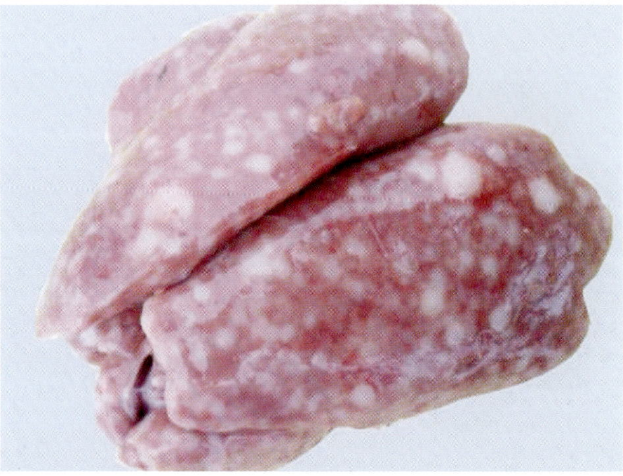

肝脏明显肿胀，有凸出、硬固、白色坏死灶

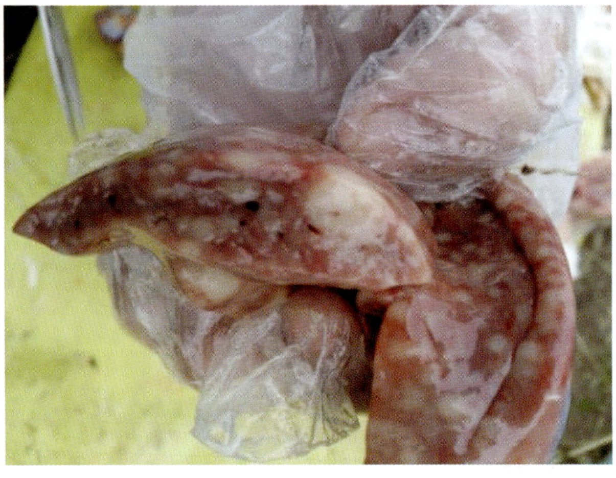

肝脏切面：见白色坏死灶，浸润于肝实质内

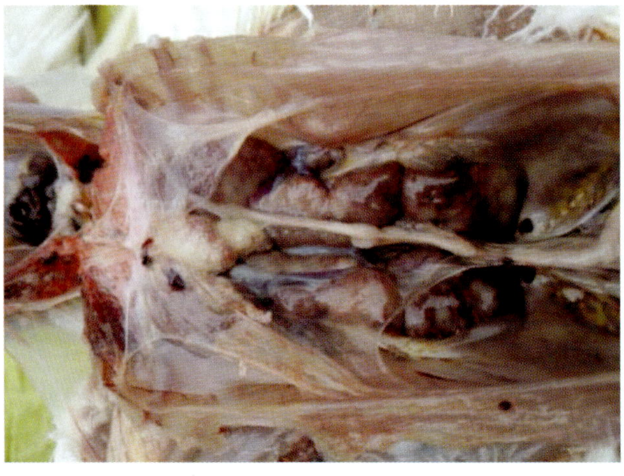

肾脏肿瘤：肾叶高度肿胀

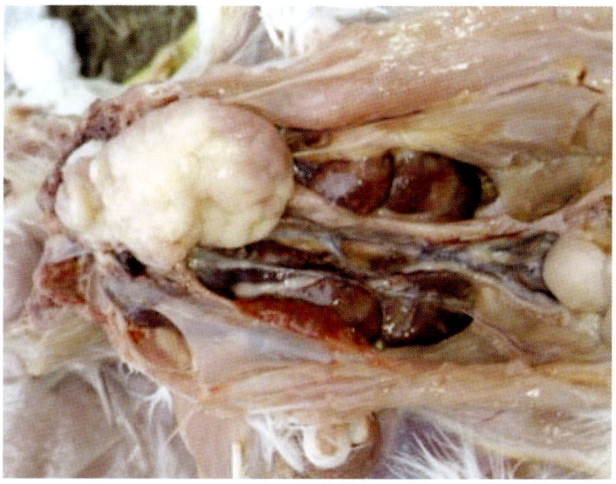

卵巢肿胀，核桃大， 似菜花状

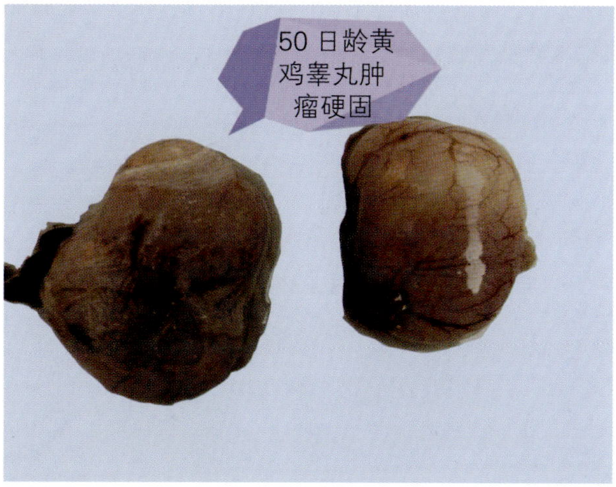

睾丸肿胀，有明显肿瘤突出

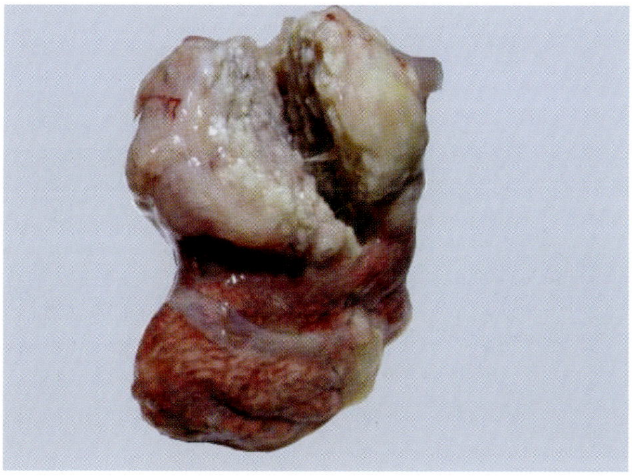

肺叶间质肿瘤增生

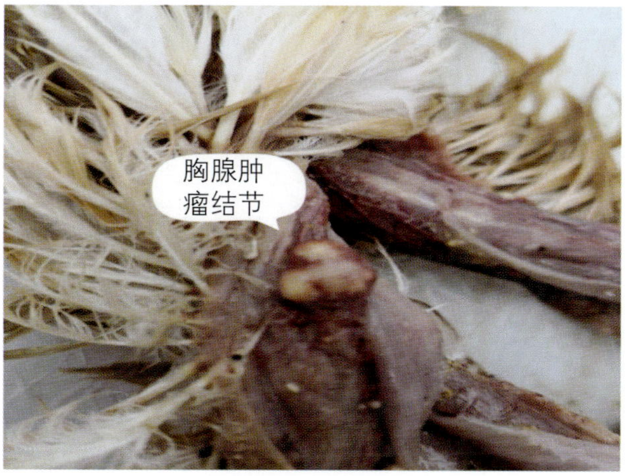

胸腺肿瘤结节

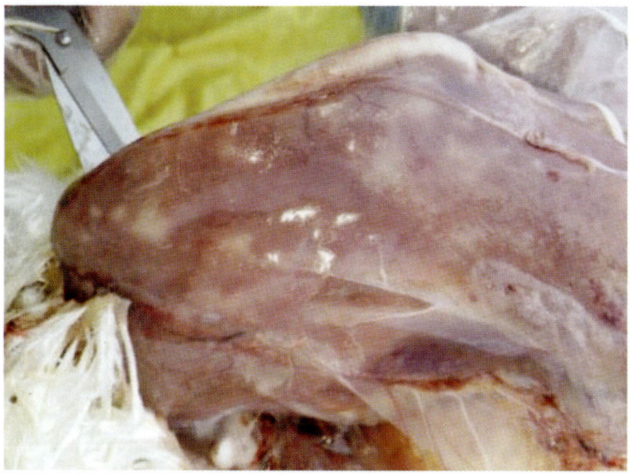

胸肌极度消瘦，表面有突出的黄白色结节

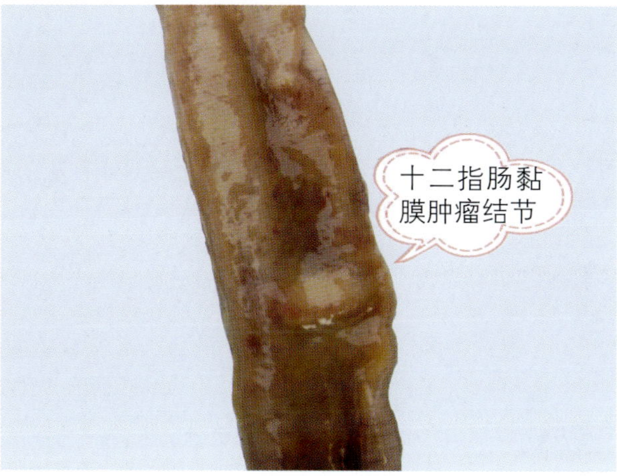

十二指肠黏膜肿瘤结节

直肠黏膜大面积肿瘤增生

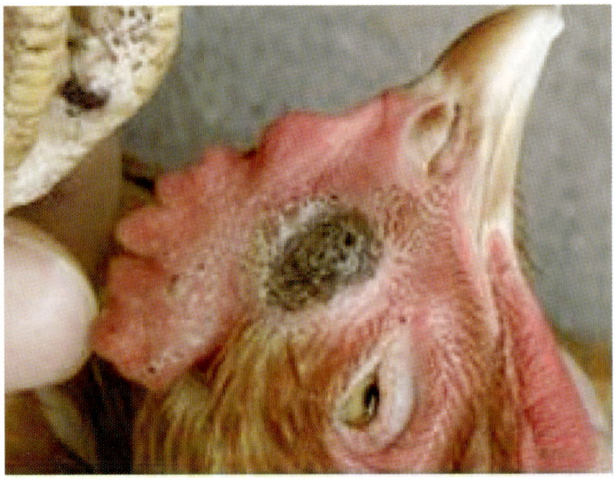

眶骨上方血管瘤

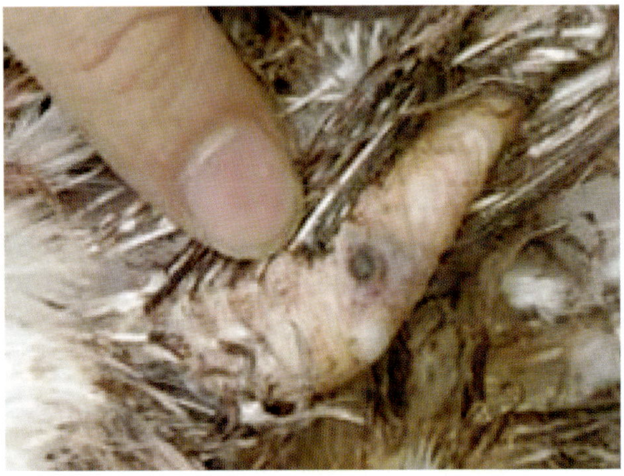

翅关节皮肤血管瘤

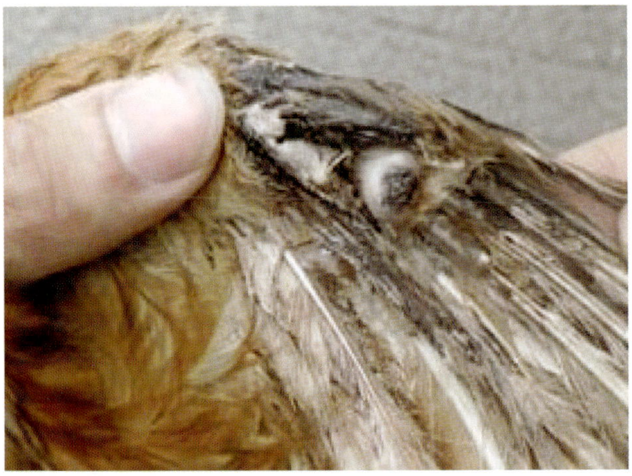

翅尖血管瘤

趾间血管瘤

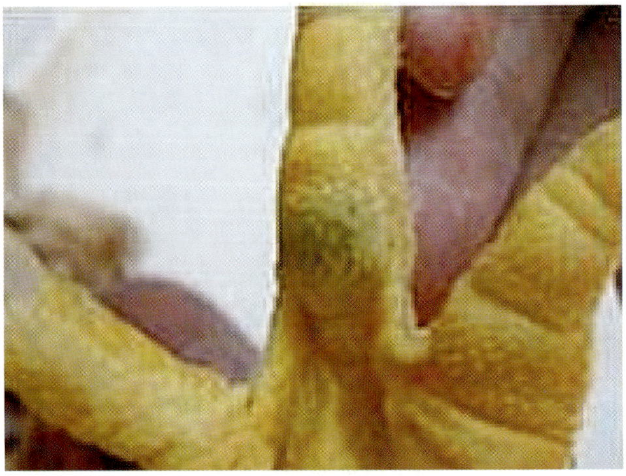

趾腹侧发青部位血管瘤

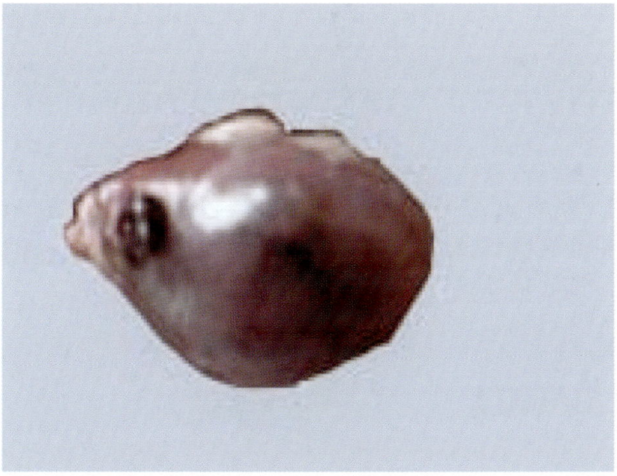

脾脏血管瘤

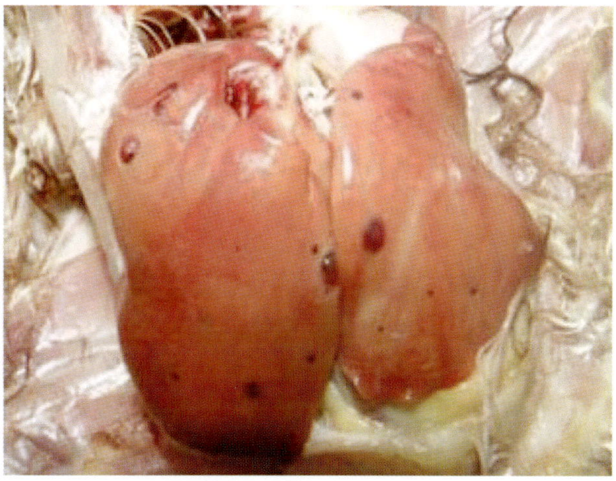

肝脏血管瘤明显可见

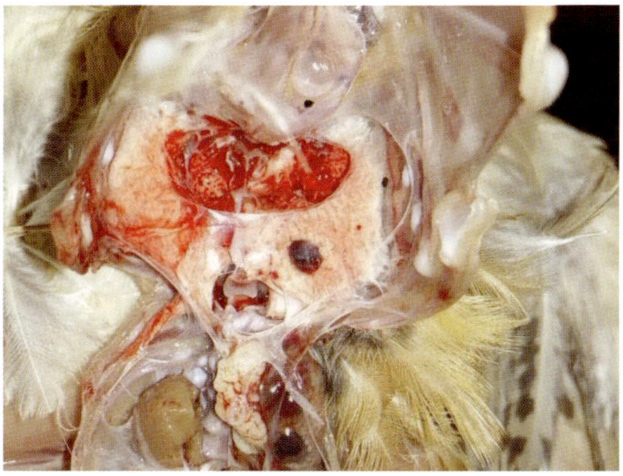

气囊血管瘤

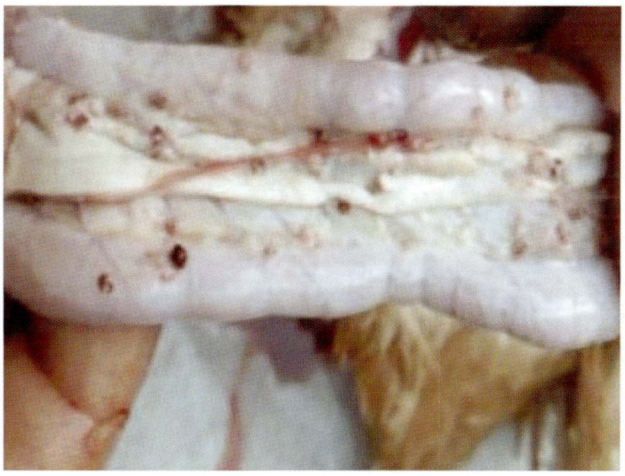

胰腺及十二指肠血管瘤

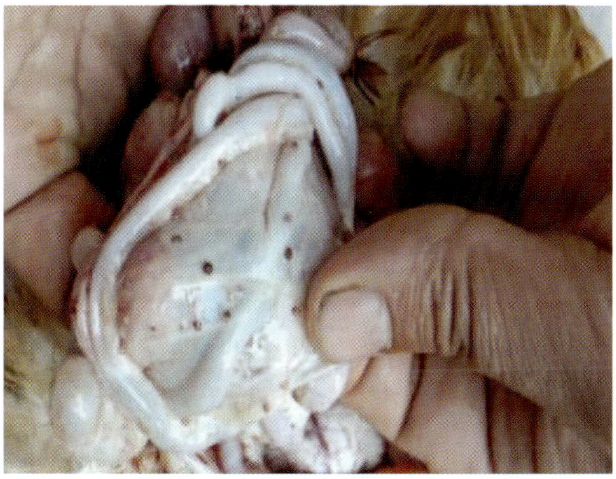

肠系膜血管瘤

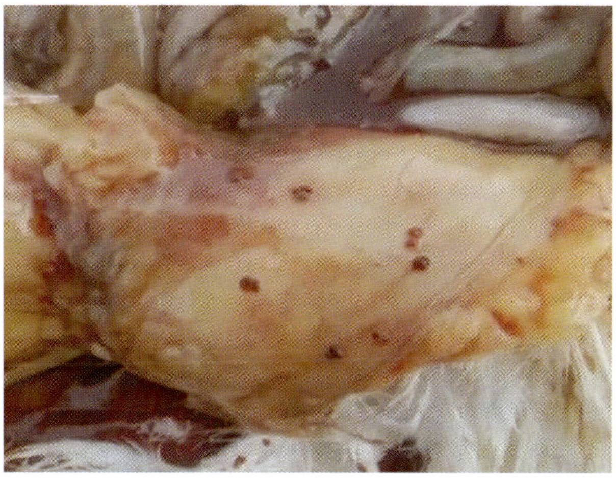

腹部脂肪血管瘤

【防控措施】

1. 做好相关疾病免疫

如新城疫、鸡马立克病、鸡传染性法氏囊疫苗的接种工作到位，鸡的免疫力就有保障，否则，感染本病的概率就大。

2. 坚持定期消毒工作

对鸡舍和用具要定期消毒，特别是孵化厅和运雏箱更要严格消毒。

3. 应用免疫药物

鸡群定期应用提高免疫力的药物，特别是中药制剂。

4. 做好血清抗体监测

对鸡群进行定期的、连续的抗体测定，根据抗体水平及时淘汰阳性鸡。在没有进行疫苗注射的情况下，如果鸡体内产生了淋巴细胞性白血病病毒抗体，就说明鸡群内已经感染了本病。立即淘汰感染鸡，消除鸡群内传染源，采取消毒措施切断传染途径，把损失降到最低。通过抗体检测，可以在鸡群发生严重症状之前就发现感染鸡，所以，抗体检测是大型鸡场，特别是种鸡场防控淋巴细胞性白血病的战略措施。

另外，及时淘汰处理病死鸡。

四、马立克病

马立克病是由双股 DNA 病毒目疱疹病毒科（细胞结合性疱疹病毒）类鸡马立克病毒引起的一种淋巴组织慢性增生性肿瘤病，特征为外周神经淋巴样细胞浸润和增大，引起肢（翅）麻痹，以及各个脏器和皮肤的肿瘤病灶。本病是一种世界性疾病，目前有与淋巴白血病混合感染的趋势，发病率和死亡率较高，是危害蛋鸡、黄鸡饲养业健康发展的主要疫病之一。

【病原及传播途径】病原属于疱疹病毒的 B 亚群（细胞结合毒），有 3 个血清型，病毒颗粒直径 150 纳米。鸡易感，哺乳动物不感染。病鸡和带毒鸡是传染源，尤其是病鸡羽毛囊上皮存在大量完整的病毒，随皮肤代谢脱落后污染环境，成为传染源。本病主要通过空气传染，经呼吸道传毒；污染的饲料、饮水和人员也可传毒；孵化室污染能使刚出壳雏鸡的感染性明显增加；1 日龄雏鸡最易感染，2~18 周龄鸡均可发病；母鸡比公鸡易感性要高。

【临床症状】本病潜伏期常为 3~4 周，早的可在 50 日龄出现症状，70 日龄陆续出现死亡，90 日龄达到高峰，很少晚至 30 周龄才出现症状的。本病的发病率差异大，一般产蛋鸡为 10%~15%，严重达 50%，死亡率与之相当。根据临床表现，本病分为神经型、内脏型、眼型和皮肤型等。

1. 神经型

常侵害周围神经，以坐骨神经和臂神经易受侵害。当坐骨神经受损时，病鸡一侧腿发生不全或完全麻痹，站立不稳，两腿前后伸展，呈“劈叉”姿势，为典型症状。当臂神经受损时，翅膀下垂。病鸡往往由于吃不到饲料而衰竭，或被其他鸡只践踏而死亡。

2. 内脏型

常见于 50~150 日龄的鸡。病鸡精神委顿，食欲减退，羽毛松乱，鸡冠苍白、皱缩，黄白色或黄绿色下痢，迅速消瘦，胸骨似刀锋。触诊腹部能摸到硬块。病鸡脱水、昏迷，最后死亡。

3. 眼型

眼型在病鸡群中很少见到，病鸡瞳孔缩小，严重时仅有针尖大小；虹膜边缘不整齐，呈环状或斑点状，由正常的橘红色变为弥漫性的灰白色；轻者对光线强度的反应迟钝，重者眼球凹陷，对光线失去调节能力而失明。

4. 皮肤型

皮肤型较少见，往往在禽类加工厂屠宰鸡只褪毛后才发现，主要表现为毛囊肿大或皮肤结节。

临床上以神经型和内脏型最为多见，有的鸡群发病以神经型为主，内脏型较少，一般死亡率在 5% 以下，在鸡群开产前本病流行才基本平息；有的鸡群发病以内脏型为主，兼有神经型，危害大、损失严重，死亡率较高。

【病理变化】神经型受损害神经（常见于坐骨神经）的横纹消失，变成灰色或黄色，明显水肿增粗，比正常神经大 2~3 倍，多侵害一侧神经。

内脏型为多种器官出现结节性、大小不等肿瘤，略突出于脏器表面，灰白色，切面呈脂肪样。常侵害肝脏、脾脏、性腺、肾脏、心脏、肺脏、腺胃、肌胃等。有的病鸡肝脏上没有结节性肿瘤，但异常肿大，比正常大 5~6 倍；近年来发现有的肝脏不仅不肿大，反而萎缩变小。性腺肿瘤比较常见，甚至整个卵巢被肿瘤组织代替，呈花菜样肿大。腺胃变长或变圆，腺胃壁明显增厚或薄厚不均，切开后腺乳头消失，黏膜出血、坏死。一般法氏囊萎缩。

双侧坐骨神经麻痹，呈劈叉姿势。翅膀麻痹，松弛下垂

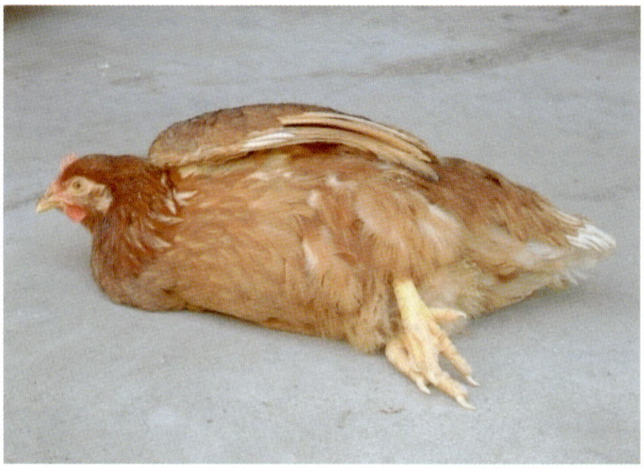

双侧坐骨神经麻痹，呈侧卧姿势

单侧坐骨神经麻痹，右趾不全接地，似“踩高跷”

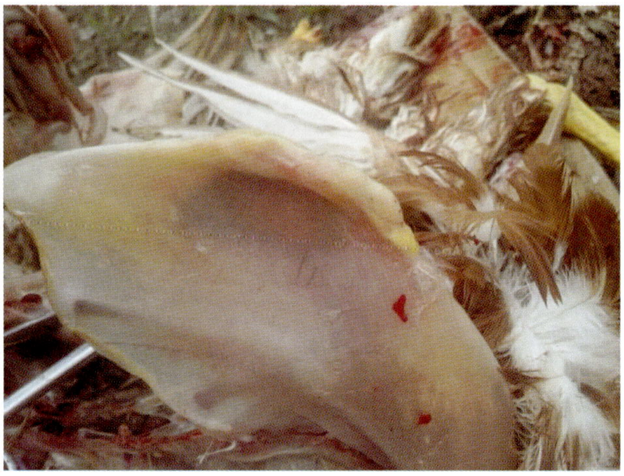

胸骨明显突出，胸肌极度消瘦

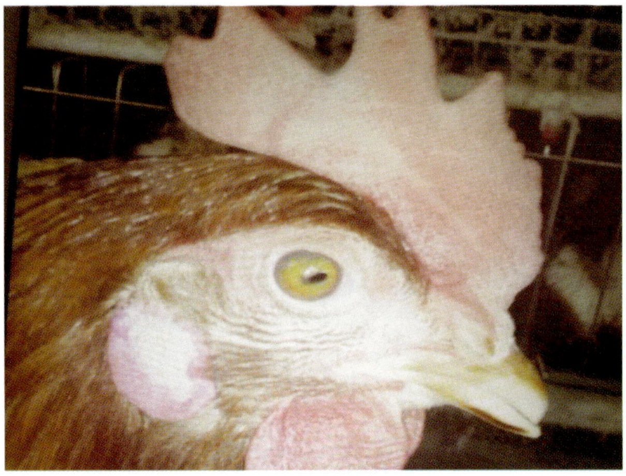

瞳孔缩小，虹膜边缘不整

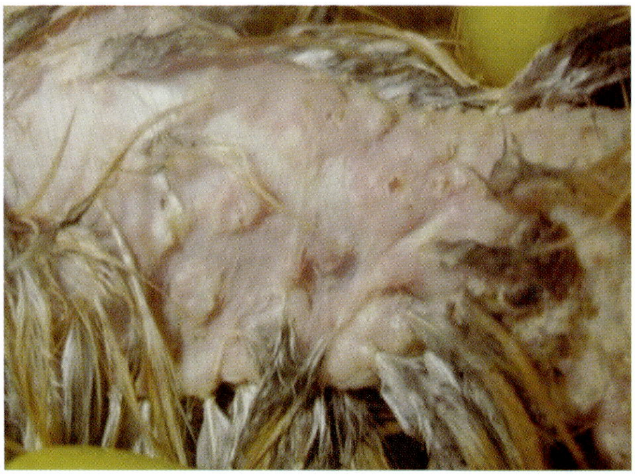

皮肤肿瘤结节

排绿色软便

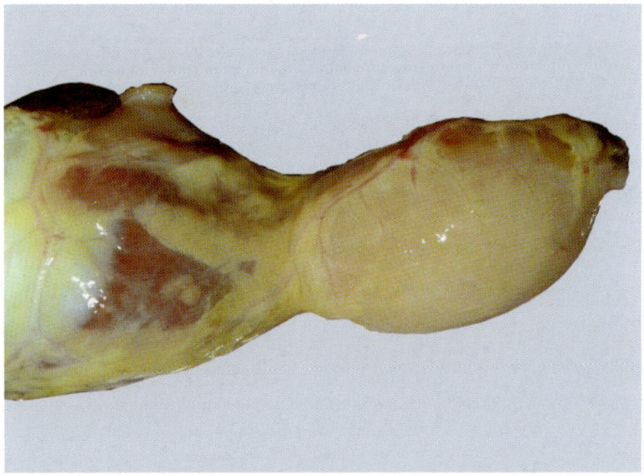

腺胃肿胀

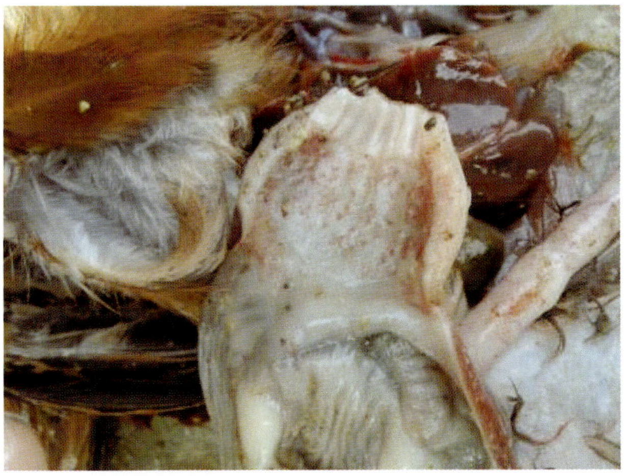

腺胃壁明显增厚

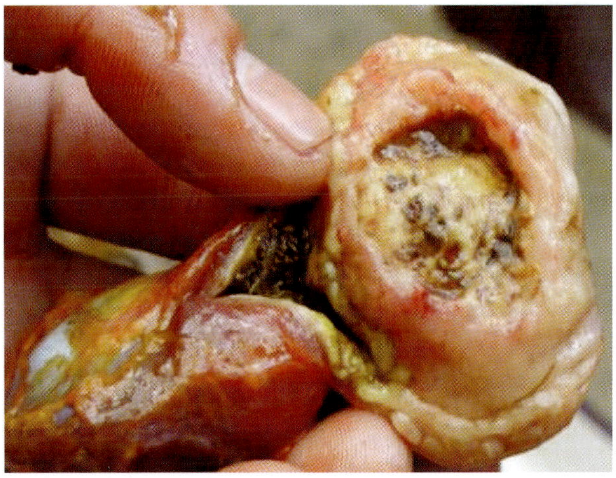

腺胃壁严重增生

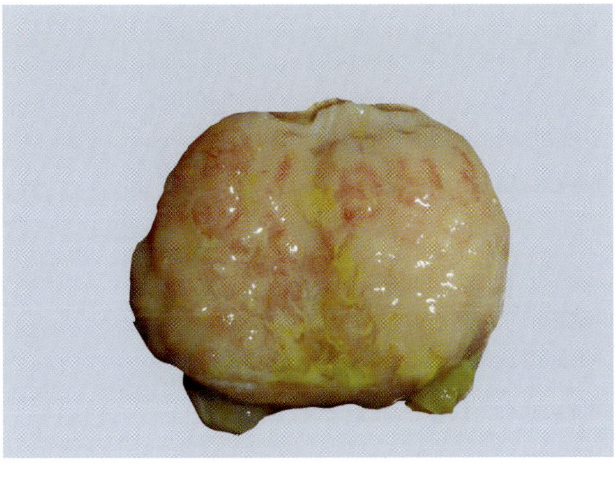

腺胃黏膜及乳头水肿

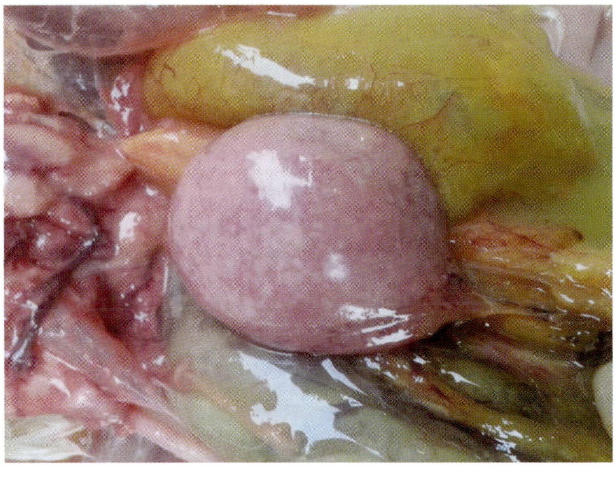

脾脏高度肿胀

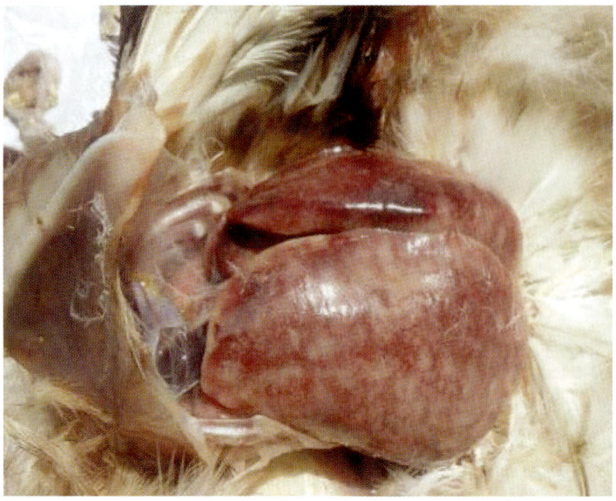

肝脏高度肿胀，甚至占据整个腹腔

马立克病的另一种表现形式：肝脏不仅不肿，反而萎缩

肺脏明显增生肥大

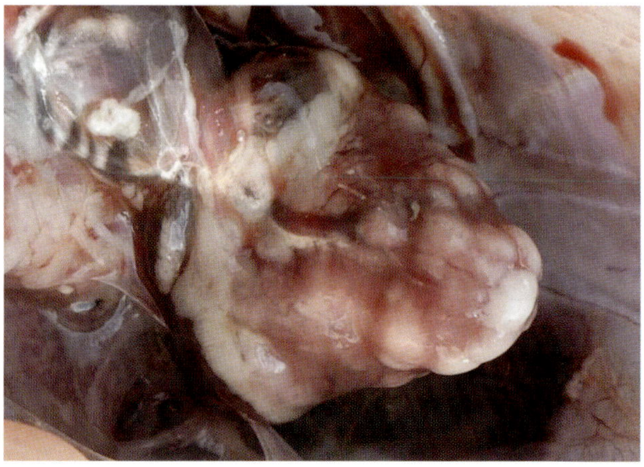

心肌增生结节并突出

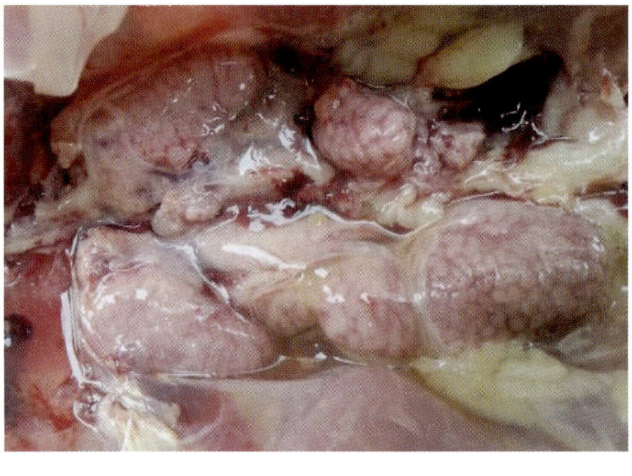

肾脏肿大增生

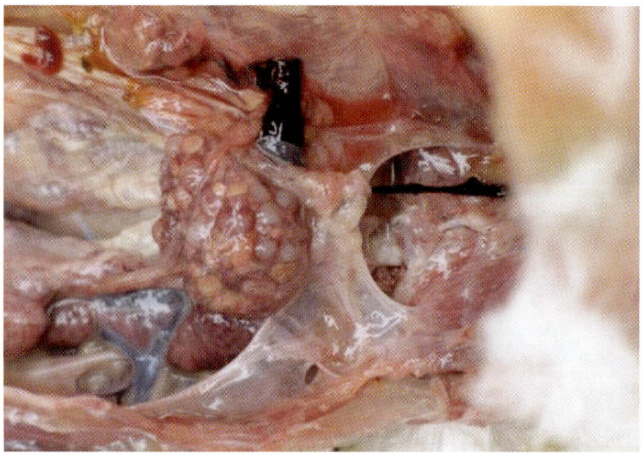

卵巢肿瘤

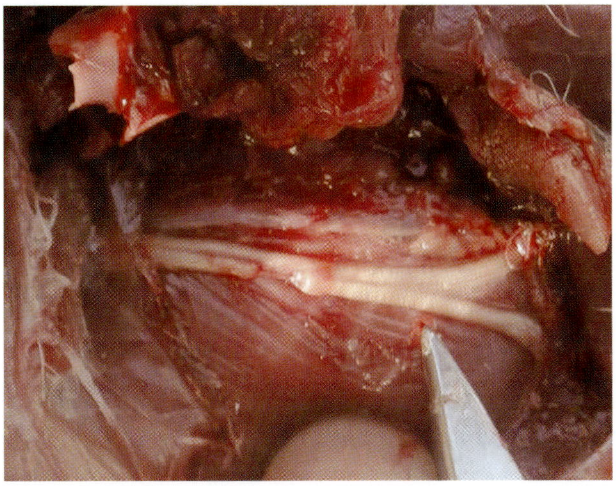

坐骨神经正常，腱划清晰

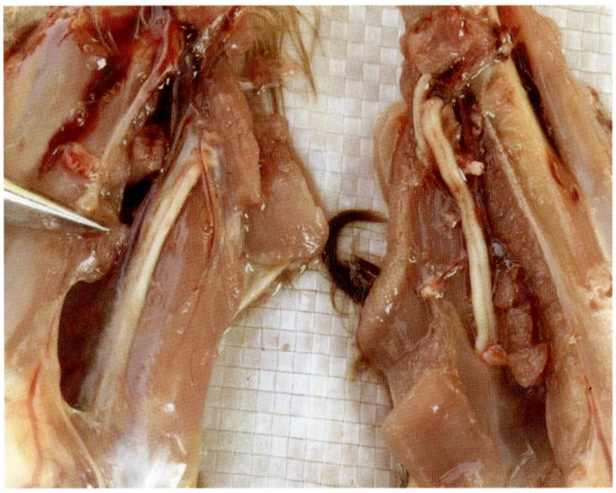

左侧坐骨神经水肿，腱划浑浊

【诊断要点】

1. 临床特征

病鸡慢性消瘦，腿翅麻痹，零星死亡。

2. 剖检变化

各内脏泛发性肿瘤，腿翅麻痹。

【防控措施】雏鸡 20 日龄前易感病，因此，应加强孵化与育雏鸡舍的消毒，防止雏鸡的早期感染，这是非常重要的。曾经得过马立克病的鸡舍，不能再育雏，雏鸡 30 日龄后方可分群过来饲养。注重育雏舍的早期通风，避免野毒早期占位；饮用抗病毒药物，提高免疫力。

目前国内使用的进口疫苗和国产疫苗均不能抗感染，但可防止发病。如血清 1 型、血清 2 型和血清 3 型疫苗，多在鸡 1 日龄免疫。生产中免疫失败的越来越多，部分原因是由于超强毒株的存在。因此，市场上已有 SB-1+FC126、301B/1+FC126 等二价或三价苗，免疫后具有良好的协同作用，能够抵抗强毒的攻击。采用疫苗接种是控制本病的重要措施，但是疫苗的保护率均不能达到 100%，因此，鸡群中仍有少量病例发生，故加强综合防疫措施是十分必要的。

五、禽戊型肝炎

禽戊型肝炎又叫大肝大脾综合征，在我国已经发生多年，但目前仍未引起大家的足够重视。本病最早于 1991 年首次报道发生在加拿大西部，后在澳洲、南美洲、欧洲发生；我国随着引进种鸡带来此病，近年来呈上升趋势。禽戊型肝炎病毒（HEV）感染可引起蛋鸡、肉种鸡产蛋率下降，甚至死亡。病死鸡在腹内有红色液体或凝固的血液，肝脾肿大。

【病原及传播途径】禽戊型肝炎病毒（HEV）为肝病毒科、肝病毒属，基因 V 型，球形，无囊膜，对称，直径 32~34 纳米，类似杯状病毒。

据美国调查研究，71% 鸡群和 31% 鸡抗体阳性，17% 青年鸡（18 周龄以下）和 36% 成年鸡禽 HEV 特异性抗体阳性。我国 38 个种鸡场中，34 个有过禽戊型肝炎的感染。不同鸡场的血清阳性率差异显著，上海某种鸡场的阳性率达到了 86.2%。在检测的所有 5 755 份血清中，有 2 528 份阳性，阳性率达到了 43.9%，说明禽戊型肝炎病毒感染在我国种鸡场已经非常严重，已在全国广泛流行。调查还发现，国外品种鸡的阳性率明显高于国内品种鸡，30~39 周龄鸡只的阳性率最高。

有人从部分鸡场收集发病鸡的胆汁和粪便样品，参考国外研究学者设计的禽戊型肝炎检测引物，对提取的 RNA 进行巢式 RT–PCR 检测，结果 90 份胆汁样品中 11 份为阳性，76 份粪便样品中 8 份为阳性。证明病毒在鸡的肝脏细胞中复制后，从肝脏细胞释放到胆小管至胆囊，然后随粪便排出。这样的粪 – 口传播途径，说明感染鸡的粪便是主要的病毒源。所以，地面散养的蛋鸡、黄鸡和肉种鸡发病率，要明显高于笼养蛋鸡。母鸡感染禽戊型肝炎病毒可垂直传播，30~70 周龄产蛋鸡多发，40~45 周龄产蛋鸡发病率最高。

【临床症状】本病的潜伏期为 1~3 周，发病率和死亡率相对较低；发病鸡群产蛋率下降 20% 以上，有的不变。产蛋中期日死亡率为 0.03%~0.1%；感染鸡群产小蛋，蛋壳薄且颜色淡，但鸡蛋的内在质量、受精率和孵化率影响不大。

死亡鸡通常体况良好、腹部充血。

【病理变化】肝脏肿大、发黄，有的脆软如泥，有的则萎缩发硬呈肝硬化，有的变性呈桃花芯样，有的被膜下出现血肿；临床最常见的是肝破裂，附着血凝块。腹腔中可见红色液体或血凝块。脾脏肿大，有坏死灶，或脾脏变黑败血。卵巢变化有的不明显，有的硬固坏死，有的严重退化。

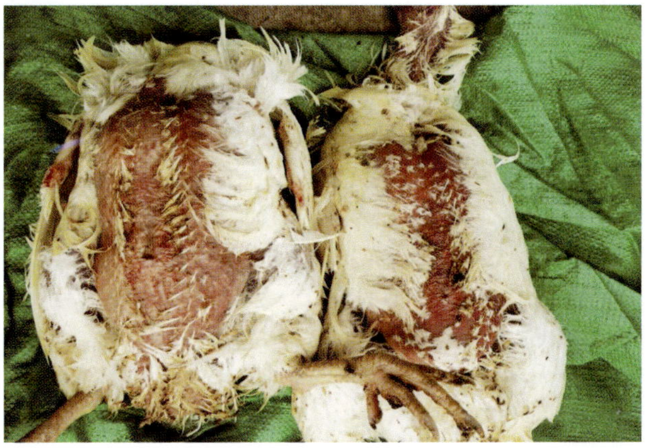

肉种鸡体况良好，腹部皮肤充血

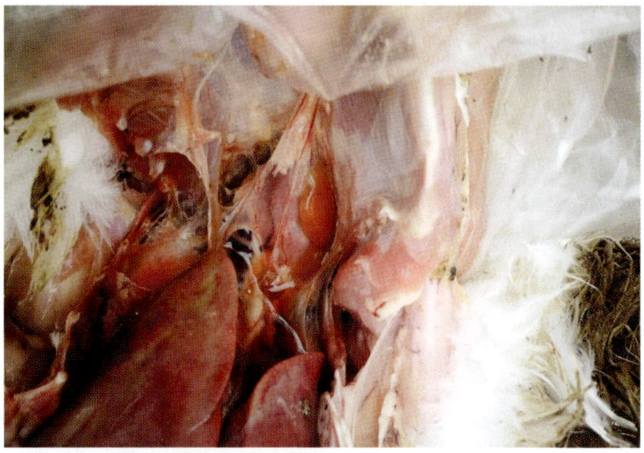

腹腔内有大量红色液体

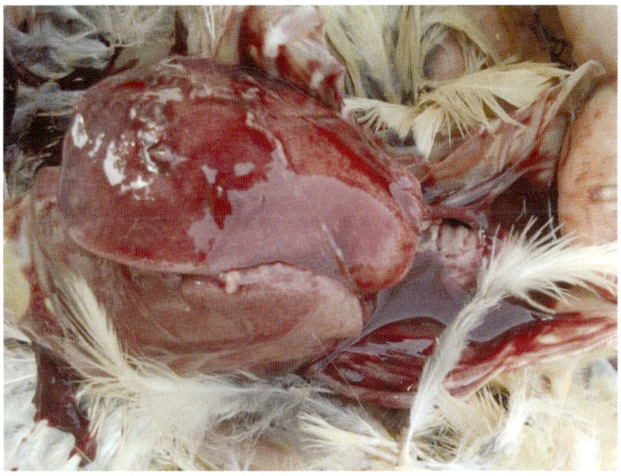

蛋鸡腹腔积有红色液体

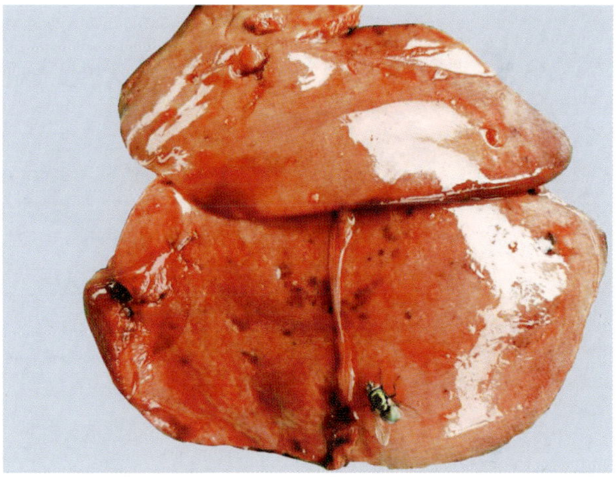

肝脏高度肿胀、黄染

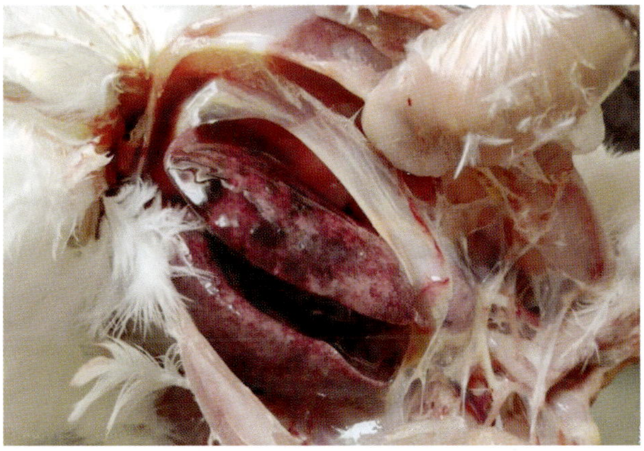

肝脏肿胀、出血

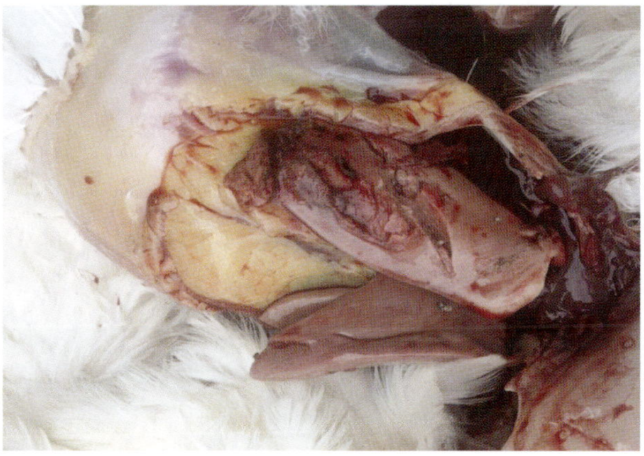

肝脏变脆、易碎

肝脏表面有大量凝血块

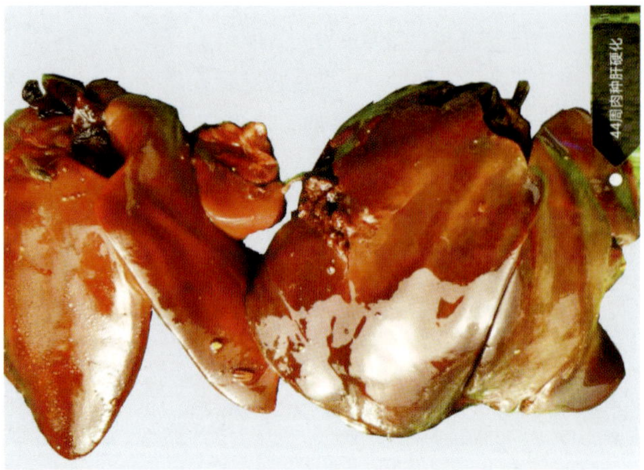

肝脏硬固无弹性

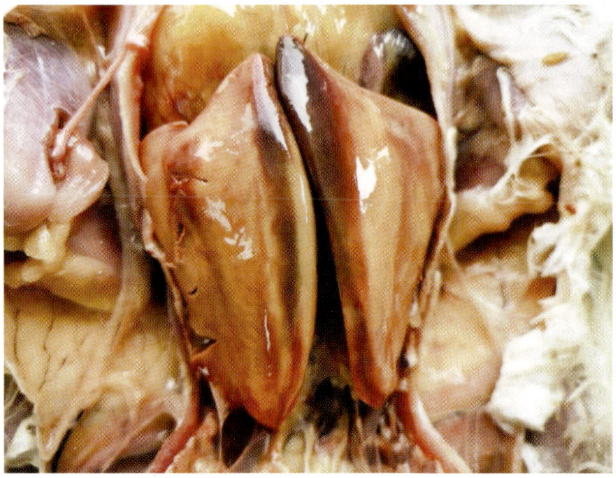

肝脏变性，呈条状桃花芯样

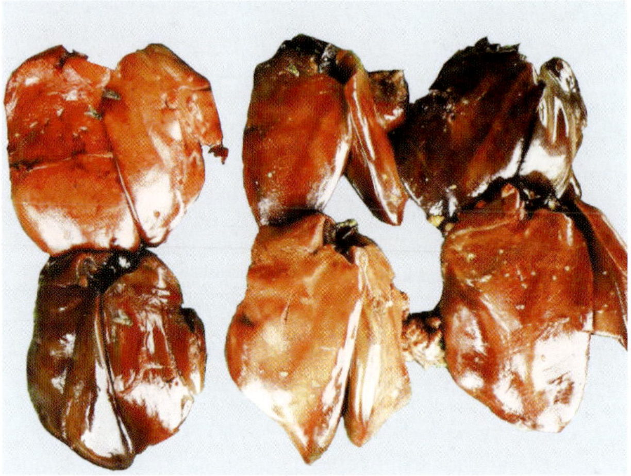

戊型肝炎的各种肝脏表现

戊型肝炎脾脏肿大

脾脏肿大

卵泡充血或淤血

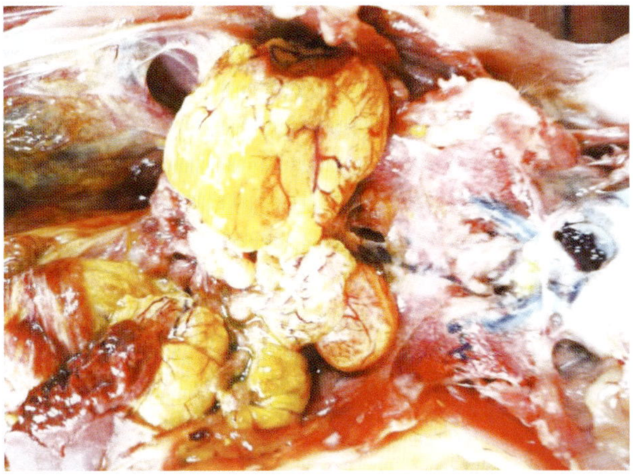

有的卵泡硬固坏死

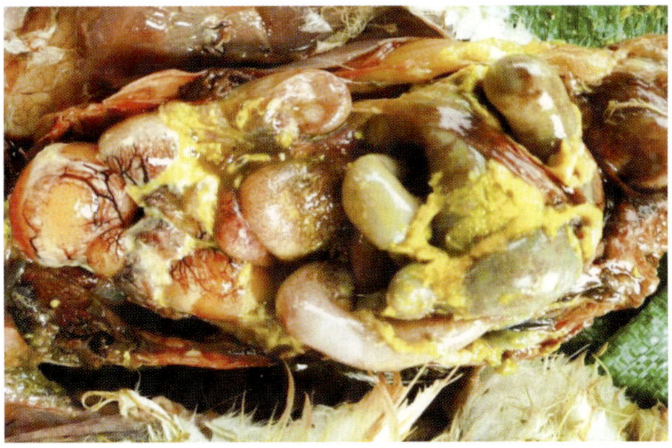

戊型肝炎易继发卵黄性腹膜炎

【诊断要点】

1. 临床特征

鸡突然死亡，持续发病，皮肤充血，体况良好。

2. 病理变化

腹腔积血，肝脏肿大、黄染、出血、易碎、硬化，脾脏肿大。

【防控措施】目前禽戊型肝炎尚无疫苗可使用，一旦感染无有效治疗方法。使用保肝护肾、增加免疫功能的药物，有助于病鸡恢复。

鸡场要有严格的生物安全措施，严密消毒，严格选择鸡苗来源场，防止垂直传播。加强饲养管理，使用优质全价饲料。防止其他免疫抑制性疾病的发生，有助于减少禽戊型肝炎的感染。大群可定期应用抗病毒药和保肝解毒药，预防和控制继发感染。

六、传染性法氏囊病

鸡传染性法氏囊病又称甘保罗病，是传染性法氏囊病毒引起的一种急性、高度接触性传染病，主要以破坏鸡的中枢免疫器官——法氏囊为特征。由于该病发病突然、病程短、死亡率高，且可引起鸡体的免疫抑制，目前仍然是养鸡业的主要传染病之一。

【病原及传播途径】传染性法氏囊病毒属于双 RNA 病毒科，包括两个血清型。病鸡和带毒鸡是主要传染源。病鸡的粪便中含有大量病毒，排出的粪便污染饲料、饮水和环境，使同群鸡经消化道、呼吸道和眼结膜等感染；此病毒可长时间持续存在于鸡舍环境中；本病可直接接触传播，也可通过各种器具、昆虫、垫料等间接传播；拥挤、高温等因素有利于发病。

本病一年四季均可发生。在自然条件下，本病只感染鸡，不同品种鸡均可感染；多发于 2~15 周龄小鸡，3~6 周龄为发病高峰期；该病发病率高，几乎达 100%，死亡率为 5%~15%。

【临床症状】雏鸡群突然大批发病，2~3 天可波及 60%~70% 雏鸡，发病后 3~4 天达到死亡高峰。发病前 3 天，鸡群采食量突然增加。雏鸡发病后精神高度沉郁，嗜睡、眼半闭，没精神；远离鸡群，呆立一边；驱赶时可睁眼看一看，停止驱赶则又闭眼呆立，对周围环境漠不关心。

颈部戗毛，翅下垂；随后病鸡排出奶油状或石灰渣样的白色稀便，重者脱水，卧地不起，极度虚弱，最后死亡。耐过雏鸡贫血消瘦，生长缓慢。

在雏鸡混合感染新城疫、慢性呼吸道病和大肠杆菌病时，死亡率高。

病鸡精神沉郁，颈部戗毛，翅下垂

【病理变化】病死鸡表现脱水，腿肌和胸肌常有不

有石灰水样下痢

排奶油样稀便

规则出血，腺胃和肌胃交界处黏膜有出血带。法氏囊肿胀，呈黄色胶冻样水肿；切开法氏囊，有黏液性或纤维素性渗出物。严重时法氏囊黑紫、出血、坏死。肾脏呈花斑状。法氏囊是本病毒攻击主要靶器官，因而法氏囊病变具有决定性诊断价值。

在1周病程内，法氏囊会经历由水肿、充血，囊内黏液渗出，囊外浆膜层纤维素渗出、出血，囊内形成脓性分泌物，黑紫、萎缩等病理演变。肝脏土黄色，多呈红黄相间的条纹状脂肪变性。在腺胃上下端有出血带。肾脏肿胀、花斑，尿酸盐沉积。严重者在胸肌、腿肌有不规则的出血点或出血斑。

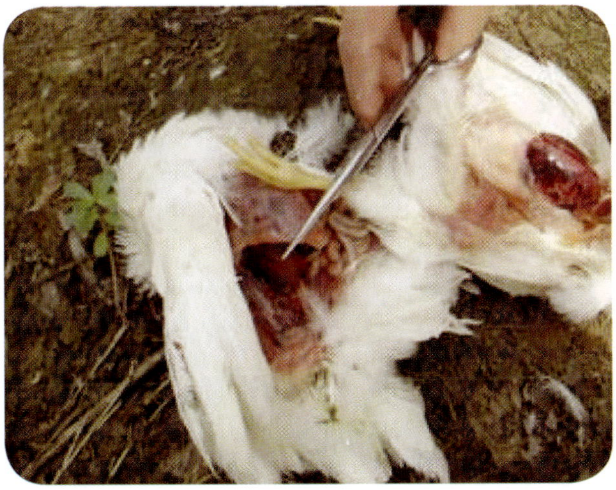

胸肌出血

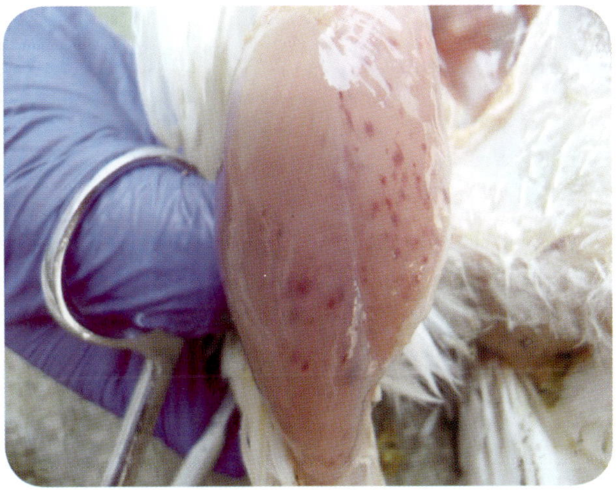

腿肌明显出血

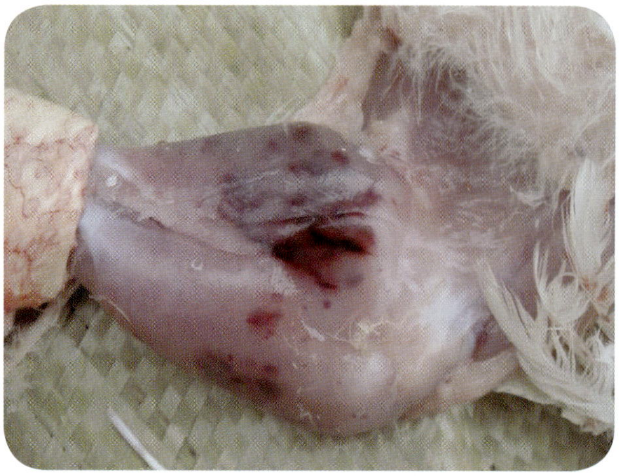

腿肌严重出血

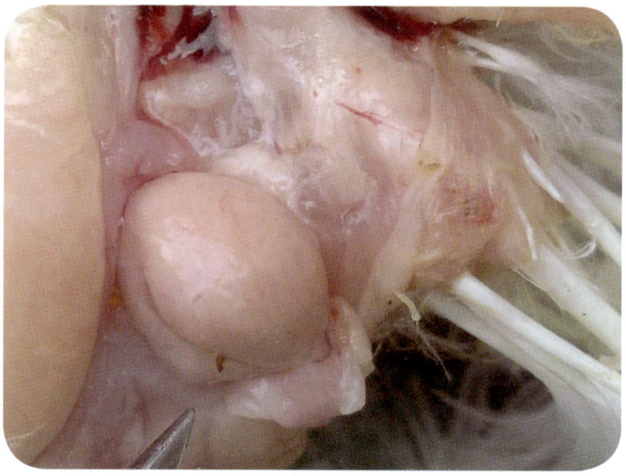

法氏囊高度肿胀

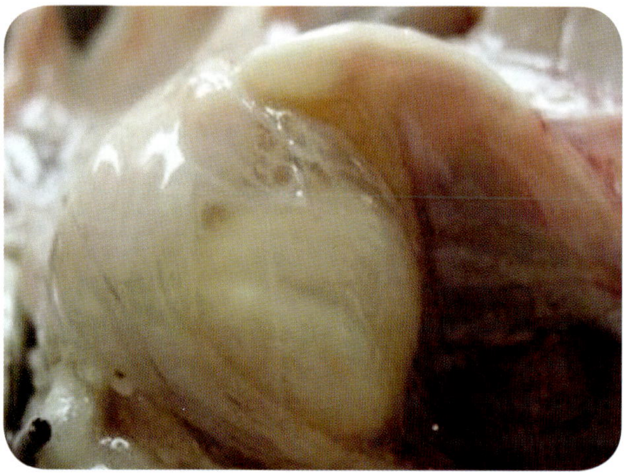

法氏囊周围胶冻样渗出物粘连

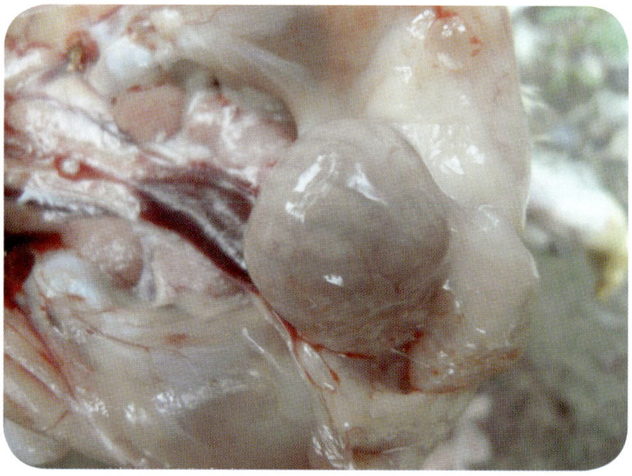

法氏囊肿胀，内有出血

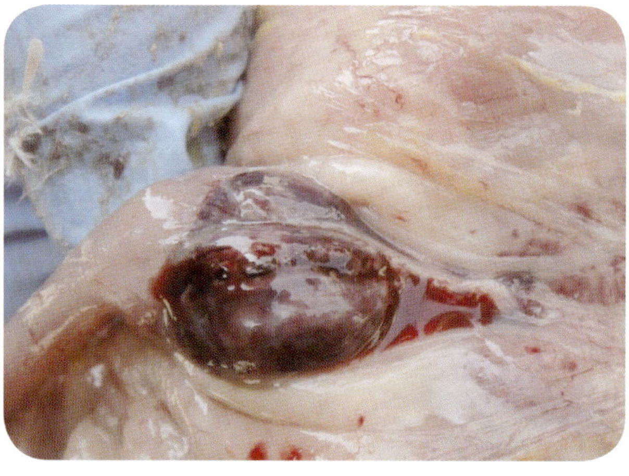

法氏囊严重出血，似紫葡萄状

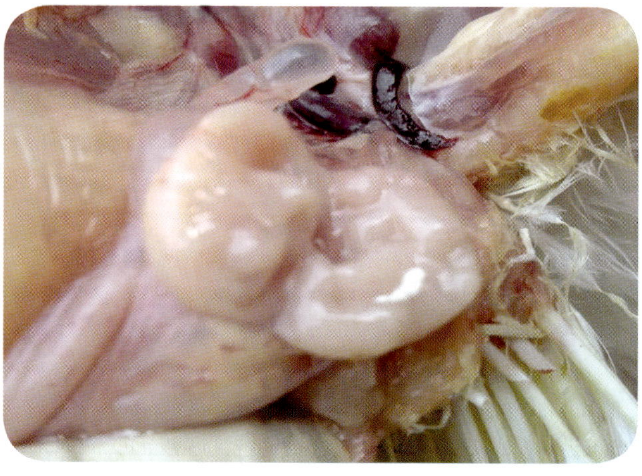

切开法氏囊，有少量黏液分泌物

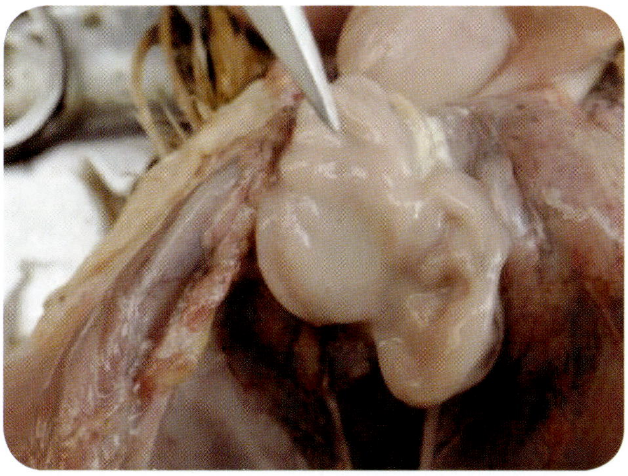

切开法氏囊，有多量黏液脓性分泌物

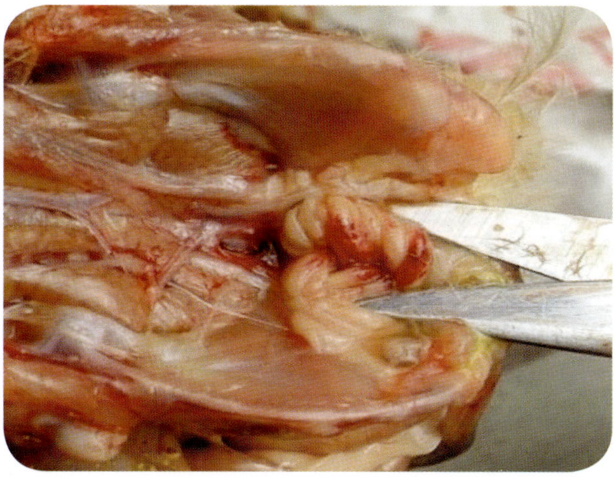

切开法氏囊，明显出血

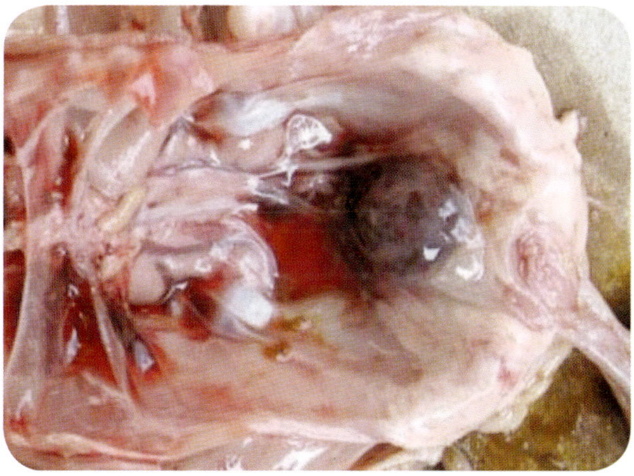

法氏囊出血、坏死

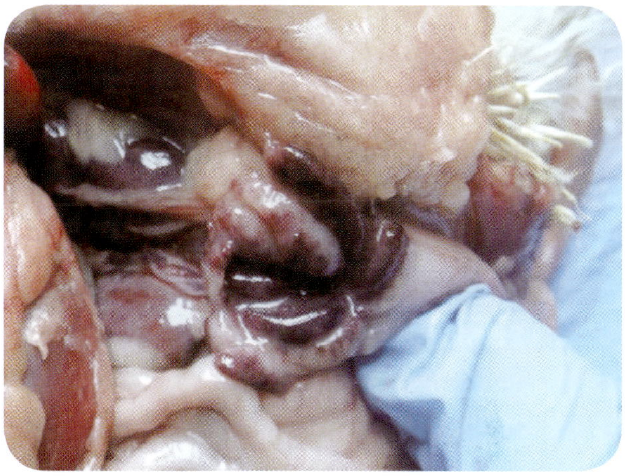

切开法氏囊，严重出血

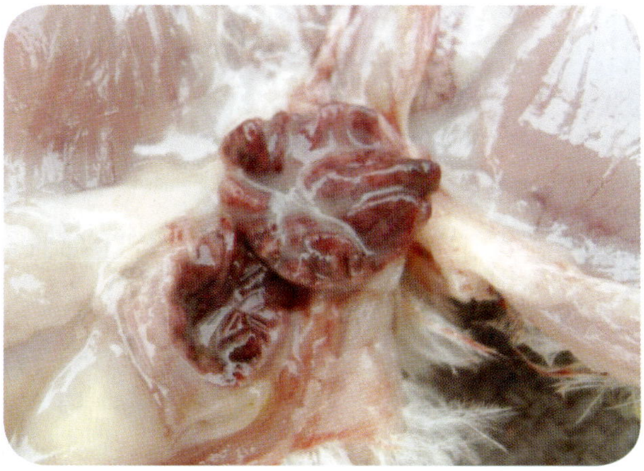

法氏囊出血且有分泌物

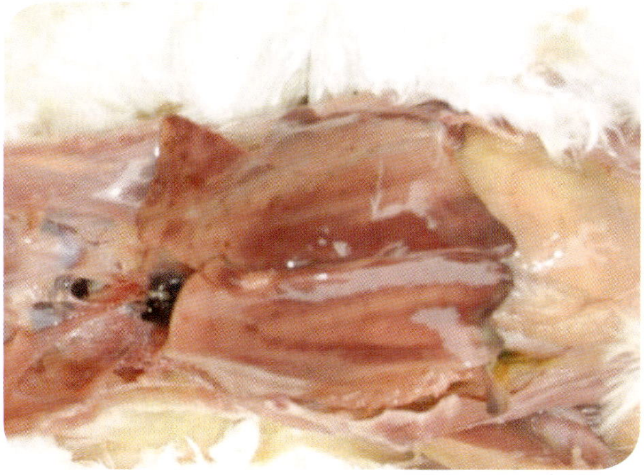

肝脏变性，红黄相间，呈桃花芯状

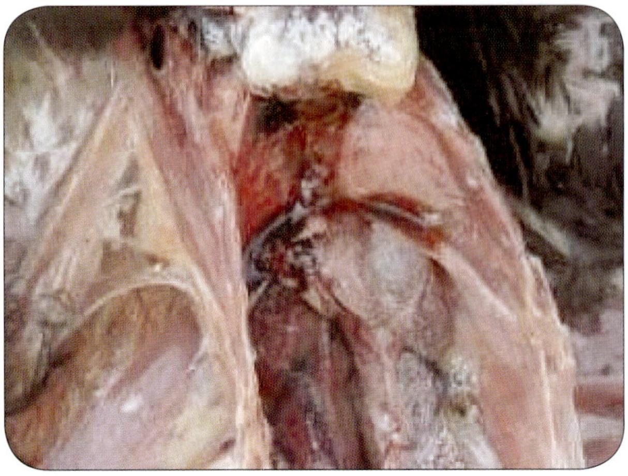

肾脏尿酸盐沉积，呈花斑肾

腺－肌胃交界处有出血带

【诊断要点】

1. 临床特征

鸡突然发病，精神沉郁，颈部戗毛，白色下痢。

2. 剖检变化

法氏囊肿胀、出血、坏死，肌肉出血等。

【防控措施】

1. 注重接种免疫

法氏囊疫苗的免疫非常重要，不仅可有效预防传染性法氏囊病，而且还能避免继发感染其他病毒病。

2. 雏鸡免疫

中等毒力疫苗接种后对法氏囊有轻度损伤，但对血清 I 型的强毒保护率高。一般在雏鸡 14 日龄进行点眼、滴鼻或饮水免疫，有较好的免疫保护作用。

3. 提高种鸡的母源抗体水平

种鸡群在 18~20 周龄和 40~42 周龄经 2 次接种法氏囊油佐剂灭活苗后，可产生高抗体水平并传递给商品代雏鸡，使雏鸡获得较整齐和较高的母源抗体，在 2~3 周龄内得到较好的保护，防止早期受到感染。

4. 治疗

（1）紧急注射抗体：对于发病鸡群，可应用抗法氏囊高免血清或高免卵黄抗体紧急接种，注射时可加入适量抗生素。

（2）抗病毒药：应用抗病毒中药制剂具有良好疗效，近年来应用生物制剂抗病毒也很普遍。

（3）提高免疫力：高浓度电解多维、氨基酸、鱼肝油等供鸡群饮用，有助于病鸡康复。

（4）治疗继发病：根据病情应用新城疫四系苗紧急接种，并针对肾病适时用药。

七、病毒性关节炎

鸡病毒性关节炎曾称病毒性腱鞘炎，临床特征是跗关节周围炎、关节滑膜炎、肌腱肿胀、腱鞘炎、腓－肠肌腱断裂等。由于病鸡关节肿胀、行走困难，无法正常采食，淘汰增多，造成一定的经济损失。20 世纪 80 年代中期，本病在我国多个省份都有检出，目前病毒性关节炎仍然是不可忽视的传染病之一。

【病原及传播途径】病原为禽呼肠孤病毒。病毒粒子无囊膜，基因组由 10 个节段的双链 RNA 构成。禽呼肠孤病毒对热有一定的抵抗能力，能耐受 60℃达 8~10 小时，用 70% 乙醇和 0.5% 有机碘可以灭活病毒。鸡呼肠孤病毒广泛存在于自然界，虽可从多种鸟类体内分离到，但是鸡和火鸡是目前已知唯一可传染病毒性关节炎的。

病毒可水平和垂直传播，以水平传播为主。通过鸡间传染更为广泛，排毒途径主要是经过消化道。携带潜伏病毒的鸡成为主要传染源；鸡日龄越大，敏感性越低，10 周龄之后明显降低；1 日龄雏鸡最易感染，但发病较少，临床 3~6 周龄的中大鸡多发病，发病率 5% 以上；局部散发，有的在同一个鸡舍连续几批次发生本病。

大肠杆菌可诱发和加重病毒性关节炎的发展。

【临床症状】病鸡关节疼痛、肿胀，行走不便，呈典型的蹒跚步样，严重的伏卧不动，最终饿死。关节下方腹侧肿胀病变多见。

病鸡因疼痛无法站立，行走不便

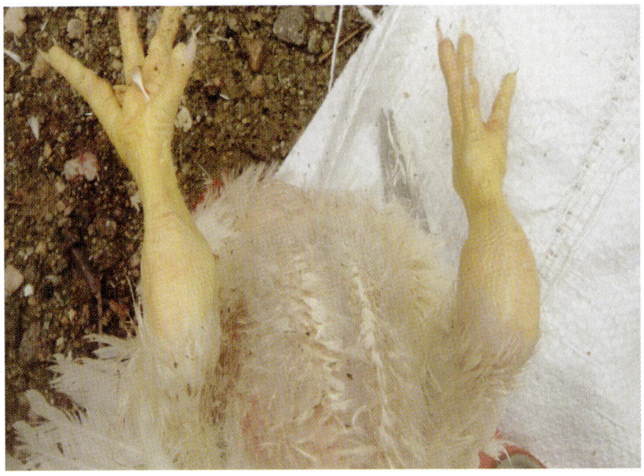

肉鸡跗关节及周围组织肿胀

蛋鸡跗关节及周围组织肿胀

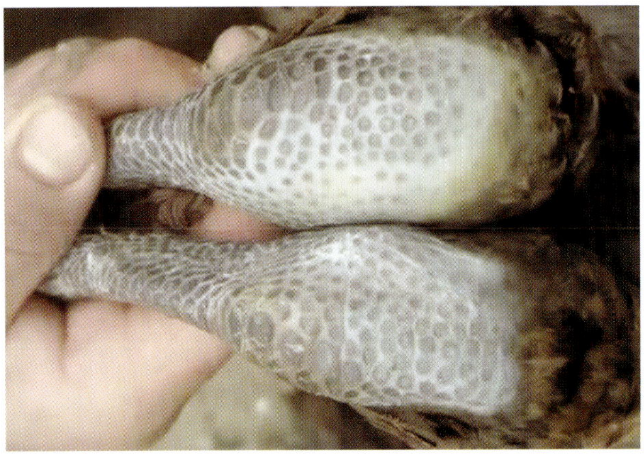

麻鸡跗关节及周围组织肿胀

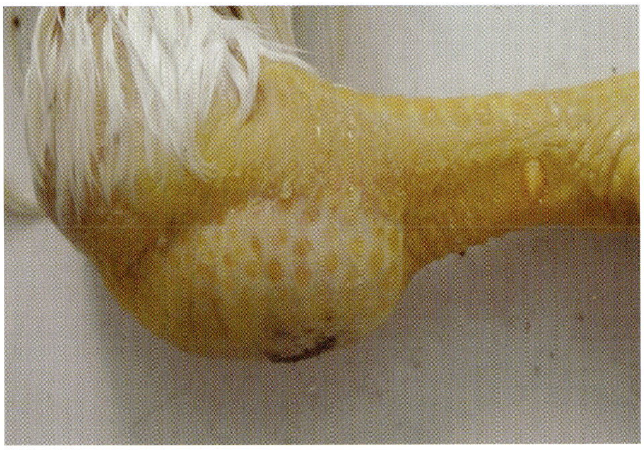

腹侧屈肌腱鞘高度肿胀

腹侧屈肌腱鞘肿胀、狭长

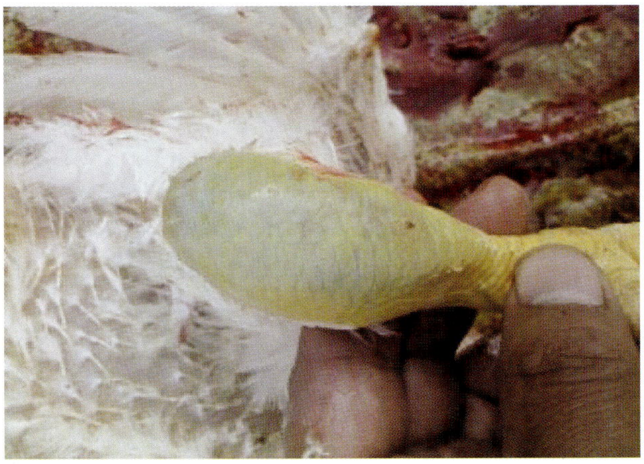

跗关节腹侧淤血，呈青紫色

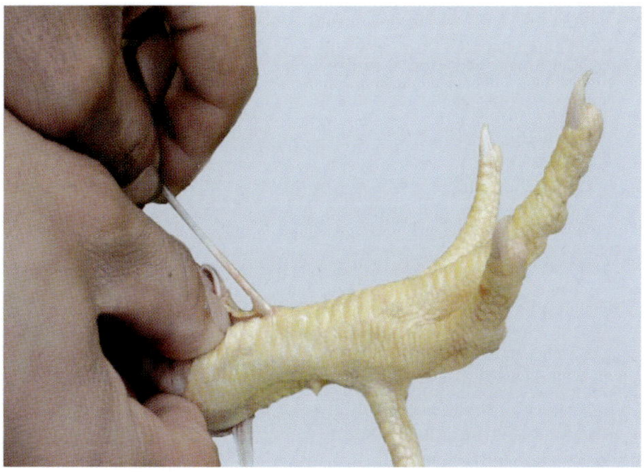

趾总伸肌腱：正常收缩时牵引趾爪伸展

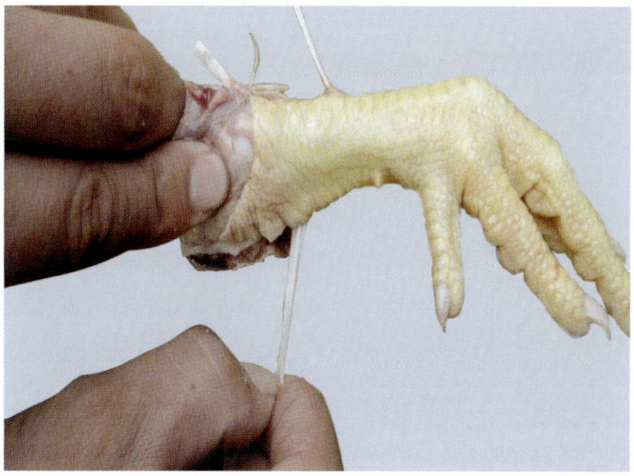

趾总屈肌腱：正常收缩时牵引趾爪屈曲

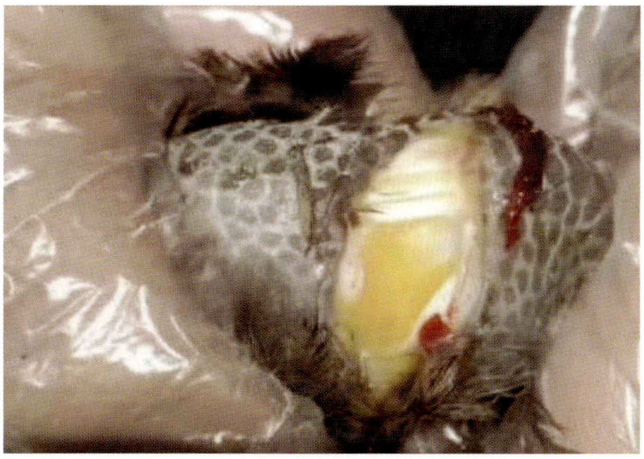

麻鸡跗关节：切开见皮下纤维素渗出物

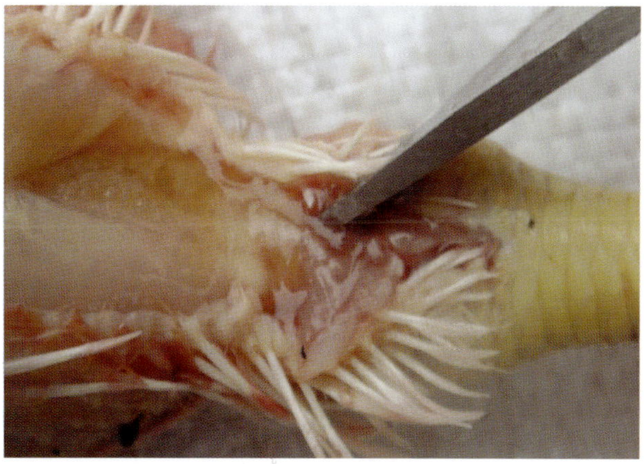

皮下胶冻样渗出物

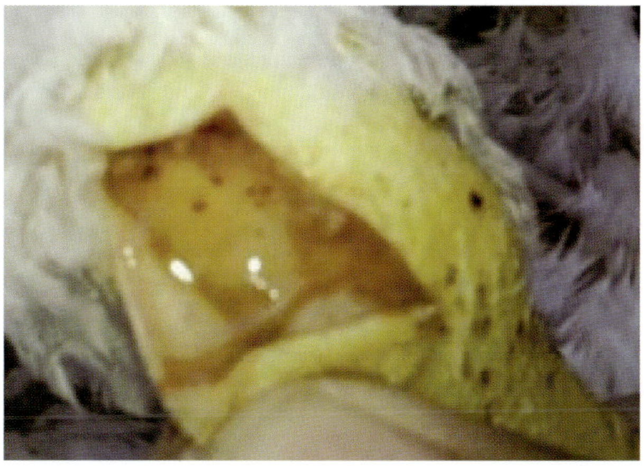

皮下渗出物且有出血点

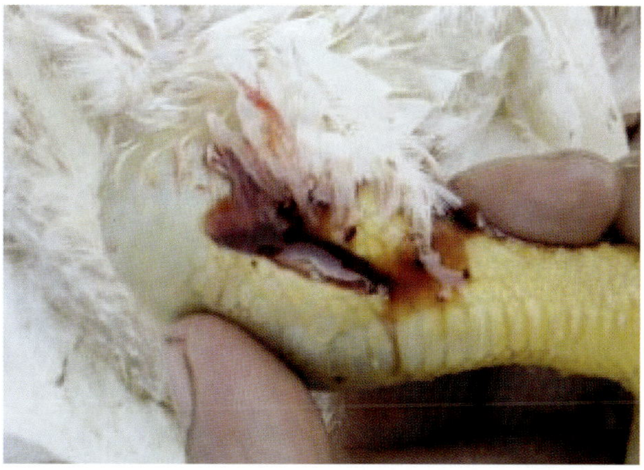

切开发青部位，见皮下淤血

麻鸡跗关节：因感染切开，流出脓汁

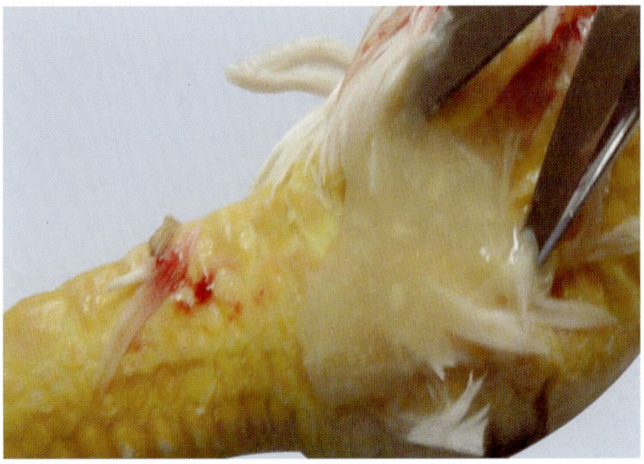

肉鸡跗关节：因感染切开，有脓汁

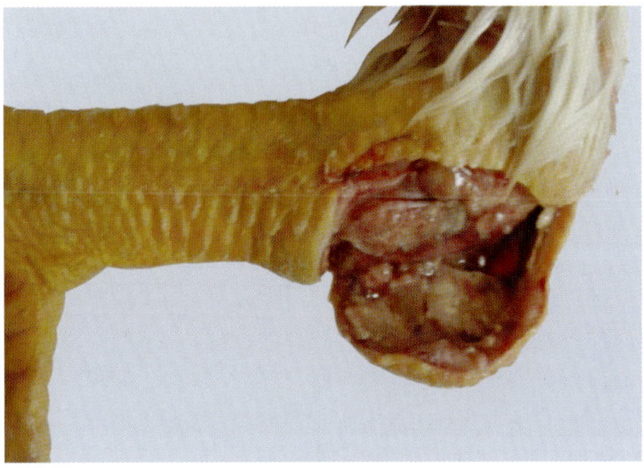

皮下有干酪样物质

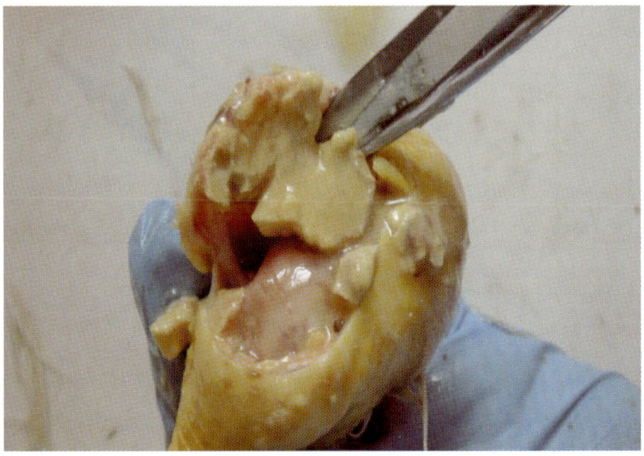

皮下片状干酪样物质

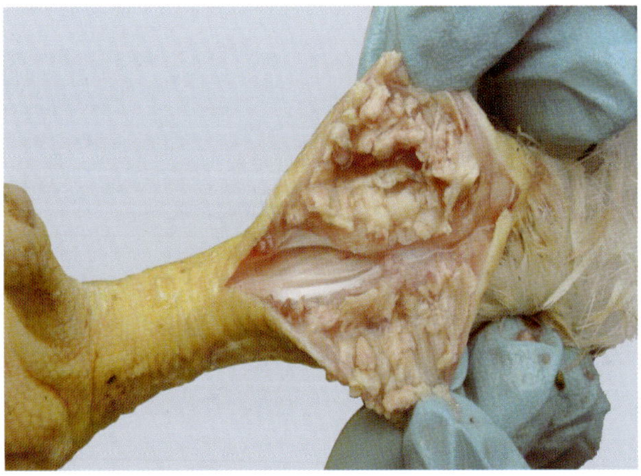

腱鞘内颗粒状干酪样物质

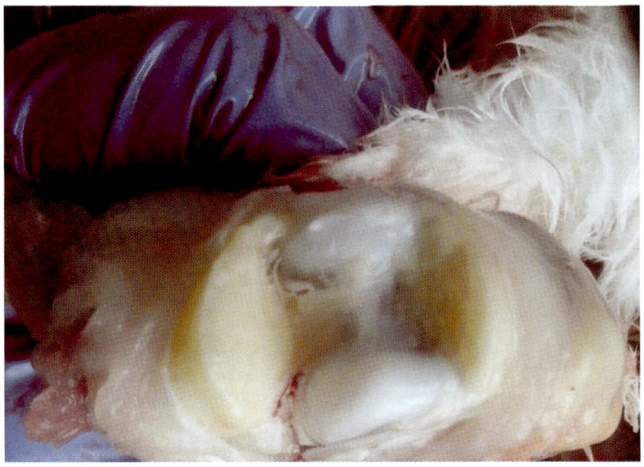

屈肌腱切面水肿

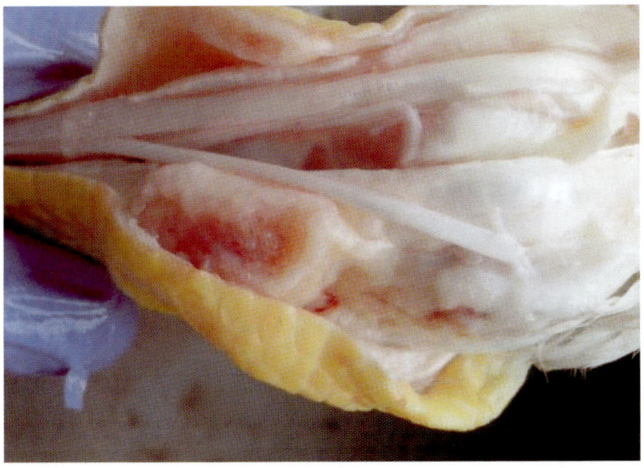

腱鞘腔出血、水肿

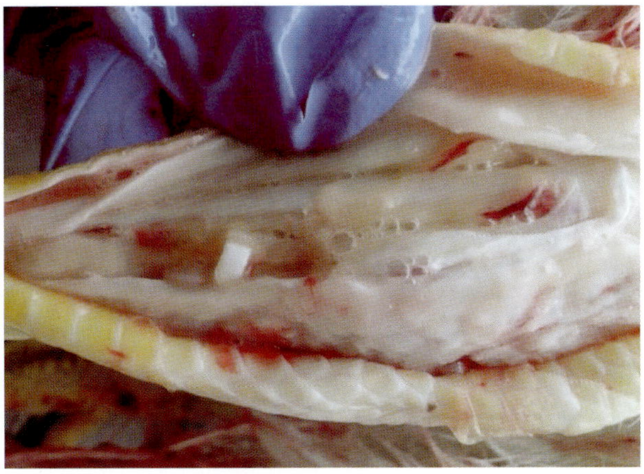

腱鞘内有黏液

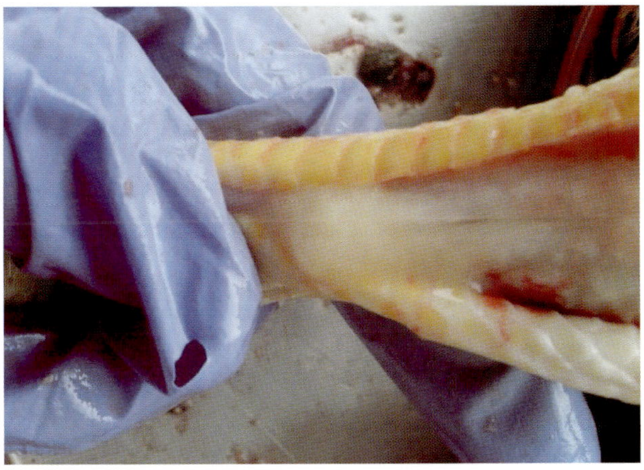

切开腱鞘，流出脓汁

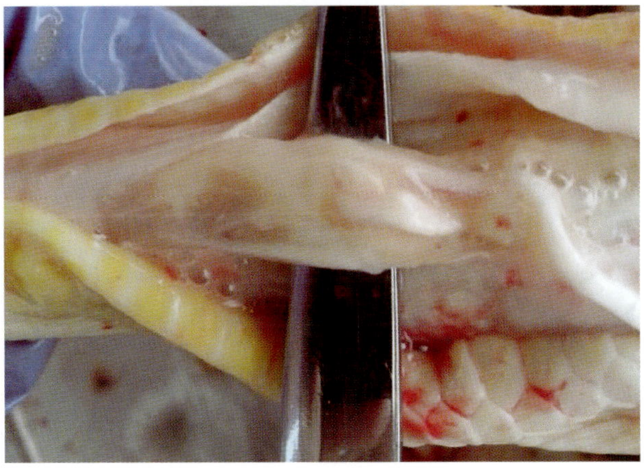

肌腱损伤断裂

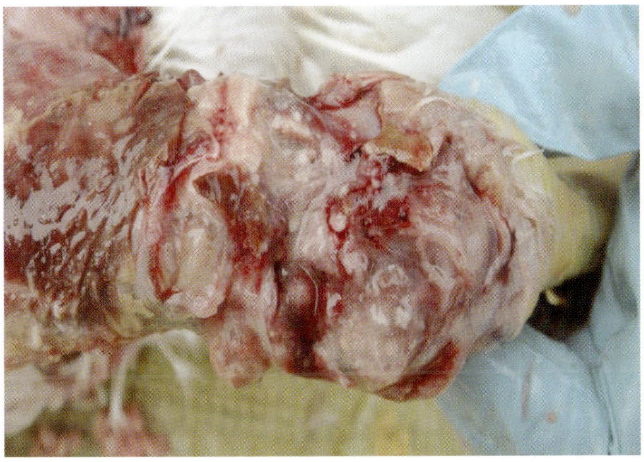

关节周围多处化脓，肌腱断裂

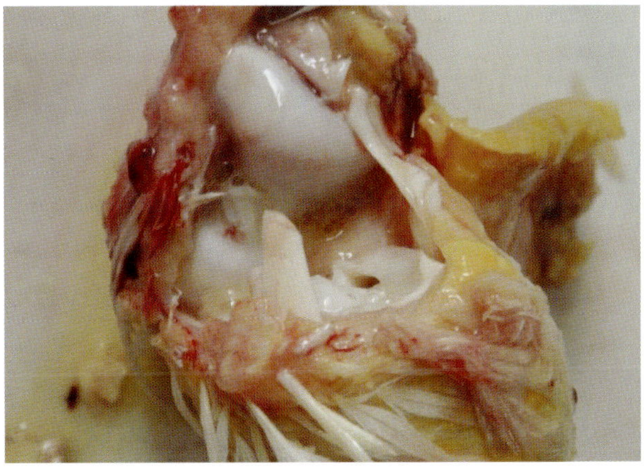

跗关节液浑浊带血

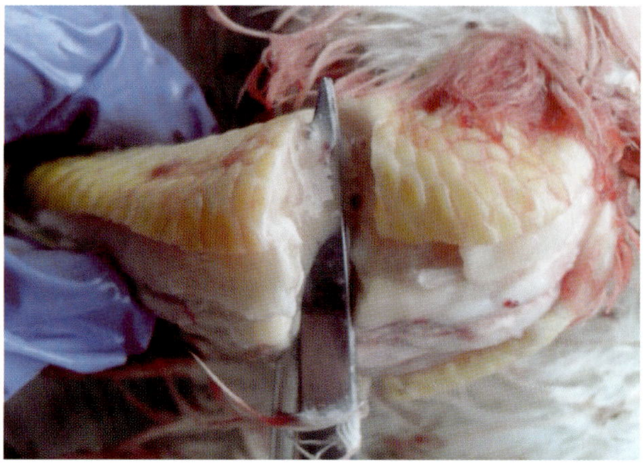

关节腔内化脓

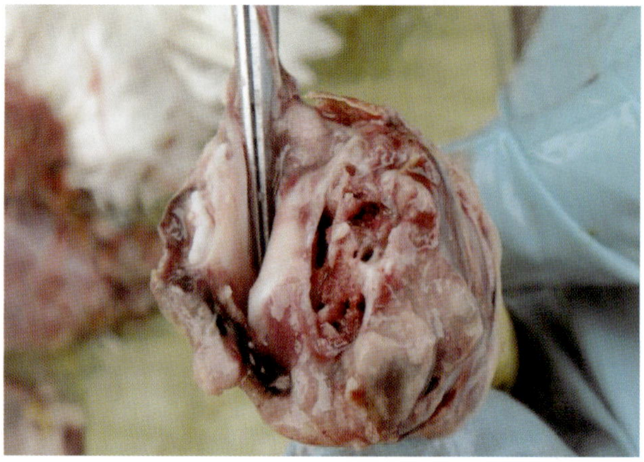

关节面损伤，滑车脊消失

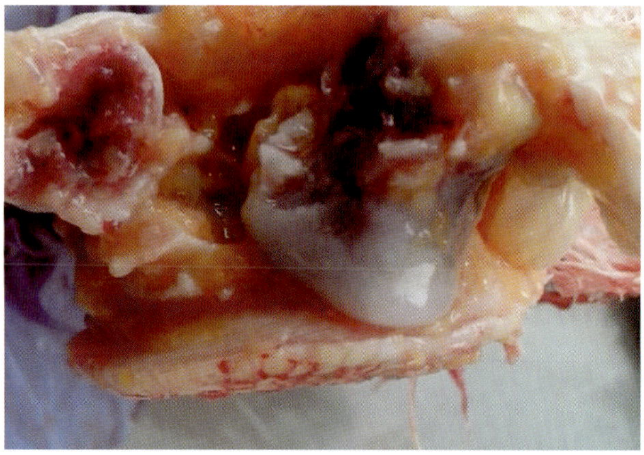

跖骨关节面严重受损

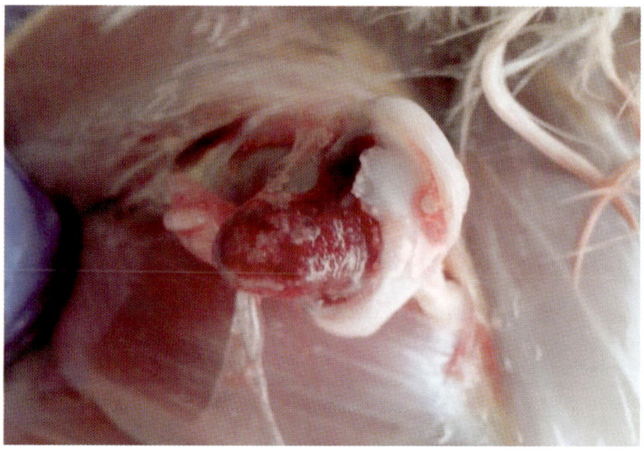

股骨头关节面受损，骨膜消失

【剖检变化】跗关节前部的趾伸肌腱和后面的趾屈肌腱明显肿胀，特别是屈肌腱鞘肿胀、淤血、出血、化脓；有的屈肌腱损伤或断裂；关节液浑浊，关节面损伤；股骨头骨膜损伤或消失。

【诊断要点】

1. 临床特征

关节肿胀、行走不便、伏卧不动、挣扎采食。

2. 剖检变化

皮下淤血、皮下化脓、肌腱断裂、滑膜炎症。

确诊要进行血清学检查和病毒分离。

3. 鉴别诊断

本病主要与滑膜型支原体病相鉴别。病毒性关节炎主要侵害跗关节及其以上关节，肿胀、化脓、肌腱损伤断裂；滑膜炎则主要是负重的器官发病，如趾关节、脚垫、胸部皮下黏液囊的肿胀和化脓。

【防控措施】种鸡开产前要免疫接种 3 次，弱毒苗和灭活苗的抗原性要广泛。有条件的要确定当地流行病毒的血清型，再选择较有针对性的疫苗接种。商品肉鸡发病后，还没有有效的方法治疗，一般多用中药或生物制品提高免疫力。单纯的病毒性关节炎本身是不会化脓的，化脓意味着并发或继发感染，结合脓汁颜色、气味及浓稠度，可以选择有效的抗生素进行对症治疗，必要时做药敏试验。

八、传染性贫血病

鸡传染性贫血病是由鸡传染性贫血病毒引起的，以雏鸡再生障碍性贫血、全身性淋巴组织萎缩为特征的一种免疫抑制性疾病，经常合并继发感染，危害很大。1979 年首次在日本发现本病，之后相继在多个发达国家分离到鸡传染性贫血病毒。1992 年我国李孝欣等从发病鸡群中分离到病毒，从而确证该病在我国的存在。根据近年来的流行病学调查，此病在我国鸡群中的感染率在 40%~70%，特别是肉鸡。本病已呈世界性分布，近年来国内肉鸡的传染性贫血病有上升趋势，主要以垂直传播为主。商品鸡群当中的白腿、白爪、白冠、贫血病例时有发生，因此，我们应重视此病。

【病原及传播途径】鸡贫血病毒属圆环病毒科，颗粒较小，最早称为“传染性贫血因子”，与马立克病、传染性法氏囊炎、网状内皮细胞增生症等病毒关系密切。

经蛋垂直传播是本病主要的传播途径；由感染公鸡的精液也可造成鸡胚感染；水平传播主要通过口腔、消化道和呼吸道途径；发病康复鸡可产生中和抗体。2~3 周龄肉雏鸡易感，公鸡更易感。本病发病率较高，能波及全群，但死亡率仅为 5%，无明显季节性。

一旦雏鸡感染此病毒，则刺激机体的淋巴组织，造成 T、B 淋巴细胞死亡，胸腺、法氏囊等器官萎缩和免疫抑制，引起继发感染。

【临床症状】特征性症状是贫血。一般在鸡 14~16 日龄为发病高峰。病鸡沉郁虚弱，行动迟缓，羽毛松乱，喙、肉髯、面部皮肤和可视黏膜苍白，生长不良，体重下降；临死前拉稀，随后死亡。病鸡有的翅尖出血，有的皮下出血、淤血，呈紫色（蓝翅病）；有的濒死腹泻，有的皮下水肿。

血液稀薄如水，红细胞压积值降到 20% 以下（正常值在 30% 以上，降到 27% 以下便为贫血），红细胞数低于 200 万个 /mm^3。

病鸡白冠贫血

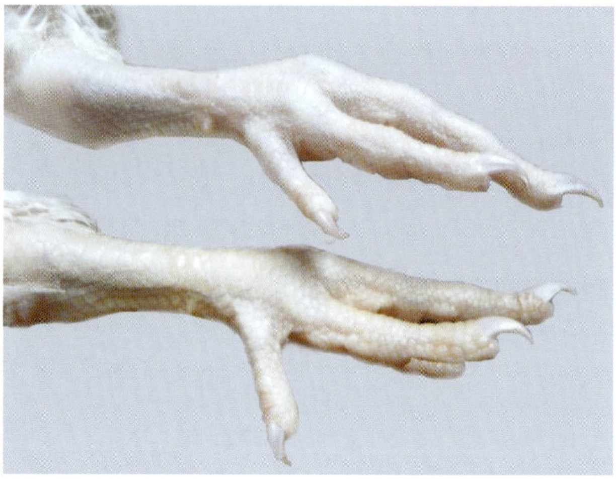

病鸡白腿、白爪贫血

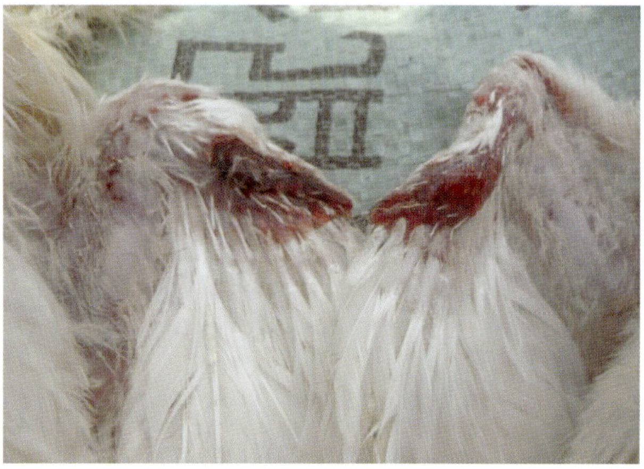

翅边、翅尖出血，溃烂

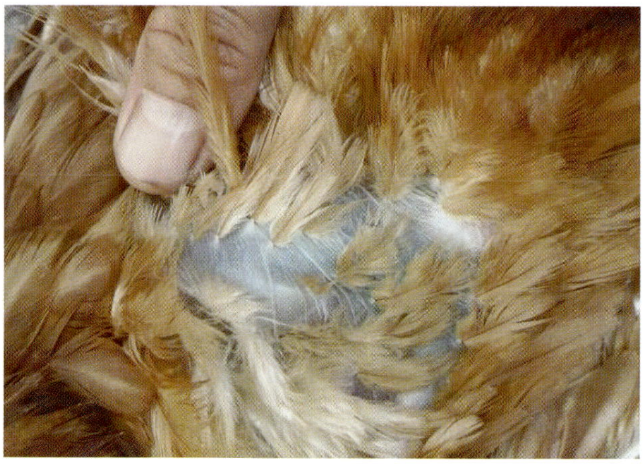

翅膀皮下出血、淤血、发青，俗称“蓝翅病”

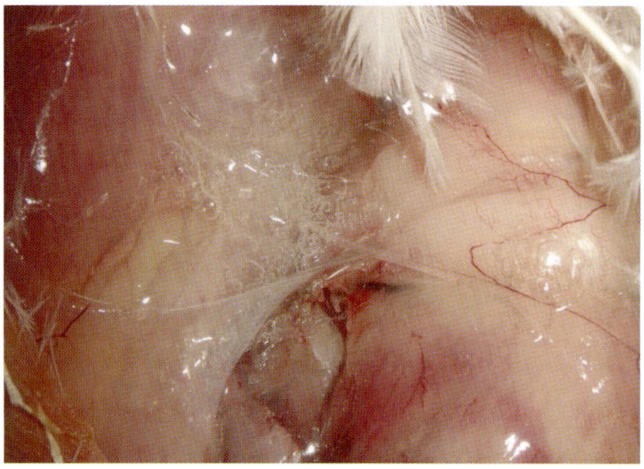

皮下明显水肿

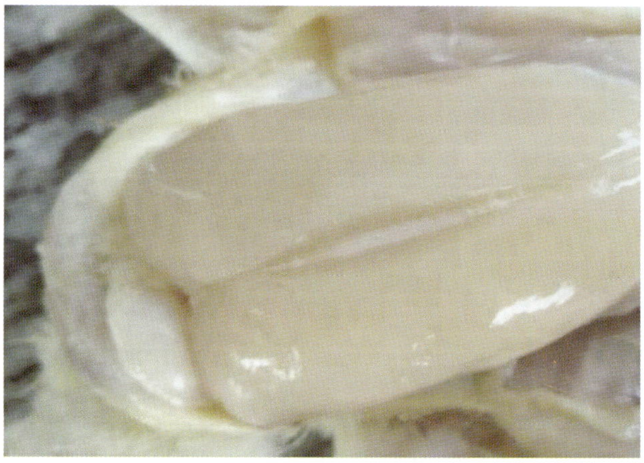

胸肌苍白、贫血

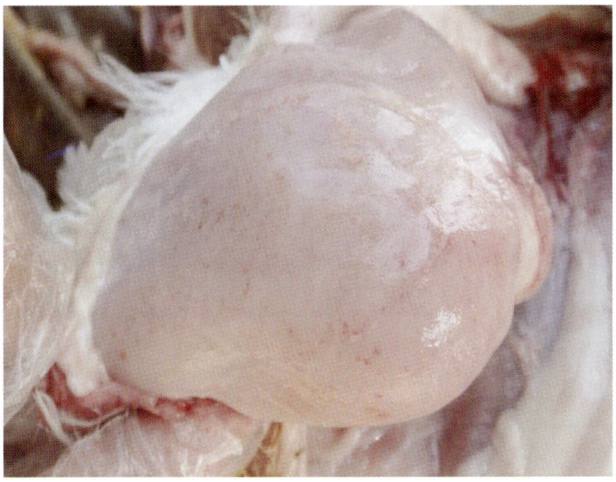
腿肌颜色变淡，轻度出血

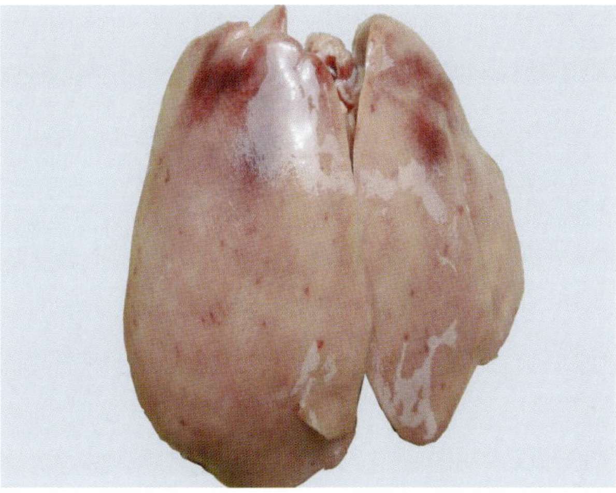
肝脏颜色变淡，轻微出血

心脏颜色变淡，变钝圆

脾脏颜色变淡，出血、贫血

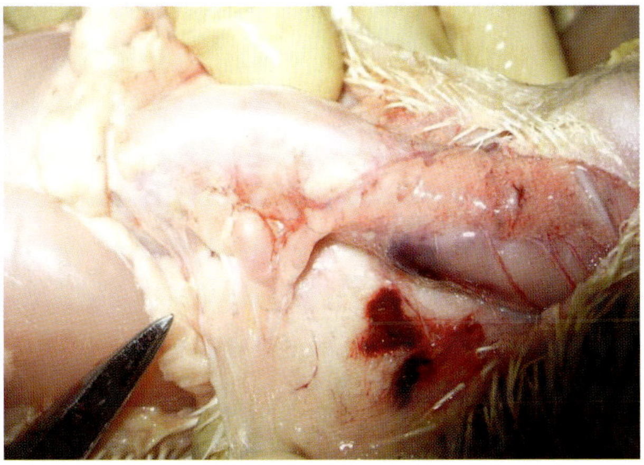
胸腺贫血、苍白、萎缩

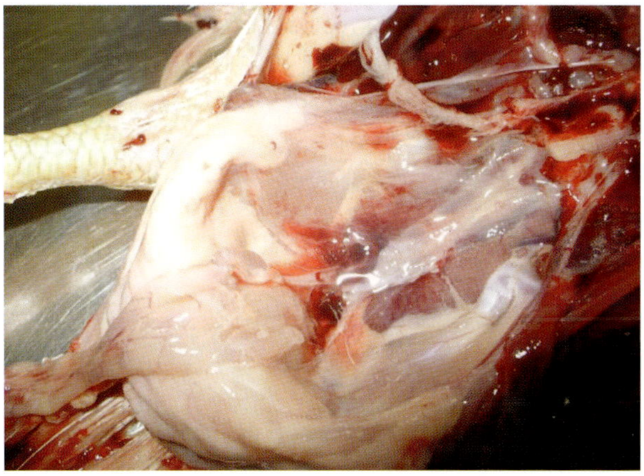
法氏囊萎缩、消失、变平

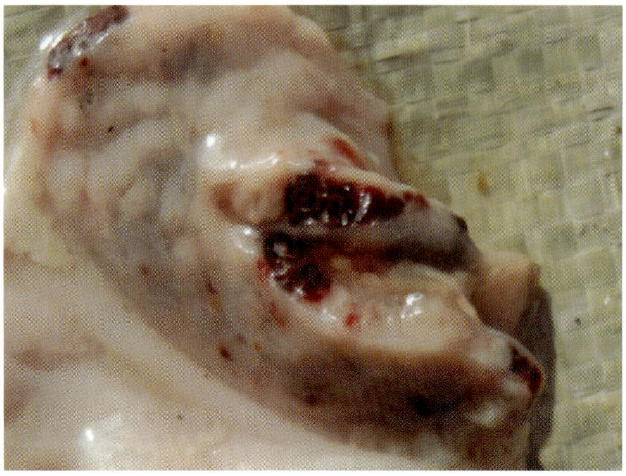

腺胃水肿、出血

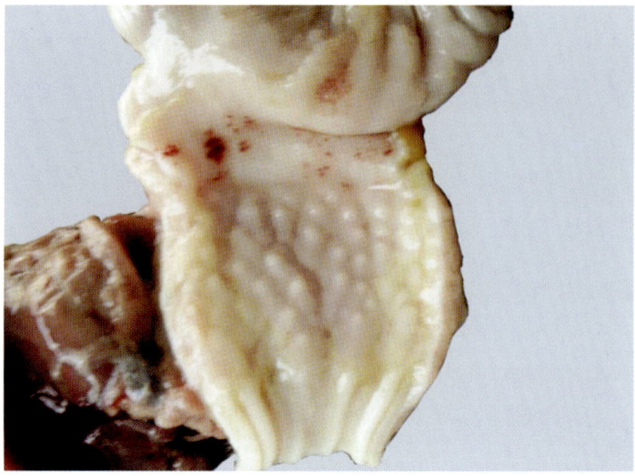

腺胃贫血、苍白

肌胃贫血、糜烂

白腿、白瓜，骨髓颜色变淡，即骨髓产生抑制

【剖检变化】常见皮下水肿，骨骼肌轻度出血，腺胃固有层黏膜出血、贫血，肌胃高度贫血且黏膜糜烂溃疡；胸腺贫血萎缩，法氏囊萎缩消失；肝脏、脾脏、心脏黄染，颜色变淡；骨髓萎缩，颜色变淡等。

【诊断要点】

1. 临床特征

白腿、白冠，不增料，腹泻，消瘦，翅出血。

2. 剖检变化

心、肝、脾脏贫血，免疫器官萎缩。

【防控措施】种鸡应及时接种鸡传染性法氏囊疫苗和马立克病疫苗，加强饲养管理和消毒措施，防止由于环境因素及其他传染病导致的免疫抑制。

试用贫血病疫苗：一是用鸡胚生产的、有毒力的传染性贫血病毒活疫苗饮水免疫，对 13~15 周龄种鸡免疫接种，可有效防止子代发病。本疫苗不能在蛋鸡产蛋前 3~4 周免疫接种，以防止通过种蛋垂直传播病毒。二是减毒的 CIAV 活疫苗，可通过肌肉、皮下或翅膀对种鸡进行接种，这是十分有效的。如果后备种鸡群血清学呈阳性反应，则不宜免疫接种。

雏鸡进舍前 4 天，应用小肽等免疫增强剂，促进免疫器官发育。目前对此病尚无特异性治疗方法，只能加强检疫，防止引入带毒鸡。发病鸡群可选用抗生素，控制继发感染。

九、产蛋下降综合征

鸡产蛋下降综合征（EDS–76）也叫减蛋综合征，是一种导致产蛋鸡或种母鸡产蛋率下降的病毒性传染病。1976 年荷兰科学家首次报道了该病，命名为产蛋下降综合征，简称 EDS–76。随后该病在欧美大面积流行。1992 年我国学者李刚和朱国强等通过病毒分离首次确诊了本病，1996 年贵州省家禽中心检测到血清阳性率高达 91.8%。近年来本病在我国流行已日趋严重，一旦产蛋鸡感染，鸡群无法达到高峰期，产蛋率大幅下降，造成巨大的经济损失。我国将产蛋下降综合征列为 B 类动物疫病。

【病原特点】EDS–76 病原是腺病毒属无囊膜的双股 DNA 病毒。病毒在 pH 3~10 条件下都能存活，适应性很强；56℃可存活 3 小时，60℃ 30 分钟丧失致病力，70℃ 20 分钟则完全消灭，在室温条件下至少可存活 6 个月以上。

病毒主要在鸡的生殖系统增殖，以消化道、呼吸道、输卵管、肝脾的滴度最高。

【流行特点】本病除了鸡易感外，鸭、鹅等也是病毒宿主；病毒主要通过种蛋或精液垂直传播，也可以水平传播给其他易感禽类；多侵害 30 周龄产蛋母鸡，产无壳蛋、畸形蛋、小型蛋、软壳蛋。本病在蛋鸡中广泛流行，冬、春季节多发。

【临床症状】蛋鸡感染后临床症状并不明显，产蛋率突然下降 20%~30%，软壳蛋和无壳蛋占比 15%，蛋壳破损率高达 38%~40%，蛋壳褪色。产蛋率连续下降 2~3 周后，逐渐恢复，但很难恢复到原有水平。

【病理变化】剖检病鸡，卵巢发育不良，输卵管严重萎缩，部分卵泡软化，子宫和输卵管黏膜水肿、肥大，输卵管腔内有白色或干酪样物质。

【诊断要点】

1. 临床特点

鸡群无异常，产蛋率突然下降，软壳蛋、破壳蛋、脱色蛋明显增多。

2. 剖检变化

输卵管充血、水肿，有纤维素渗出物。

3. 实验室诊断

实验室 PCR 检测即可确诊。

【防控措施】注射多联油佐剂灭活苗，对本病有良好的预防效果。商品蛋鸡在 120 日龄前接种一次即可。种鸡分别在 120 日龄和 35 周龄各免疫一次，可保持高水平的抗体。孵化出的雏鸡也能保持较高水平的母源抗体，可预防本病。

发病后进行全面检测分析，查明传染源。发病鸡群可投服抗病毒中药和生物制品饮水，同时添加鱼肝油或多种维生素，在饲料中添加防治输卵管炎的药物，连续应用 7~10 天。

软壳蛋突然增加

破壳蛋明显增加

大群鸡产软壳蛋增多

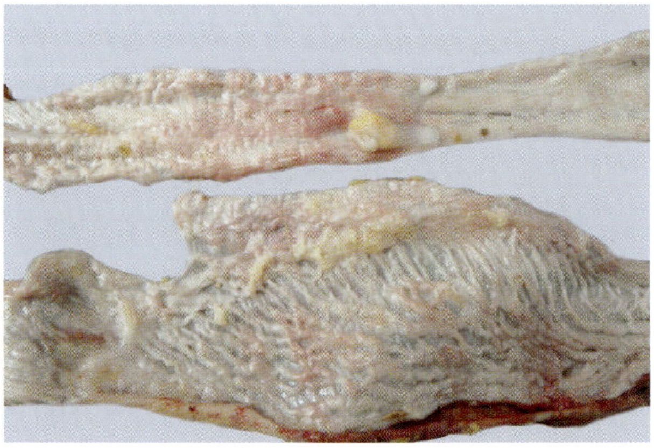

输卵管黏膜水肿、充血

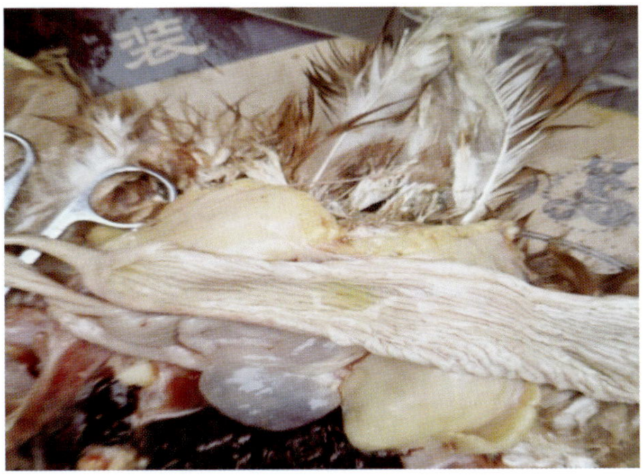

输卵管有轻度纤维素渗出物

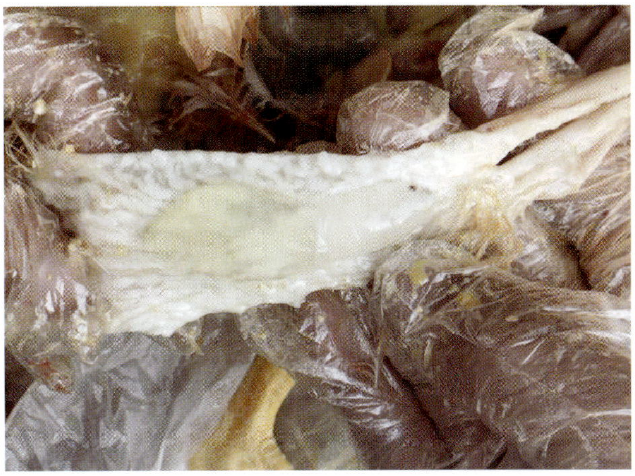

输卵管有大量纤维素渗出物

十、包涵体肝炎

鸡包涵体肝炎是由腺病毒引发的急性传染病，近年来呈明显高发趋势。蛋鸡、肉鸡均受侵害，死鸡突然增多，全身和各脏器黄疸出血、贫血，肝脏肿大出血、易碎。

【病原】 禽腺病毒科Ⅰ型腺病毒，目前有12个血清型，各血清型的病毒粒子均能侵害肝脏。Ⅰ群禽腺病毒粒子无囊膜，直径为70~90纳米，核酸为双股DNA。病毒在核内复制，产生嗜碱性包涵体。在发病早期，肝脏和法氏囊产生的病毒滴度最高。

病毒可耐受pH 3~9的环境，对热有抵抗力，56℃ 2小时、60℃ 40分钟不能致死病毒，有的毒株70℃ 30分钟仍可存活，但能被1 ∶ 1 000的甲醛灭活。

【流行特点】 肉鸡、蛋鸡、黄鸡和杂交鸡都有发病。全年发病，但夏秋多发，3~6周龄肉鸡多发，近年来产蛋鸡发病尤其严重。肉病鸡、带毒鸡通过粪便、气管和鼻液排出病毒，感染健康鸡。病毒主要经呼吸道、消化道及眼结膜传播，也可经种蛋垂直传播。雏鸡为垂直传播，成鸡为垂直传播和水平、垂直传播。发病往往与传染性法氏囊病免疫不合格有关。病愈鸡能获终身免疫。

【临床症状】 一般潜伏期不超过4天，鸡突然死亡。大群鸡精神不错，个别出现嗜睡，冠髯贫血；黄绿色下痢；羽毛蓬乱，曲腿蹲立；少数病鸡出现黄疸症状。

病鸡贫血和精神沉郁，临死前出现头颈后仰等神经症状，死亡率为2%~10%。感染本病的雏鸡呈现严重贫血症状；大群鸡多不减料，有的反而增料。

【病理变化】剖检变化非常明显，皮下组织、胸肌和腿肌苍白、黄染并有出血斑点；脂肪组织黄染；肝脏肿胀、黄染、出血、质脆；蛋鸡肝脏出血明显，在肝脏上附着凝血块，腹腔有淡红色液体；心肌、心冠脂肪黄染；肾和脾肿大、黄染；股骨骨髓出血，呈桃红色；肠管浆膜、黏膜可见明显黄染出血；法氏囊萎缩；胸腺水肿、出血；脑水肿，神经细胞变性等。

【诊断要点】

1. 临床症状

鸡突然死亡，排黄绿稀便，精神尚可，水料不减。

2. 剖检变化

全身和各脏器黄染、出血，特别是肝脏。

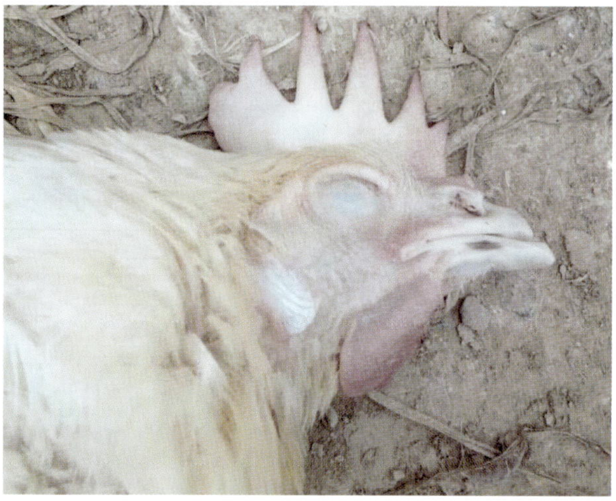

蛋鸡突然死亡，冠髯贫血

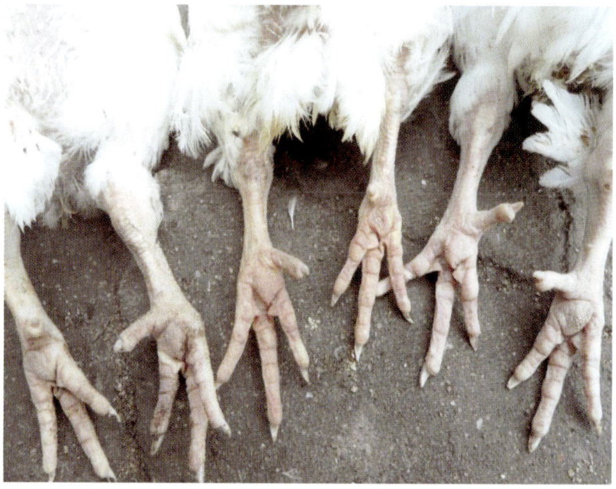

肉鸡腿爪贫血、苍白

病鸡精神委顿、嗜睡

肛周羽毛粘染黄绿色粪便

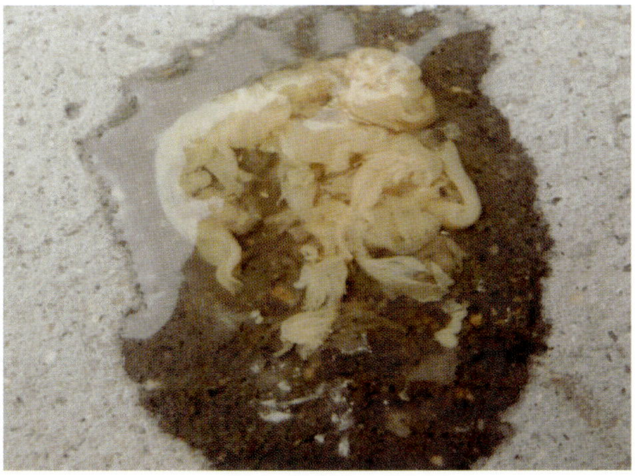

粪便内含有脱落的肠黏膜

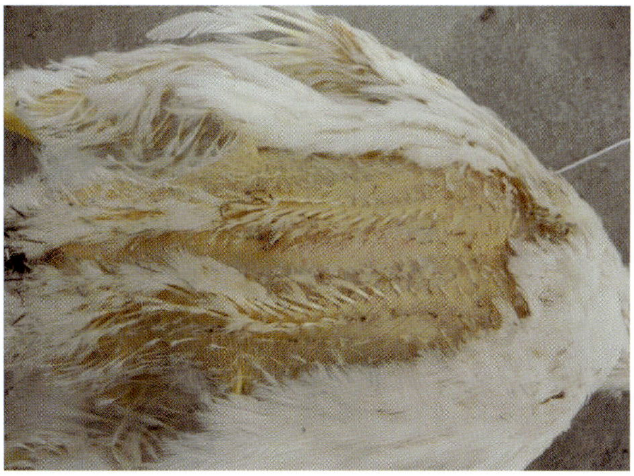

肉鸡皮肤呈黄色

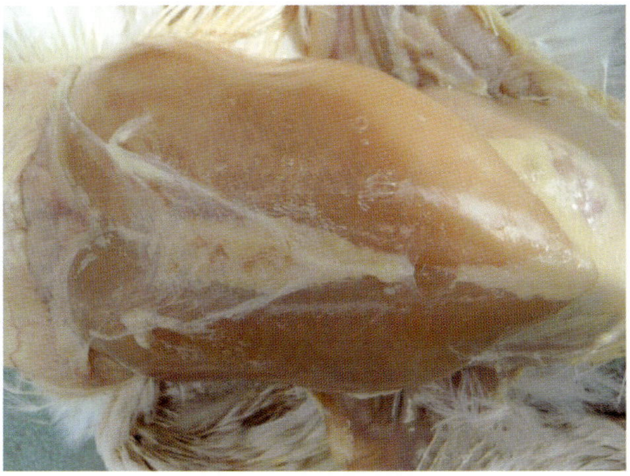

胸肌呈黄色

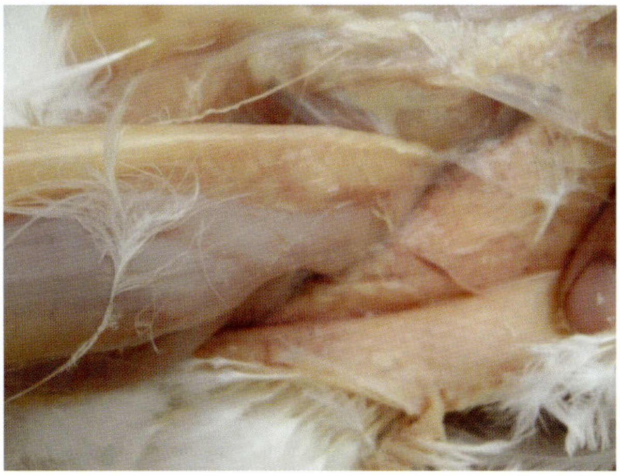

皮内、皮下组织黄染

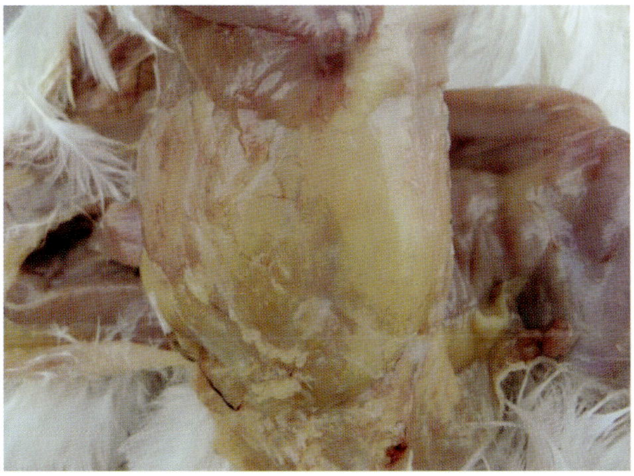

腹部脂肪黄染

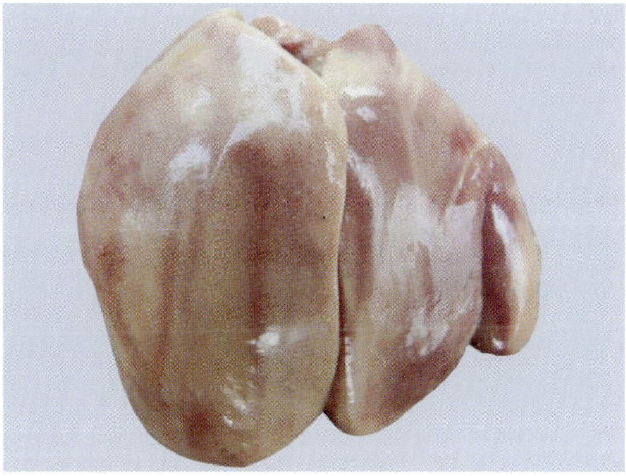

肝脏肿胀、黄染，呈桃花芯状

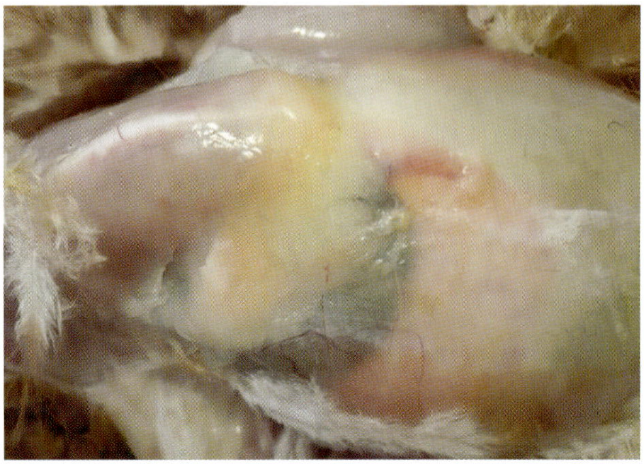

蛋鸡腹部出血明显

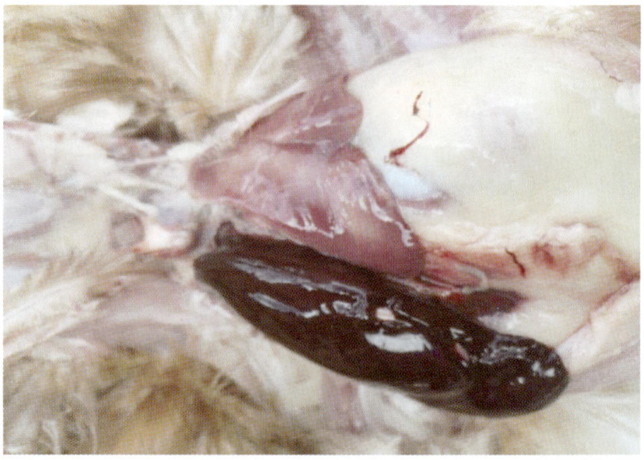

蛋鸡凝血块覆盖肝叶

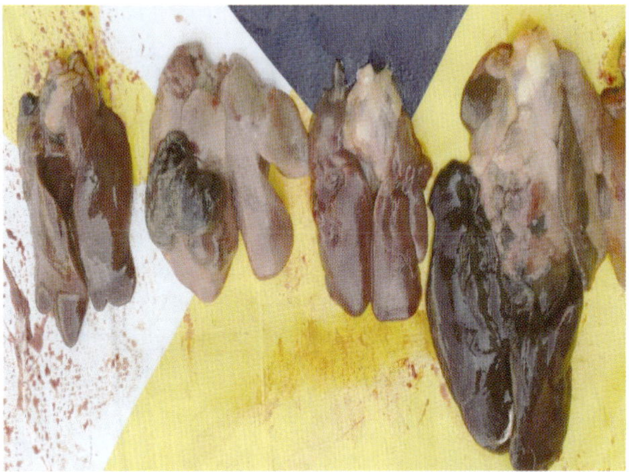

大群蛋鸡发生肝破裂

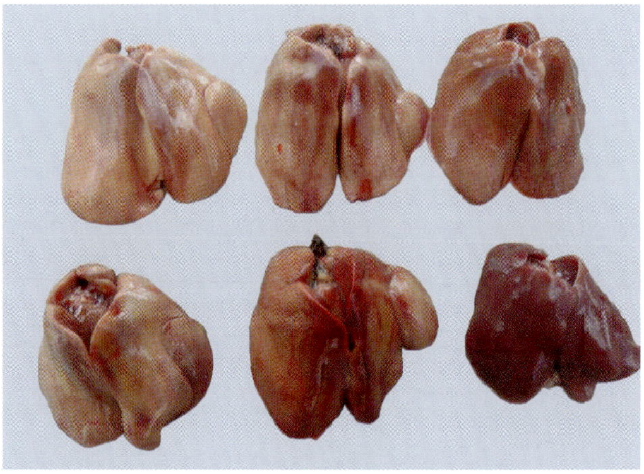

肉鸡肝脏黄染出血

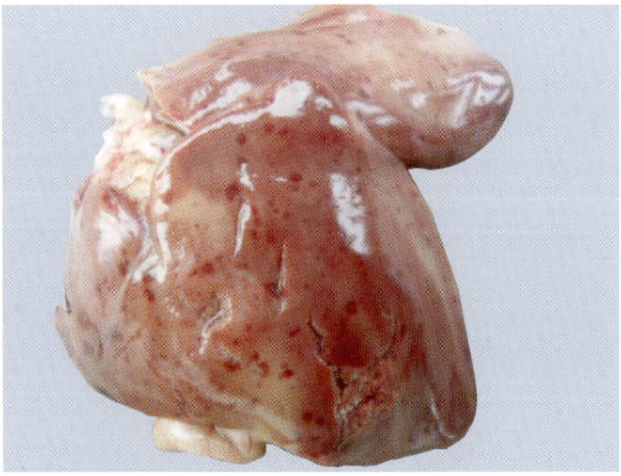

肝脏肿胀、出血、黄染、易碎

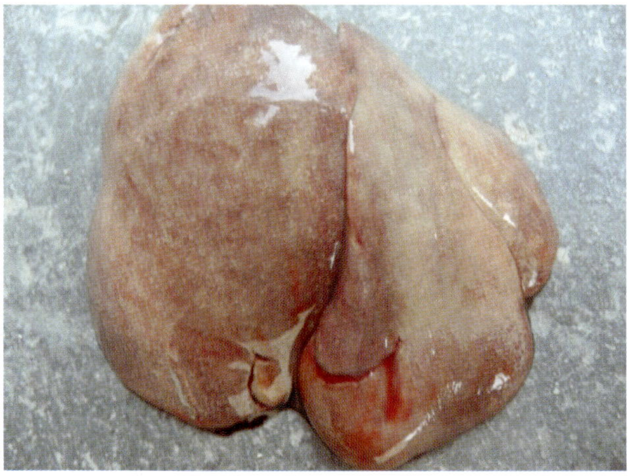

肝脏黄染，有白色坏死点

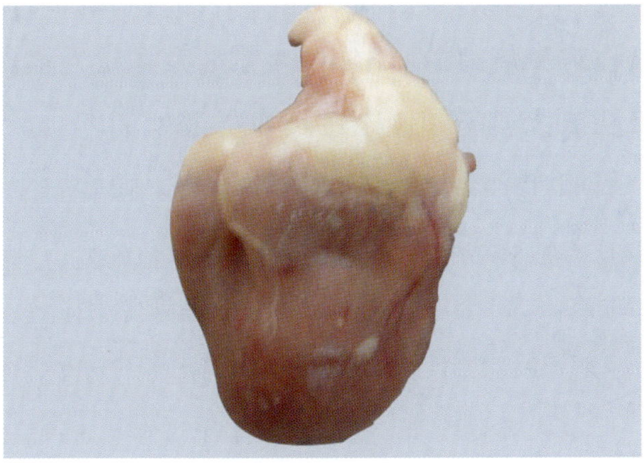

心冠脂肪水肿、黄染

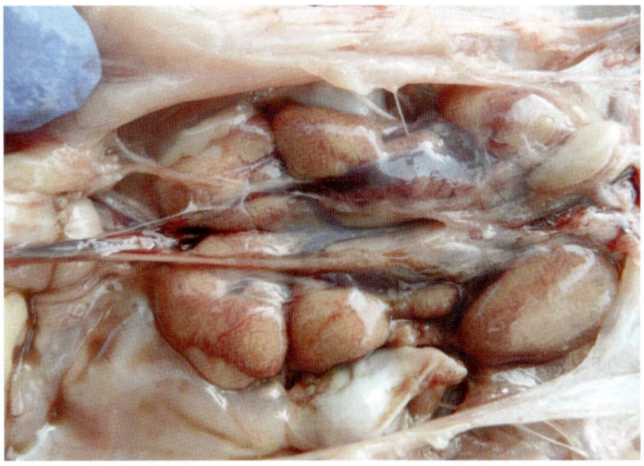

肾脏肿胀、黄染

脾脏肿胀、贫血、出血

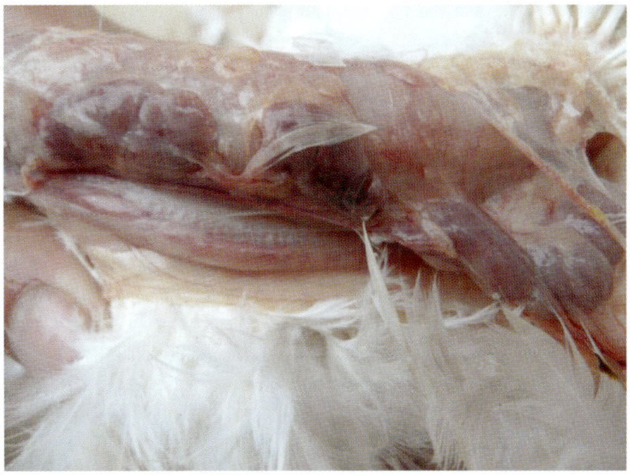

胸腺出血，颈部肌肉黄染

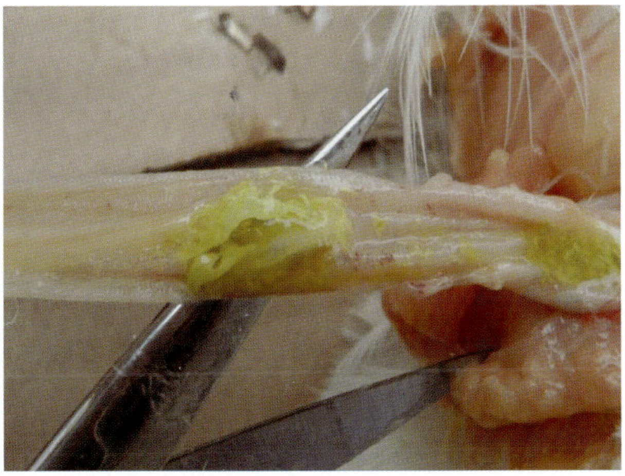

肠道黏膜贫血，内容物呈黄绿色

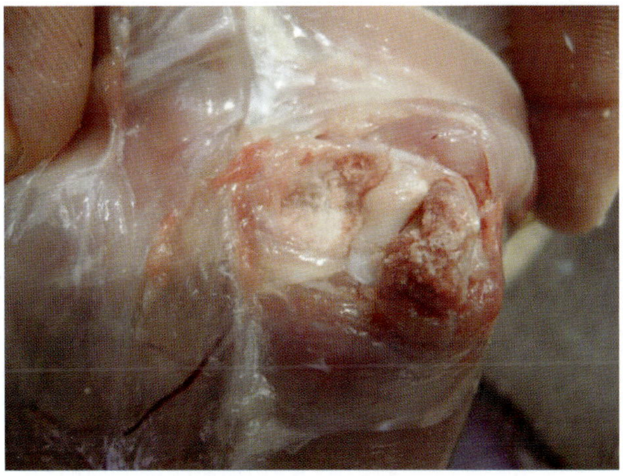

股骨骨髓贫血，呈淡白色

【防控措施】目前尚无有效疫苗，防控本病须采取综合措施。谨防引进病鸡或带毒鸡，对病鸡应尽早淘汰，定期进行环境消毒。增强鸡免疫力，可添加维生素K及微量元素。在饲料中添加相应药物，以防继发感染。传染性法氏囊病和传染性贫血可以增加本病毒的致病性，因此，应加强对这两种病的免疫，或加强消毒。抗体是特效产品，确诊后立即注射，效果明显。生化制剂和中药提取物可用于抗病毒。

治疗应以保肝护肾为主，避免盲目用药，避免大剂量应用化学性药物和频繁用药。临床证明化学性药物应用越多，死亡率越高。

十一、安卡拉病

鸡安卡拉病又称“心包积水—肝炎综合征”，最早于1987年发生在巴基斯坦。2015年6月在我国鲁、冀、豫接壤区域大面积发生此病，主要特征是鸡突然发病，死亡率极高，心包积液和肝脏炎症，使用药物治疗效果不佳，甚至越用化学药物死亡越多，死亡率高达80%。目前全国多个省份均有发病，已成为蛋鸡、肉鸡、黄鸡养殖业的主要危害性疾病之一。

【病原及传播途径】鸡禽腺病毒分为Ⅰ群、Ⅱ群、Ⅲ群（或称3个亚型）。Ⅰ群腺病毒感染主要是鸡的安格拉病和包涵体肝炎；Ⅱ群感染即是鸭的出血性肠炎；Ⅲ群感染是蛋鸡的产蛋下降综合征。本次发病率、致死率高，是由鸡Ⅰ群腺病毒血清4型腺病毒（FADV-4）引起的。2015年7月山东农业大学刁有祥教授检测，确定为禽腺病毒Ⅰ群血清4型感染引发的新型传染性疾病。

本病毒可水平传播和垂直传播。种鸡强制换羽次数愈多，子代越易患病。粪便污染易造成水平传播。病毒可存在于粪便、气管和鼻腔黏膜以及肾脏，通过排泄物传播，病毒在粪便的滴度最高。水平传播主要通过接触粪便，也可经同一鸡舍短距离空气传播。临床发现，鸡场之间可由人员、污染用具传染。

【临床症状】发病初期大群鸡突然出现死亡，而且死的多是看上去比较健康的鸡；有的鸡群出现减料，有的增料；病鸡缩脖、闭眼、戗毛，不吃料，但大群鸡精神尚可；排出黄绿色和白绿色粪便，粘染肛门周围的羽毛；有的死鸡皮肤黄染。

【病理变化】安卡拉病和包涵体肝炎一样，同属Ⅰ群腺病毒感染，因此，临床剖检变化就是包涵体肝炎病变和心包积液。心包积液为透明、浑浊、淡黄色、黏稠等。肝脏质脆易碎。胸腺水肿、出血。

病鸡排黄绿色稀便

病鸡排黄白色稀便

病鸡肛周粘染黄绿色粪便

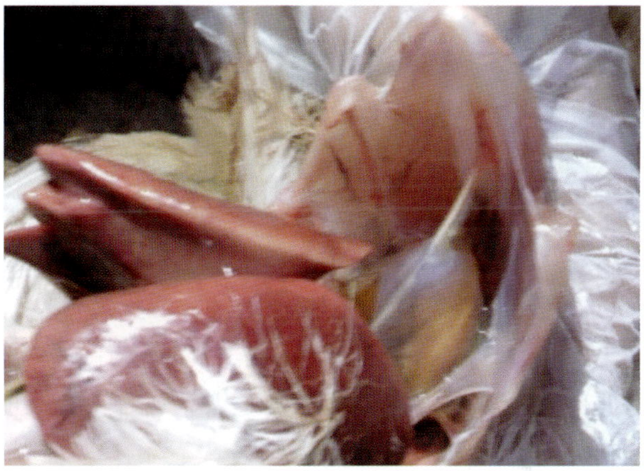

青年蛋鸡心包积液透明

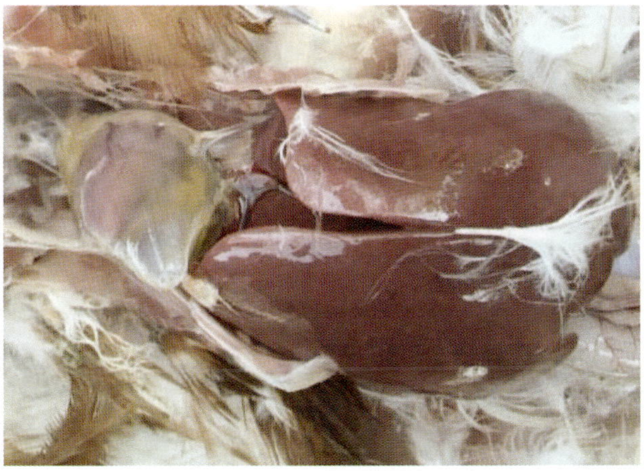

心包积液呈黄色透明

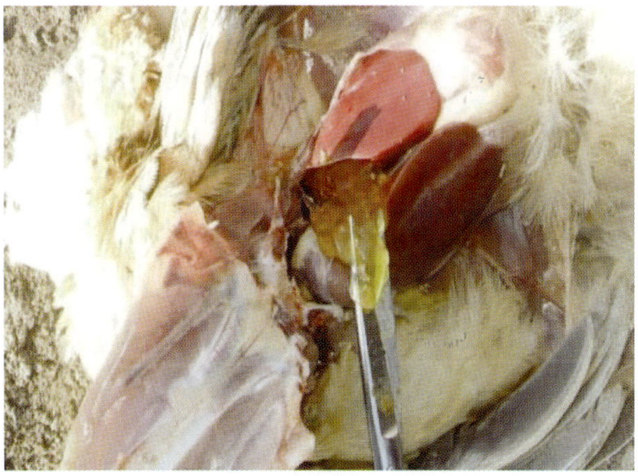

心包积液呈稀薄胶冻样

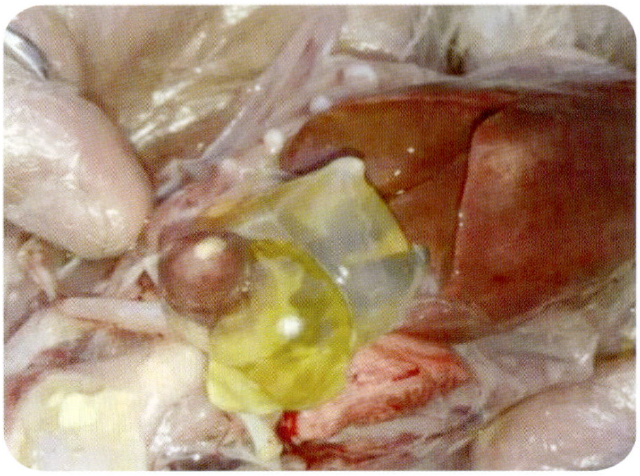

心包积液呈浓稠胶冻样

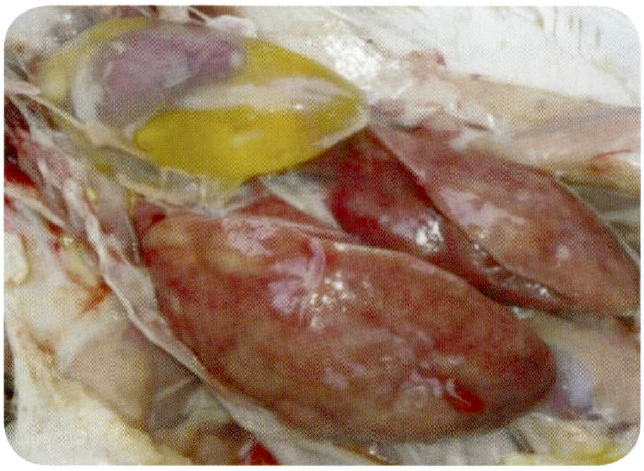

心包积液，肝附着纤维素

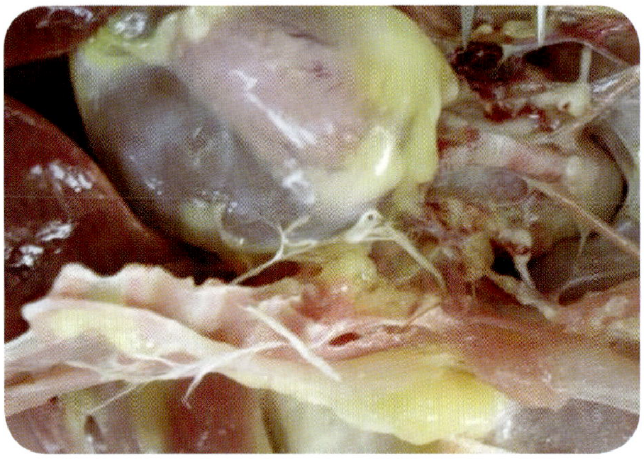

心包内附着纤维素

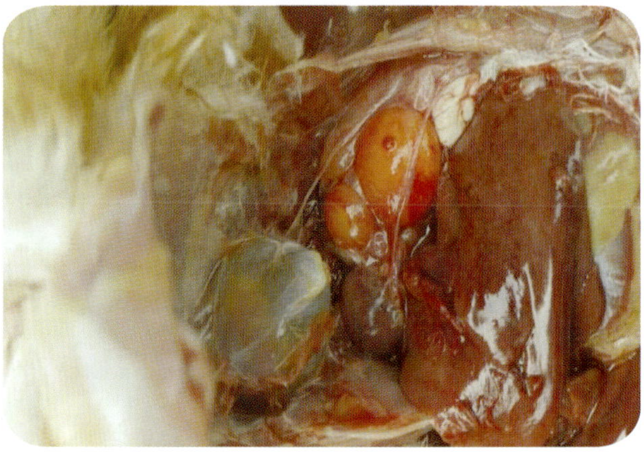

蛋鸡心包积液

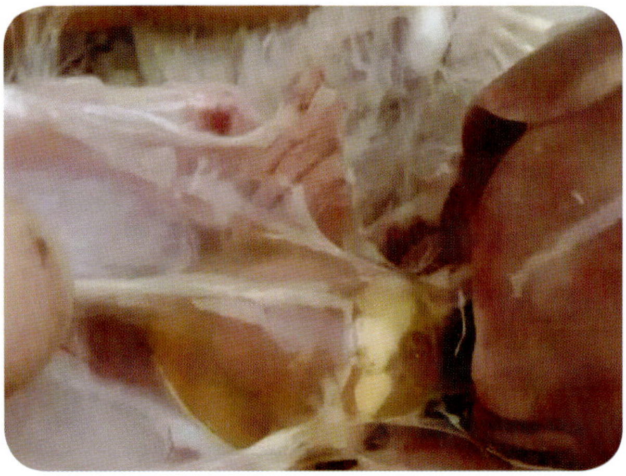

肉鸡心包积液

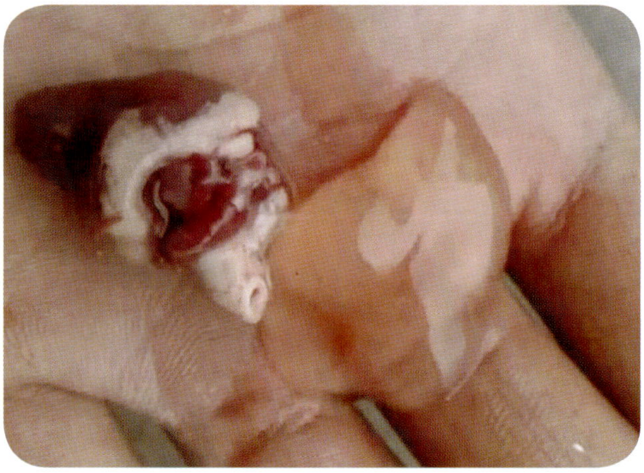

肉鸡心包积液胶冻样

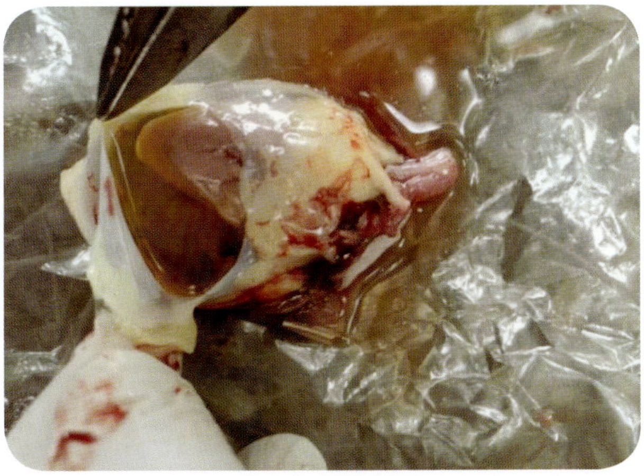

心包液体超过 20 毫升

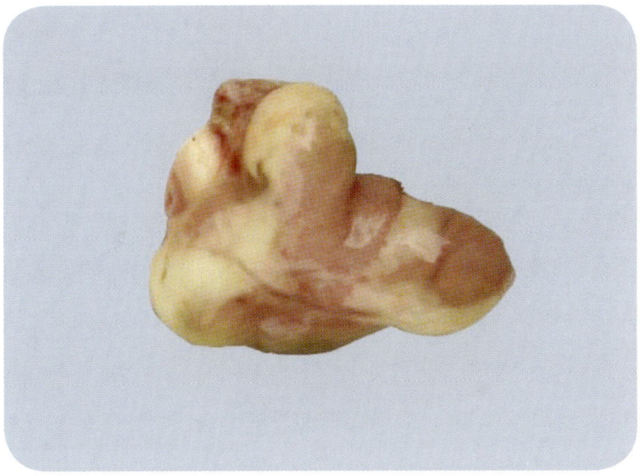

心肌贫血、变黄

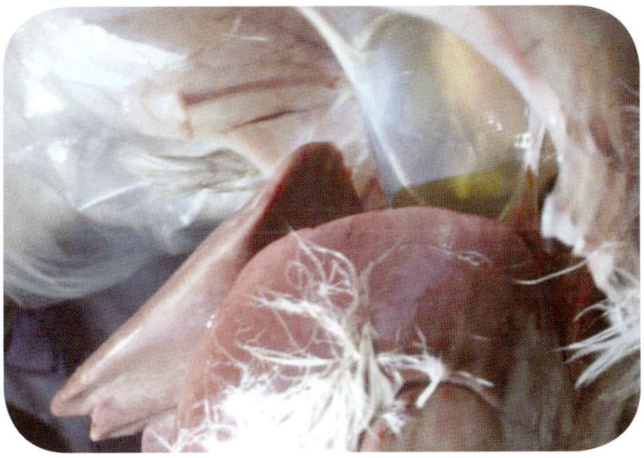

心包积液，肝脏肿胀

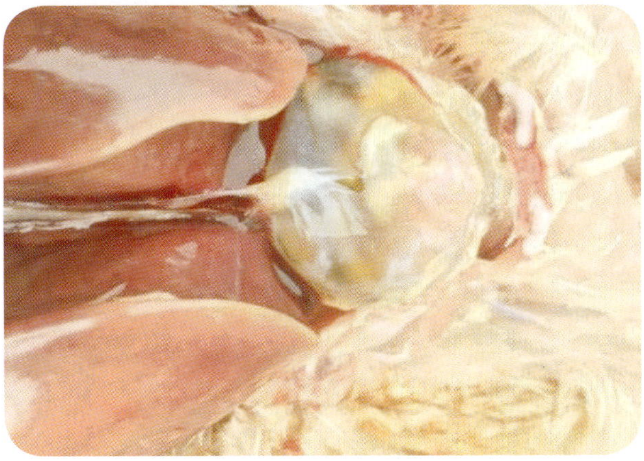

心包积液，肝脏黄染

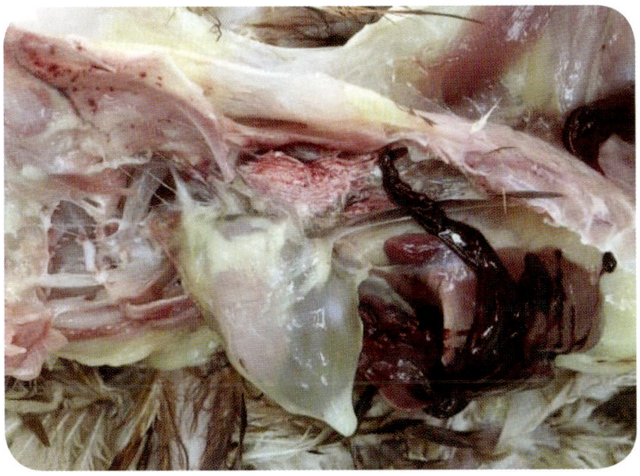

心包积液，肝脏出血

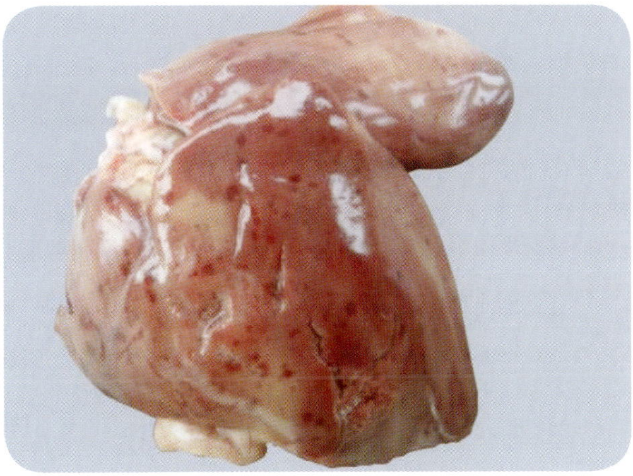

肝脏黄染、出血

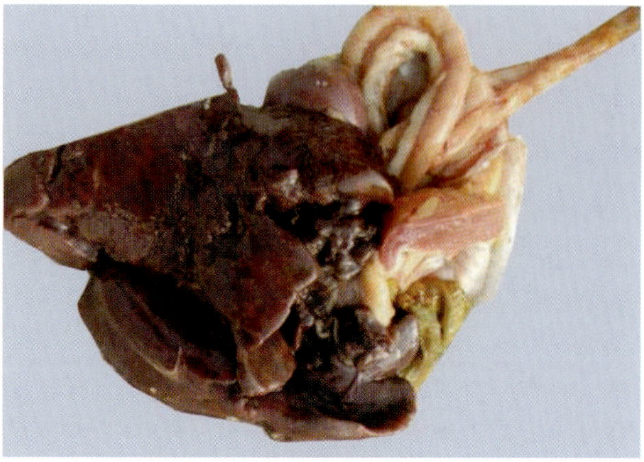

肝脏易碎

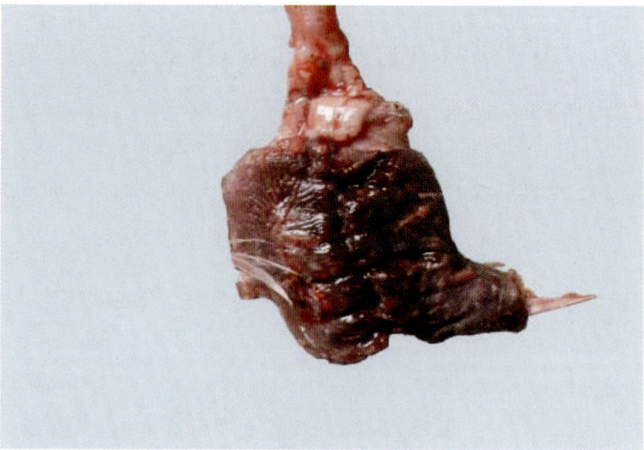

肺脏出血，呈黑紫色

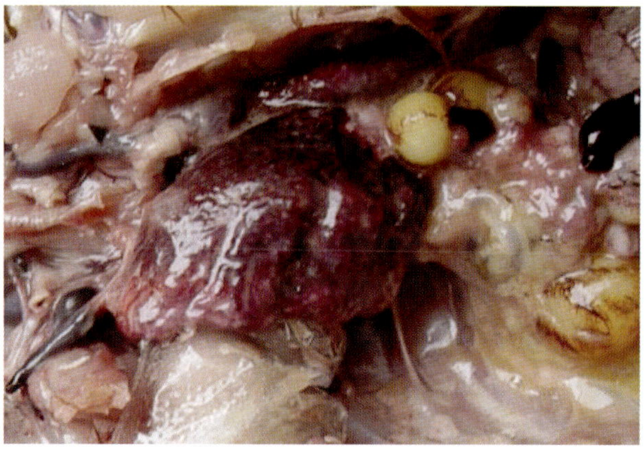

肺脏水肿、淤血

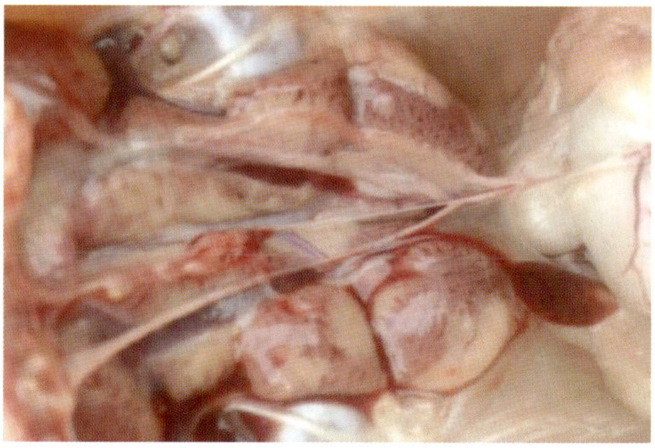

肾脏肿胀、出血、变黄

【诊断要点】

1. 临床特征

鸡突然发病，健康鸡多发，排黄绿粪便，水、料不减，精神尚可。

2. 剖检变化

肝脏特征：肝脏肿大黄染、出血、易碎。

心包特征：心肌软，心包积液黄色、黏稠。

肺脏特征：肺淤血、水肿、出血、坏死。

肾脏特征：肾脏肿、黄染、白斑、出血。

【防控措施】

1. 疫苗接种

农业部批准的腺病毒疫苗即将上市。免疫程序：8 日龄接种腺病毒苗 0.3 毫升，

20 日龄再接种 0.5 毫升。经腺病毒疫苗免疫后，抗体滴度 30 日龄即达 4.35，50 日龄达 7.19，70 日龄达 6.88，90 日龄达 6.03， 120 日龄达 4.95 ，150 日龄仍保持在 4.32，免疫效果非常理想。重视法氏囊苗的免疫，种鸡还要注意接种传染性贫血疫苗。

2. 加强管理

鸡发病后，一定要避免人员内外流动，更不能串舍；粪便清理要及时，鸡舍广泛消毒。

3. 临床治疗

（1）治疗原则：抗毒消炎、强心利尿、保肝解毒、对症治疗。

（2）用药：选用高效精制抗体注射，6 小时后即可控制死亡；同时选择抗病毒效果好的中药及生物制品，适量添加抗生素；大剂量应用优质保肝强心药物，连续应用 3~4 天，治疗效果尚佳。

一定不要大剂量应用化学药物，越用化学药物死亡率越高。

十二、传染性支气管炎

鸡传染性支气管炎是由传染性支气管炎病毒引起的一种急性、高度接触性、呼吸道传染病。临床特征是呼吸困难，发出啰音，咳嗽，张口呼吸，打喷嚏。无肾型或无生殖型毒株感染时，不死鸡或死亡率很低。产蛋鸡感染时产蛋率下降。本病广泛流行，是鸡养殖业的重要疫病。

【病原及传播途径】传染性支气管炎病毒为冠状病毒科、冠状病毒属。本病毒对环境抵抗力不强，对普通消毒药敏感。该病毒具有很强的变异性，目前已分离出 30 多个血清型，多数毒株能使气管产生病变。近年来，发现有些毒株能引起肾脏和生殖系统的病变。

本病毒主要通过空气传播，也可以通过饲料、饮水、垫料等传播；饲养密度过大、过热过冷、通风不良等，可诱发本病；感染无明显的鸡品种差异，各日龄鸡都易感，肉鸡早的 9 日龄始发，蛋鸡在 7 周龄和 30 周龄易发病，死亡率不高；多在秋末至翌年春末发病，肉鸡发病已无明显季节性；在疫苗接种、转群时可诱发该病；本病传播迅速，常在 1~2 天波及全群。

1 日龄蛋雏鸡感染时输卵管发生永久性损伤，不能达到应有的产蛋率。

【临床症状】几乎全群雏鸡同时发病，最初表现咳嗽，打喷嚏，伸颈张口喘气，夜间听到明显的嘶哑叫声。蛋鸡发病初期有喘鸣音，很快大群鸡出现呼吸困难、咳嗽、气管啰音，有“呼噜”声，夜间更加明显；排黄色稀粪；发病第 2 天产蛋率即开始下降，1~2 周下降到最低点，有时产蛋率可下降一半，产软蛋和畸形蛋，蛋清变稀，蛋清与蛋黄分离，种蛋的孵化率也降低。产蛋率回升较慢。肉鸡发出“咔咔”“吭哧”声，甩头，有喘鸣音；发生支气管阻塞时，鸡发出尖声怪叫，随后死亡。

肾型病毒感染时，除有轻微呼吸道症状外，还排水样、白色或绿色粪便，内有大量尿酸盐。病鸡失水、虚弱、嗜睡，鸡冠呈蓝紫色，病程稍长，死亡率也高。肉鸡多发病。

生殖型病毒感染时，病鸡呈“企鹅样”直立行走，腹部膨胀，呈水样波动。蛋鸡、黄鸡和种鸡都有发病。

蛋鸡突然发病，高声怪叫

肉鸡喘鸣、伸脖，呼吸困难

产畸形蛋、脱色蛋，大小不匀

产白色沙皮蛋

产大量褐色沙皮蛋

生殖型传染性支气管炎：腹部胀满，呈企鹅状

【病理变化】

1. 呼吸型传染性支气管炎

主要病变在鼻腔、气管和支气管内，可见有黄色、半透明、浆液性、黏液性渗出物，病程稍长变为干酪样物质并形成栓子。

2. 肾型传染性支气管炎

呼吸器官病变不是很明显，主要病变在肾脏。肾脏肿大、苍白，肾小管内尿酸盐沉积而扩张，呈花斑肾。输尿管由于尿酸盐沉积而变粗。心、肝表面有沉积的尿酸盐。

3. 生殖型传染性支气管炎

产蛋鸡卵泡充血、出血或变形；有的输卵管有大量积液，致使腹部臌胀；有的输卵管短粗、肥厚，局部充血、坏死。雏鸡感染本病则输卵管永久性受到损害，长大后一般不能产蛋，俗称“假母鸡”。

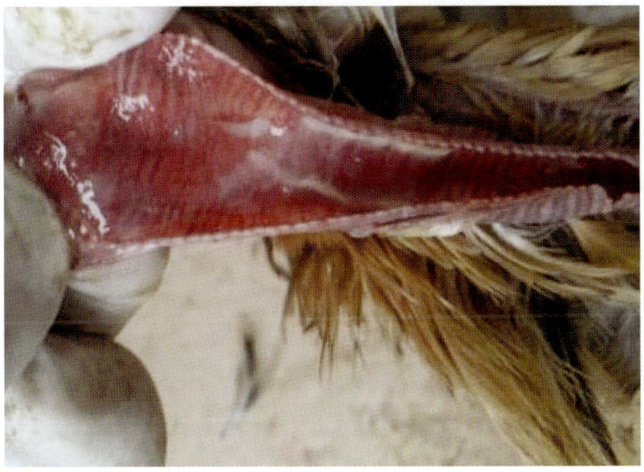
气管严重弥漫性出血

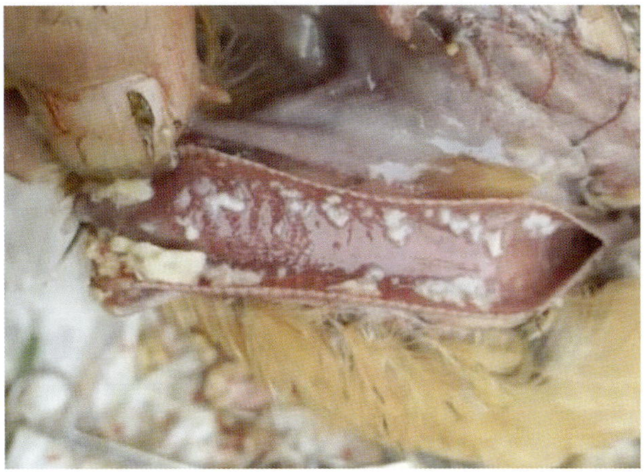
气管有黏液和干酪样物质

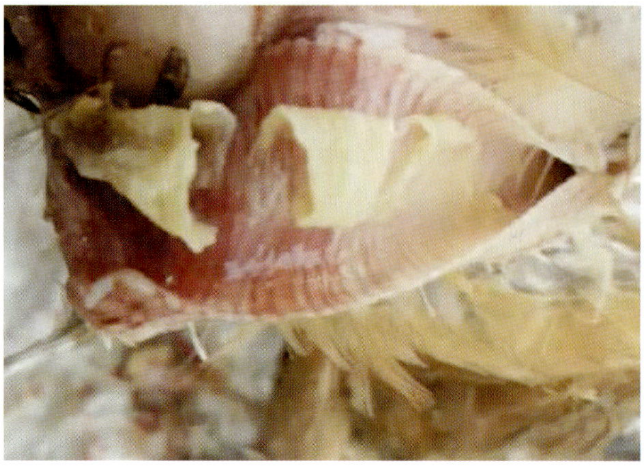

气管有硬固干酪样物质，呈卷状

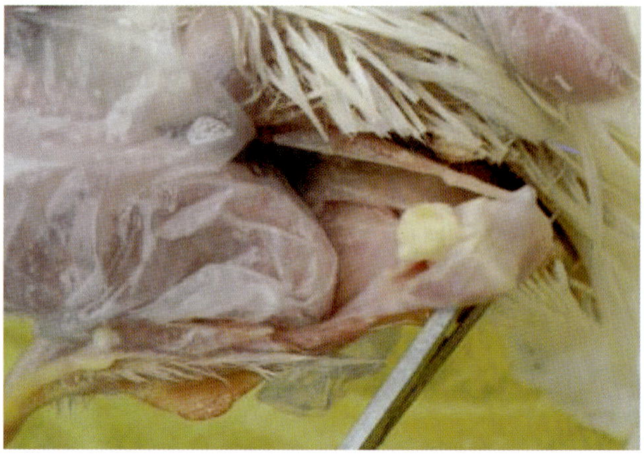

喉头及下方气管有干酪样物质阻塞

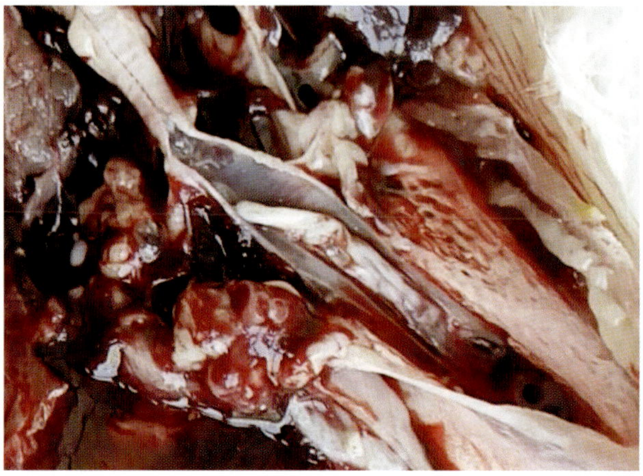

蛋鸡单侧支气管堵塞

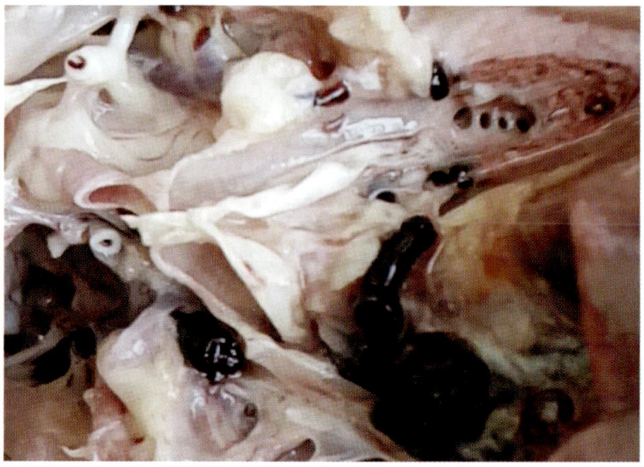

蛋鸡双侧支气管堵塞

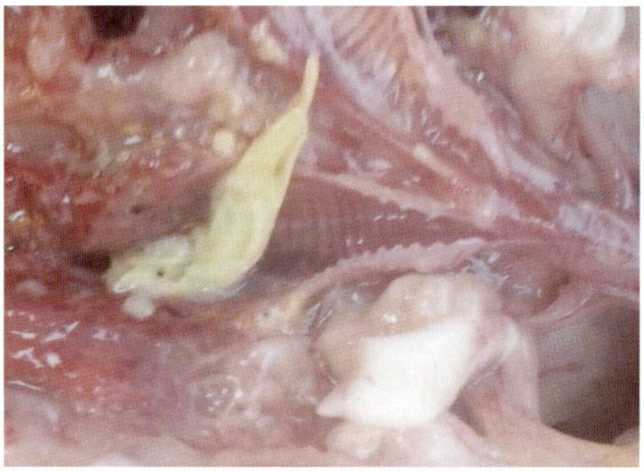

肉鸡支气管堵塞

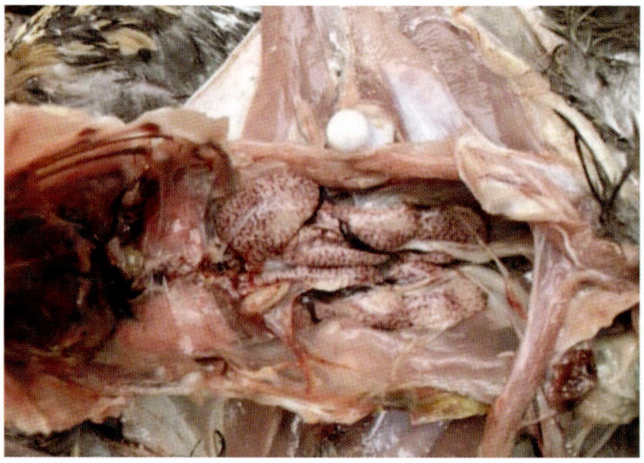

黄鸡肾型传染性支气管炎：肾脏肿大、出血，呈花斑状，尿酸盐沉积

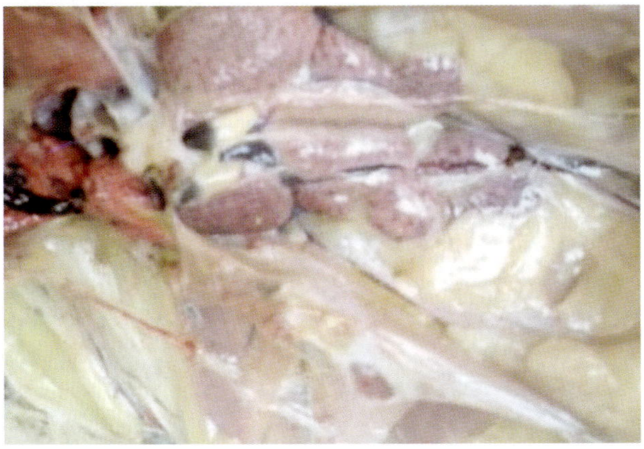

青年蛋鸡：肾脏及输尿管尿酸盐沉积

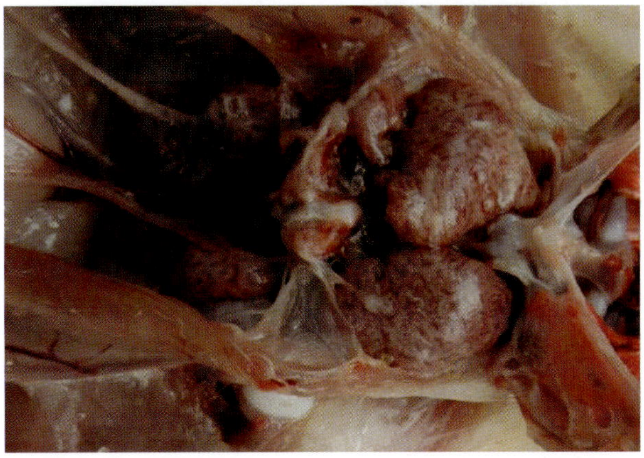

肉鸡肾型传染性支气管炎：肾脏病变严重，肺脏鲜红

生殖型传染性支气管炎：卵泡充血

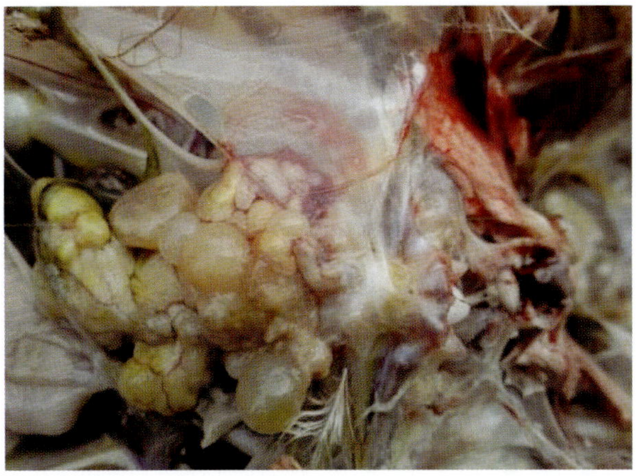

生殖型传染性支气管炎：卵泡萎缩，呈淡灰色

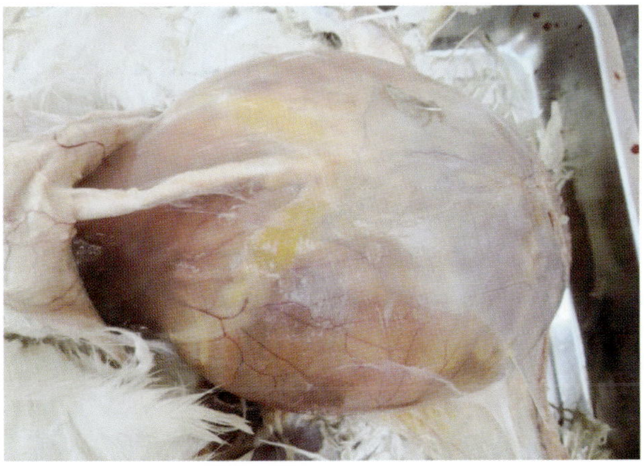

生殖型传染性支气管炎：腹部胀满

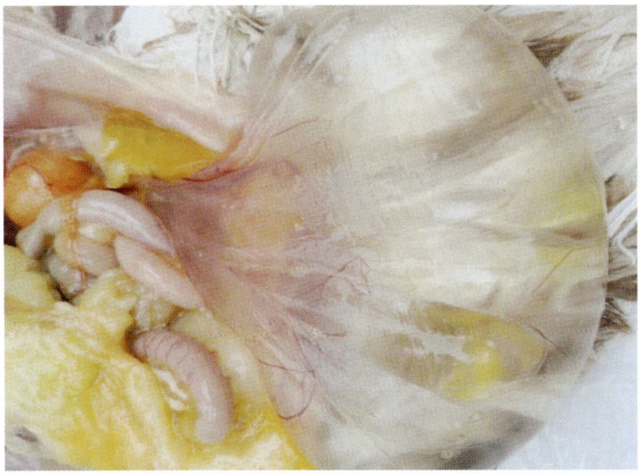

输卵管积液：切开腹壁，显露出输卵管的巨大水囊

生殖型传染性支气管炎：青年鸡输卵管积液

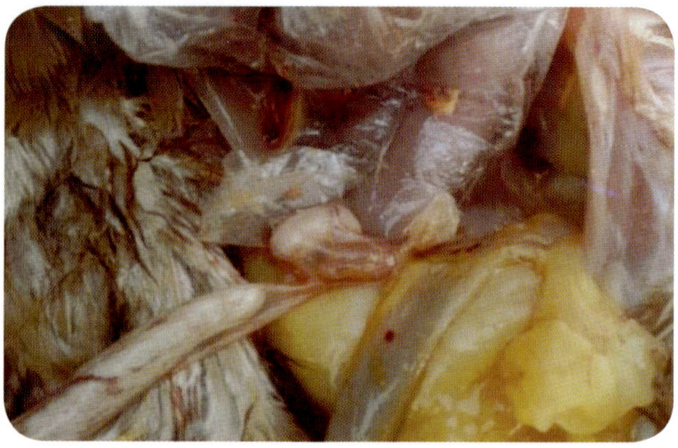

输卵管畸形，中间一段变窄

【诊断要点】

1. 临床特征

突然发病，快速传播，呼吸困难，高声鸣叫。

2. 剖检变化

气管出血，内有渗出物，肾脏病变，生殖畸形。

【防控措施】

1. 疫苗接种

用弱毒苗接种越早越好。

（1）呼吸型传染性支气管炎：目前应用较为广泛的是 H120、H52 株。H120 对 14 日龄雏鸡安全有效，免疫 3 周保护率达 90%；H52 对 5 周龄以上的鸡是安全的。H120 于 7 日龄点眼滴鼻，同时油苗注射；H52 于 30~45 日龄接种。H120 多与新城疫毒株制成二联苗。蛋鸡可以在出壳后立即接种疫苗。

（2）肾型、生殖型传染性支气管炎：由于毒株变异，仅用呼吸型传染性支气管炎疫苗临床效果不好，要与肾型 –491 株和生殖型 286 株联合应用。目前已有呼吸型、肾型、生殖型制成的传染性支气管炎三价弱毒苗应用于生产。肾型传染性支气管炎 QX 株应用广泛。

2. 治疗

（1）呼吸型传染性支气管炎：多用中药及生物制品抗病毒，为预防继发感染，可选择有效的适量抗生素饮水。鸡患传染性支气管炎造成气管和支气管堵塞时，要及时应用药物，避免死亡。

（2）肾型传染性支气管炎：采用肾间质消炎药和排除尿酸盐药物，除了抗病毒药物外，要大剂量应用 0.3% 碳酸氢钠溶液全天饮水，以碱化尿液，有利于尿酸盐排出。

（3）生殖型传染性支气管炎：确诊病鸡予以淘汰。

十三、传染性喉气管炎

鸡传染性喉气管炎是由传染性喉气管炎病毒引起的一种急性、接触性、上呼吸道传染病。临床特征是呼吸困难、咳嗽和咳血。本病传播迅速，死亡率高，在我国较多地区发生和流行，近年来又有高发趋势，严重危害养鸡业的发展。

【病原及传播途径】传染性喉气管炎病原属疱疹病毒Ⅰ型，病毒核酸为双股 DNA。病毒主要存在于病鸡的气管组织及其渗出物中，肝、脾和血液中较少见。传染性喉气管炎病毒分为成熟和未成熟两种毒株，在致病性和抗原性上均有差异，但只有一个血清型。由于毒株毒力存在差异，对鸡的致病力不同，给本病的控制带来一定困难。鸡群中常有带毒鸡存在，病愈鸡可带毒 1 年以上。

【临床症状】成年鸡多发。发病初期有数只病鸡突然死亡，鼻流半透明液体，偶有结膜炎；然后表现为特征性的呼吸道症状，有湿性啰音，咳嗽，头颈向前向上、张口吸气，有喘鸣叫声；咳出或甩出带血的黏液。若分泌物不能及时咳出，病鸡会窒息死亡。

产蛋率迅速降低（可达 35%）或停止产蛋，康复后 1~2 个月才能恢复。

最急性病例可于 24 小时内死亡，多数 5~10 天或更长，不死者 8~10 天恢复，可成为带毒鸡。毒力较弱的毒株致病时，流行比较缓和，发病率低，症状较轻。病鸡无精打采，生长缓慢，产蛋率降低，有结膜炎、眶下窦炎、鼻炎及气管炎。病程较长，可达 1 个月，易反弹。

蛋鸡高声鸣叫

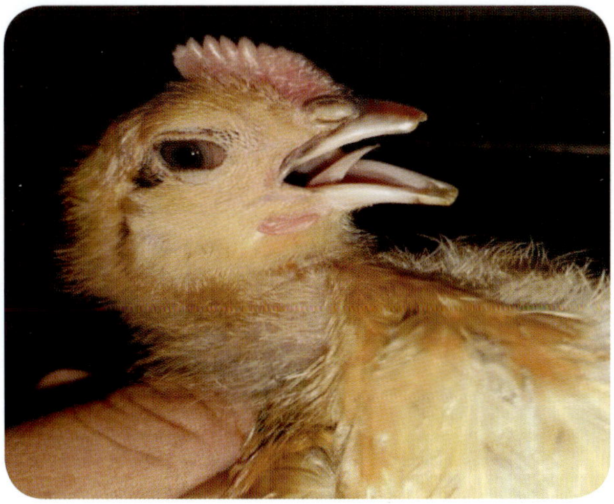

黄鸡呼吸极度困难

病鸡咳喘，甩出血块

黄鸡甩在墙壁上的血色物

【病理变化】 剖检，可见喉头、气管黏膜肿胀、出血和糜烂，内有黏液或血凝块，管腔变窄。病鸡 2~3 天后有黄白色、纤维素性干酪样假膜，有的就在喉头口处形成黄色纤维素凝栓。

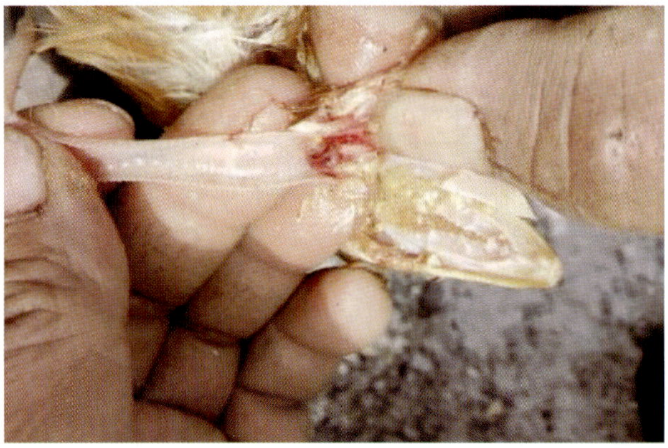

病鸡喉头黏膜出血

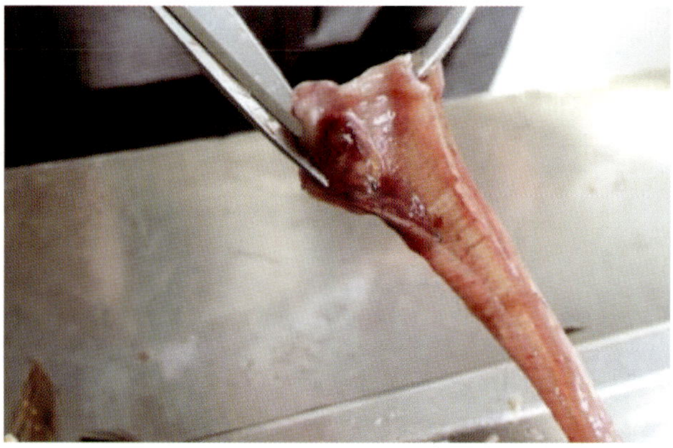

喉头黏膜严重出血，有凝血块

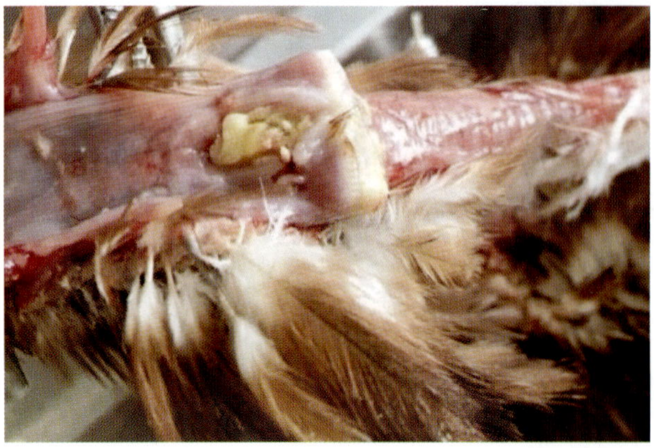

喉头有纤维素凝块堵塞

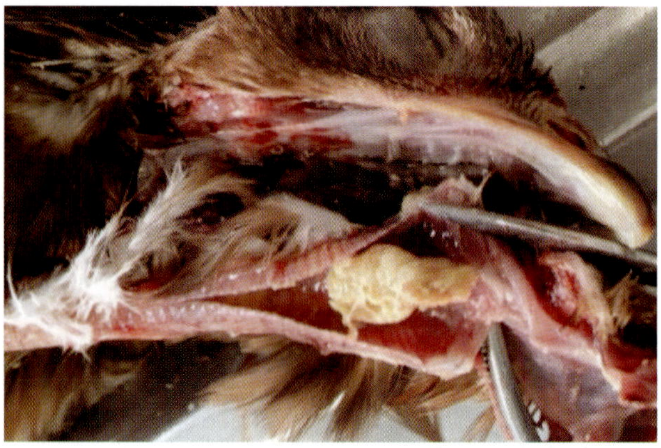

喉头堵塞物

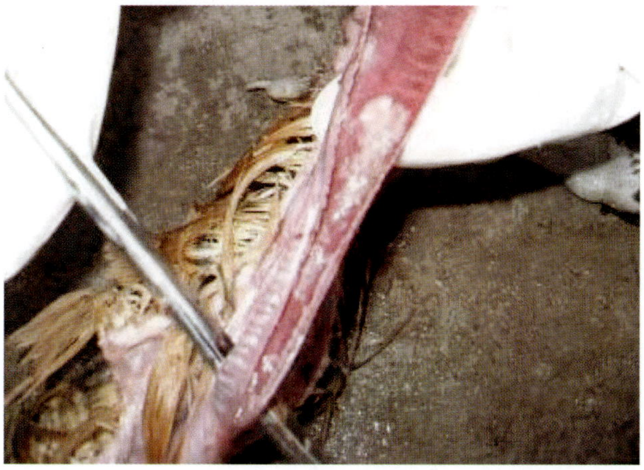

气管有干酪样物质

气管内的凝血

【诊断要点】

1. 临床特征

突然发病，迅速传播，高声怪叫，咳血甩血。

2. 剖检变化

喉头和气管出血、凝血，有干酪样物质。

【防控措施】

1. 疫苗接种

本病流行地区，可考虑用鸡传染性喉气管炎弱毒疫苗接种。预防用苗 1 头份，首次在 35 日龄点眼、滴鼻，第二次在 80 日龄左右，保护期半年至一年。没有本病流行的地区最好不用弱毒疫苗免疫，更不能用自然强毒接种，否则，可使本病疫源长期存在，还可能散布其他疫病。进口疫苗和国产疫苗都有着较好的免疫效果，但毒力普遍偏强，接种后鸡反应大。这些疫苗与强毒株一样，也能导致持续感染，在鸡群间传播可使毒力返强，使免疫鸡群成为潜在的传染源，引起疫情，故非疫区不建议使用活疫苗。在接种前后，可给鸡群投喂抗应激药物，以减轻副反应。新城疫、传染性支气管炎活疫苗免疫能够加强传染性喉气管炎副反应，所以要注意接种传喉活疫苗与新城疫、传染性支气管炎活疫苗的时间间隔，最好在 1 周以上。

2. 治疗

采用抗病毒中药或生物制品，选用抗生素防止继发感染，应用止血剂治疗效果更好。对喉头有纤维素堵塞物的鸡，可及时应用纤维素分解剂，以疏通气管。病愈康复鸡不可与易感鸡混群饲养，仍带毒、排毒，最好淘汰。

十四、鸡 痘

鸡痘是一种急性、接触性传染病，临床特征是在鸡无毛或少毛的皮肤上发生痘疹，或在口腔、咽喉部黏膜形成纤维素性坏死性假膜。在大型养鸡场易造成流行，病鸡发热，消瘦，生长缓慢，产蛋率下降。

【病原及传播途径】鸡痘病毒属于双股 DNA 病毒目、痘病毒科、禽痘病毒属。

夏秋季节成鸡和育成鸡多发病，健康鸡与病鸡接触易传染。蚊子与野鸟是本病的传播媒介。蛋鸡感染仅表现产蛋率暂时降低，而幼龄鸡、肉鸡感染则会造成生长迟缓或继发其他疾病而死亡。即便在 11 月，东北的白羽肉鸡也有发病；杂交肉鸡多因混合感染葡萄球菌、大肠杆菌而死亡。

【临床症状与病理变化】

1. 皮肤型鸡痘

在鸡冠、眼圈、口角、鼻孔周围、肉垂、无毛和少毛皮肤等部位，长有白色小痘疹，后变为黄色，最后变为棕黑色痂皮。皮肤型鸡痘较普遍。

2. 黏膜型鸡痘

口腔、喉头及气管黏膜长有痘疹，病鸡呼吸困难，脸部肿胀、流泪，口腔及舌头有黄白色溃疡或形成假膜。黏膜型鸡痘死亡率较高。

3. 混合型鸡痘

皮肤型鸡痘和黏膜型鸡痘同时发生，死亡率较高。

黄鸡冠有少量痘疹，呈棕黑色

蛋鸡冠长满多量棕黑色痘疹

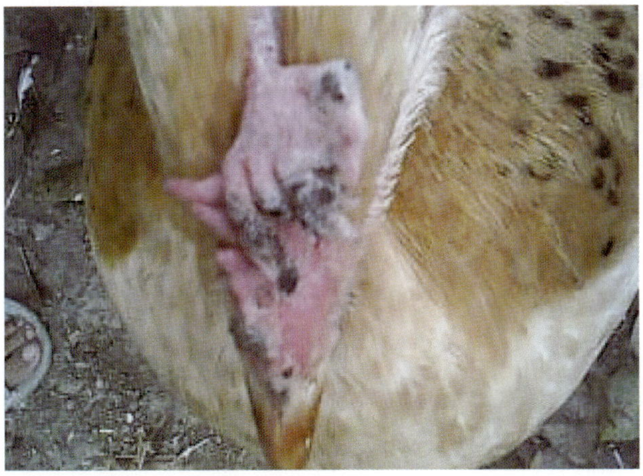

鸡冠黑色痘疹，萎缩

肉鸡鸡冠痘疹

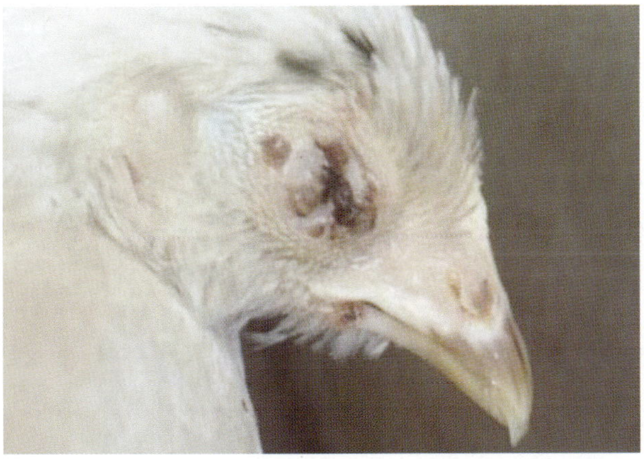

眼睑长满棕褐色痘疹

鼻孔周围痘疹结节

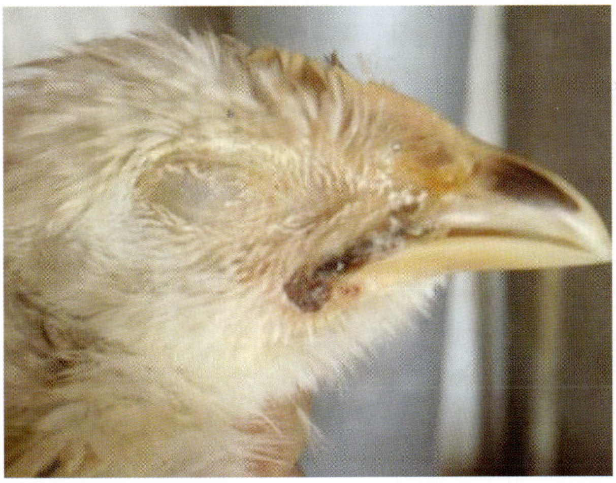

口角密布棕褐色痘疹

眼睑痘疹，结膜炎，流泪

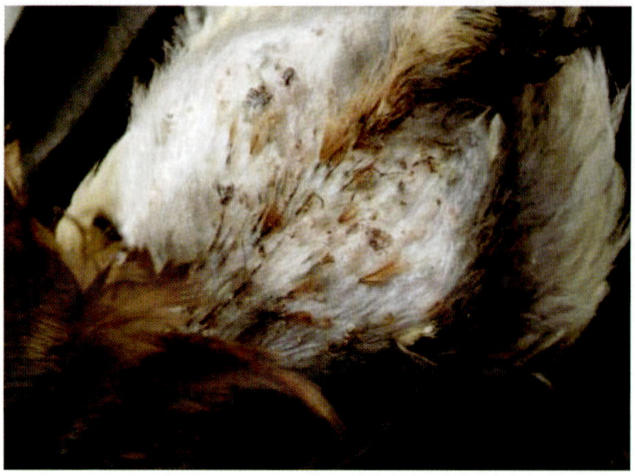

黄鸡背部皮肤痘疹

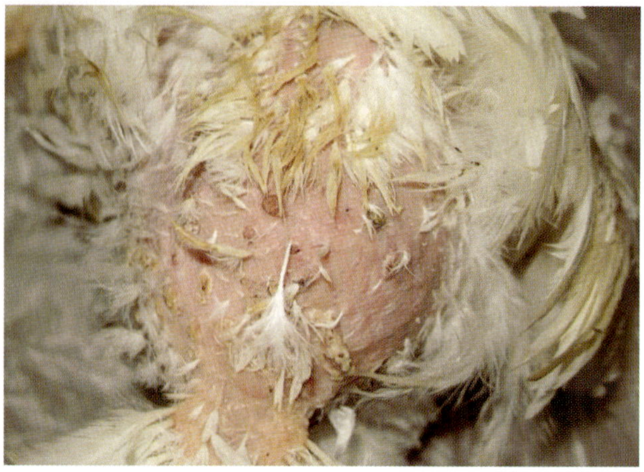

肉鸡腹部皮肤痘疹

腿部皮肤痘疹

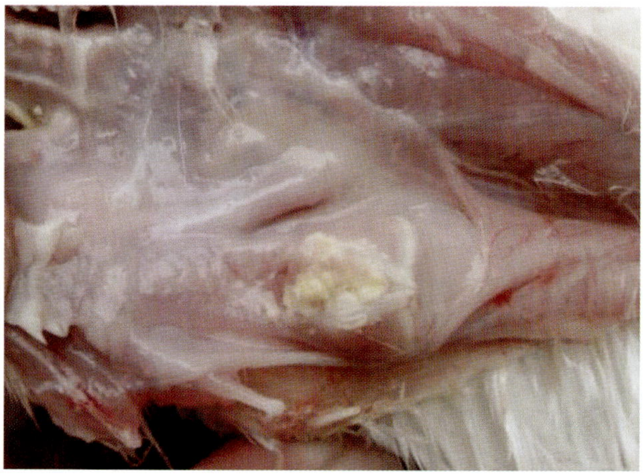

喉头黏膜型鸡痘，形成栓塞

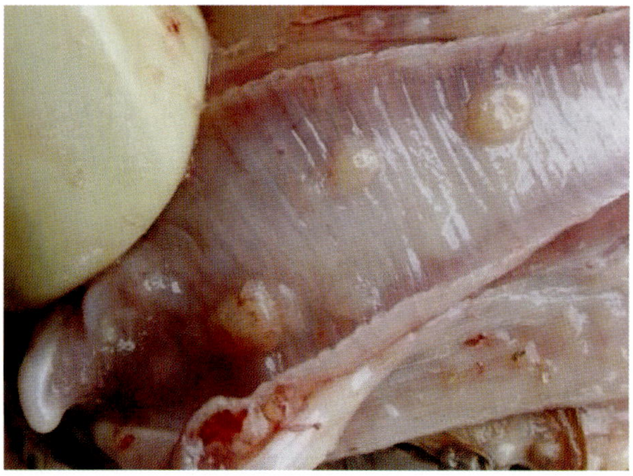

气管黏膜性痘疹，凸起

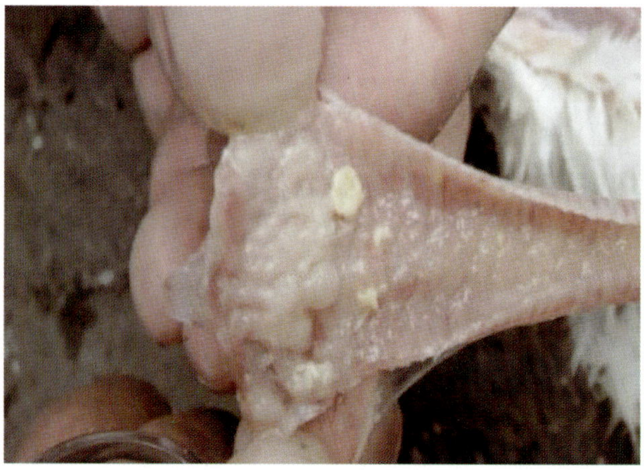

喉头局部黏膜痘疹，凸起

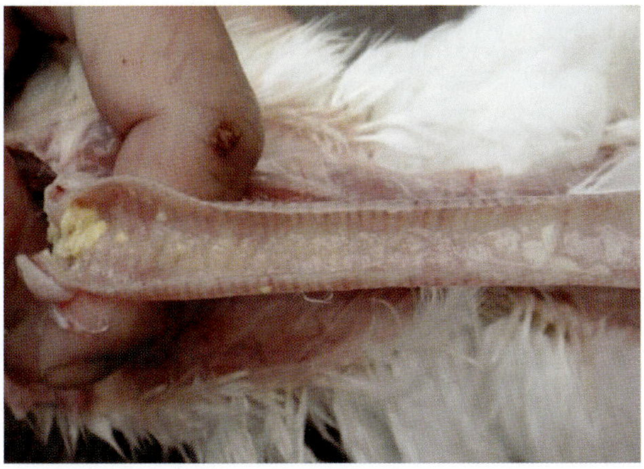

气管黏膜有多个痘疹结节

气管黏膜型鸡痘，创面结痂

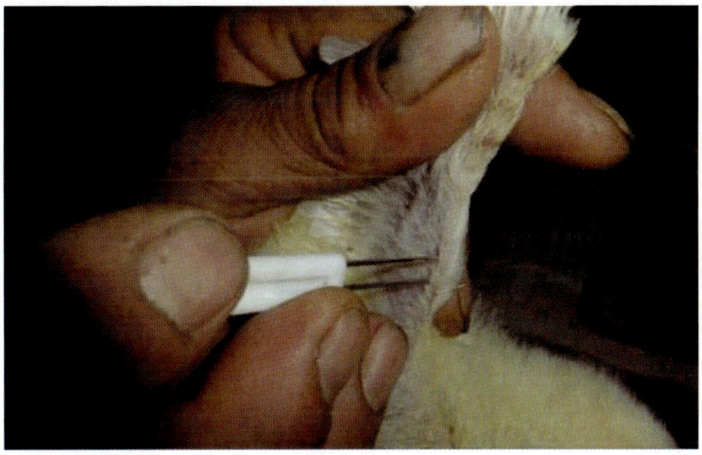

翼膜穿刺法

【诊断要点】季节性强，皮肤有痘，气管黏膜痘疹，混合感染死亡率高。

【防控措施】

1. 痘苗接种

翼膜穿刺法接种，适用于7日龄以上鸡。若鸡场处于鸡痘感染危险地区，尽量提早接种温和鸡痘疫苗（小痘），甚至1~2日龄接种。6~12周龄时再次加强接种沙氏鸡痘疫苗（大痘）。将疫苗用冷开水稀释10~50倍，用刺痘针（或钢笔尖）蘸取疫苗，刺种在鸡翅膀内侧无血管处皮下。接种7天左右，刺种部位红肿、起泡，逐渐干燥结痂而脱落，免疫期为5个月。现在有痘苗或喉痘二联苗可以注射免疫。

2. 加强管理措施

搞好环境卫生，消灭蚊、蠓和鸡虱、鸡螨等。病鸡及时隔离或淘汰，彻底消毒场地和用具。

3. 治疗

临床常用抗病毒药＋抗生素＋退热药拌料或饮水，治疗效果好。

十五、传染性脑脊髓炎

鸡传染性脑脊髓炎是由禽脑脊髓炎病毒引起的，一种以侵害幼禽中枢神经系统为特征的传染病。雏鸡群发病率和死亡率较高，成年鸡感染后产蛋率下降，种蛋出雏率降低。近年来该病对蛋鸡影响较大。

【病原及传播途径】 鸡脑脊髓炎病毒属为小 RNA 病毒科、肠道病毒属，单一血清型，对中枢神经有高度亲嗜性。不同日龄鸡均可感染，雏鸡易感染；肉鸡 3 周龄发病。本病主要发生在冬、春季节，冷应激是主因。本病毒既可经蛋垂直传播，又可经粪便水平传播。

【临床症状】 一般雏鸡发病率为 40%~60%，死亡率为 25%；成年鸡感染后产蛋率下降，种蛋出雏率降低。雏鸡头颈部神经性震颤，瘫痪，共济失调，爪弯曲，以跗关节触地行走，多因无法饮食而衰竭死亡。蛋鸡感染时症状不明显，主要表现出产蛋率急剧下降，蛋重减轻，蛋变小，一般经 15 天后产蛋率自然恢复。

【病理变化】 非化脓性脑炎症为特征性病变。一般肉眼可见的剖检变化很不明显，自然发病的雏鸡仅能见到脑部的轻度出血，成年产蛋鸡卵泡萎缩，只见几个稍大的卵泡。

【诊断要点】

1. 临床特征

头颈震颤，瘫痪倒地，表现神经症状。蛋鸡产蛋率急剧下降，2 周后自然恢复。

2. 剖检变化

雏鸡脑膜充血，蛋鸡仅见少量卵泡。

病雏鸡瘫痪，头颈下勾，呈角弓反张姿势

跗关节接地，头颈震颤

翅下垂，爪弯曲，跗关节接地，蹲伏状

翅膀下垂神经症状

爪挛缩弯曲神经症状

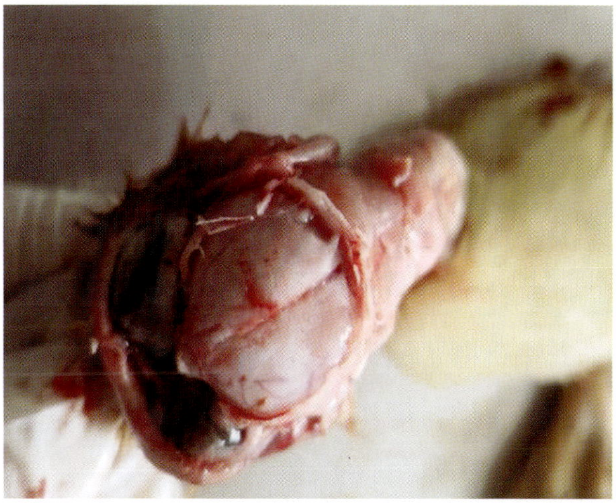

蛋雏鸡脑膜斑块状出血

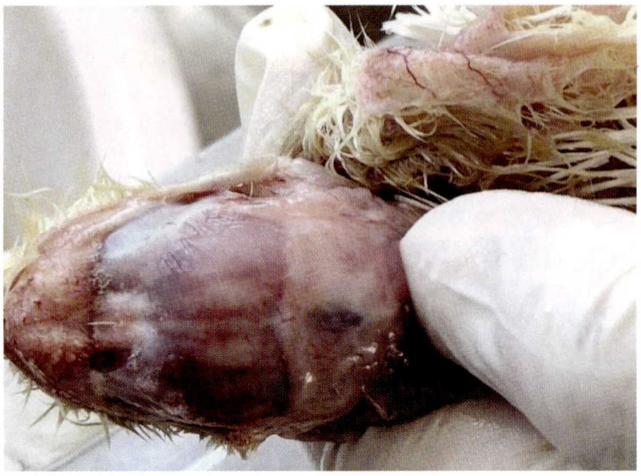

肉雏鸡脑膜淤血、出血

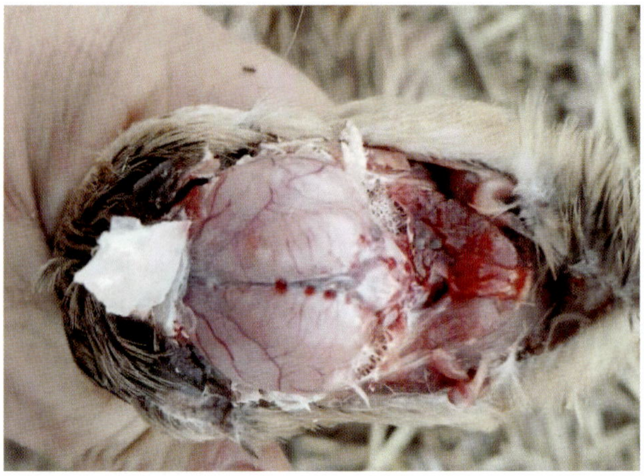

黄雏鸡脑膜明显出血

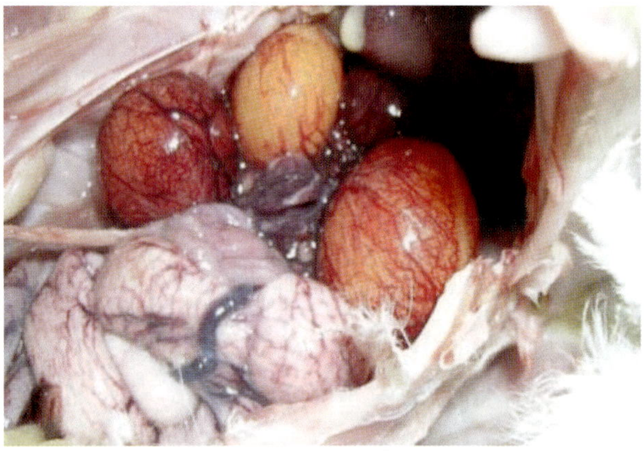

蛋鸡仅见几个稍大卵泡且充血、淤血

【防控措施】

1. 疫苗接种

由于鸡传染性脑脊髓炎主要危害3周龄内的雏鸡，所以主要对种鸡群进行免疫接种。对100~120日龄种鸡，饮水或滴眼接种一次传染性脑脊髓炎弱毒疫苗和接种一次油乳剂灭活疫苗。

2. 种鸡把关

种鸡得了脑脊髓炎后，在产蛋率恢复正常之前或自产蛋率下降之日起半个月内，种蛋不得入孵，可作商品蛋处理。

3. 药物应用

病鸡淘汰。鸡群发病后，可适当投服提高免疫力的药物，以防止继发感染。蛋鸡可适当投服抗病毒药和提高免疫力药物，2周后产蛋率自然恢复。

第二章　细菌性疾病

一、沙门菌病

鸡沙门菌病是由某些特定血清型沙门菌所引起的一类常见多发病的总称。沙门菌病普遍存在于集约化养鸡（禽）场，是最重要的卵传细菌性传染病之一。鸡沙门菌病可造成从生产到销售各阶段的严重经济损失。本病对雏鸡危害特严重，又叫雏鸡白痢，如果控制不好，死亡率可高达40%以上。

【病原及传播途径】鸡沙门菌是肠杆菌科的一属，该属细菌抗原结构复杂，血清型众多，我国已报道的血清型有240种以上，危害大的主要有鸡白痢沙门菌、鸡伤寒沙门菌和禽副伤寒沙门菌。沙门菌在自然条件下的抵抗力较强，能在鸡舍内生存到第二年。鸡沙门菌是胞内寄生菌，极易产生耐药性，当遇到抗菌药物的攻击时，可躲进动物体细胞内，避开药物的“追杀”，使该病难以治愈，且病原难以消除。

鸡白痢沙门菌主要感染雏鸡，除垂直传播外，孵化器内水平传播也应引起重视，7日龄雏鸡死亡率特高。近年来，蛋鸡、肉鸡、黄鸡群有多发病趋势，导致整个养鸡周期都受到严重影响。

【临床症状】临床发生较多的是雏鸡白痢沙门菌病和成鸡伤寒沙门菌病。

1. 鸡白痢

多见于孵出的弱雏，2~7日龄症状明显，有的无症状死亡，怕冷、聚群，两翅下垂，“啾啾”呻吟；有的白色下痢、糊肛，有的腹部膨满，脐孔发炎等。

2. 鸡伤寒

雏鸡症状与鸡白痢相似，成年鸡精神委顿，羽毛松乱；排黄绿色稀粪，肛周被粪便粘污；鸡冠和肉垂贫血、苍白而皱缩；发病初期个别鸡发病，很快波及全群鸡达90%以上；急性病例体温为43~44℃，7天左右死亡。

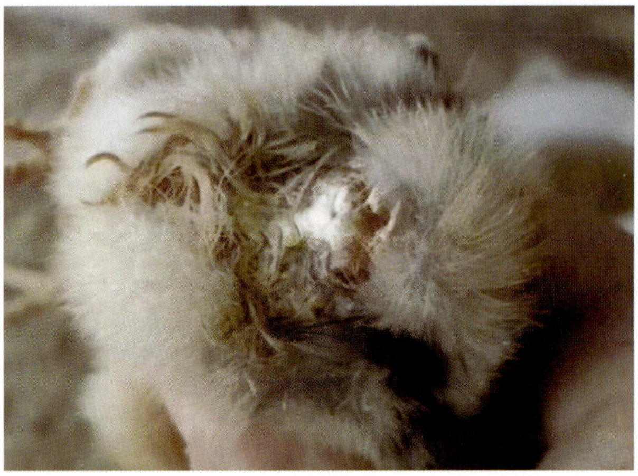

雏鸡排白色粪便，糊肛

肛周粪便污染，糊肛

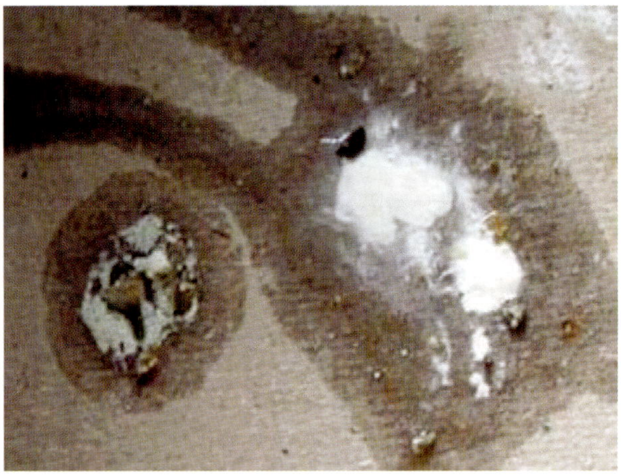

雏鸡排白色、含尿酸盐的稀便

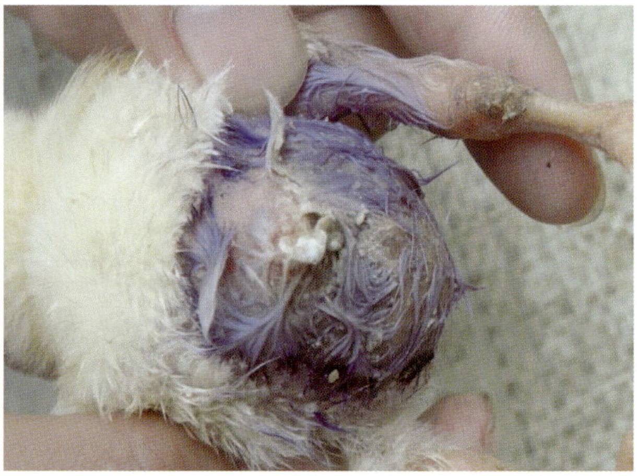

白色下痢

【病理变化】雏鸡常见卵黄巨大、吸收不良，有的卵泡变绿变性，有的卵泡孵化期间即漏出于腹腔之外；肝脏高度肿大数倍，表面有许多针尖状或粟粒状、灰白色或灰黄色的坏死点。

成鸡急性病例常无明显病变；亚急性、慢性病例以肝肿大，呈绿褐色或青铜色为特征。肝脏有粟粒状、白色坏死灶；心肌有灰白色肉芽肿；肺脏有灰黄色或白色结节；关节高度肿胀；卵泡充血、出血，变形、变色，并常因卵泡破裂引发腹膜炎。

【诊断要点】

1. 临床特征

白痢、糊肛、脐带炎。

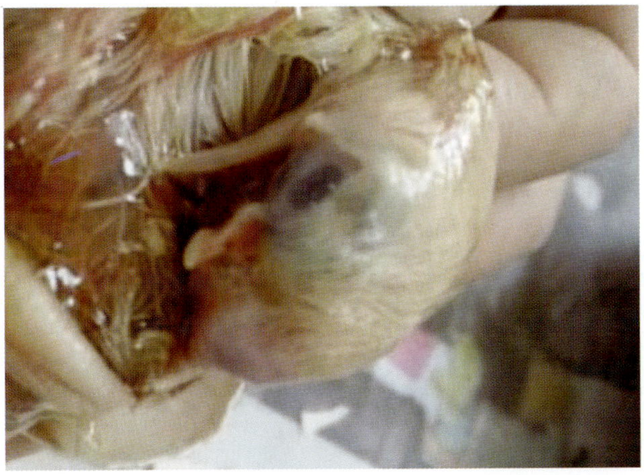

胚胎期间，卵黄即露于腹腔外

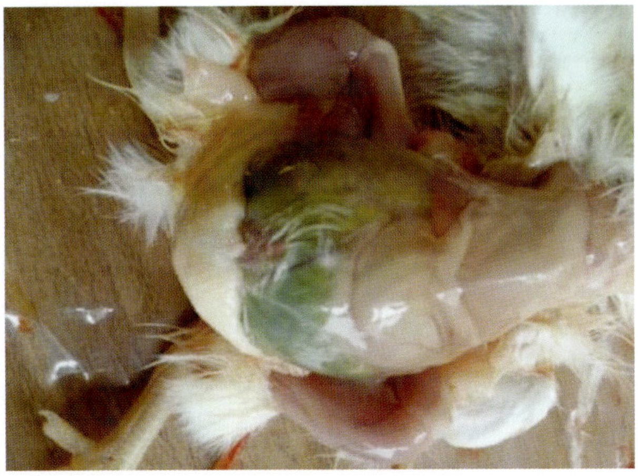

腹部膨胀，呈绿色

切开腹壁，卵黄呈绿色

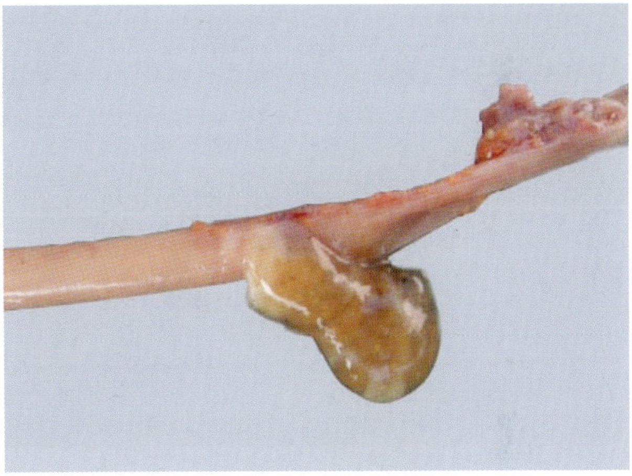

卵黄吸收不好

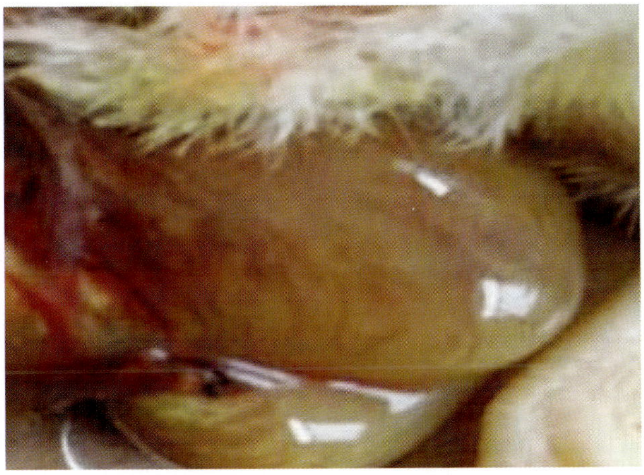

卵黄巨大，未被吸收

鸡喙呈青紫色

脐炎，趾爪呈青紫色

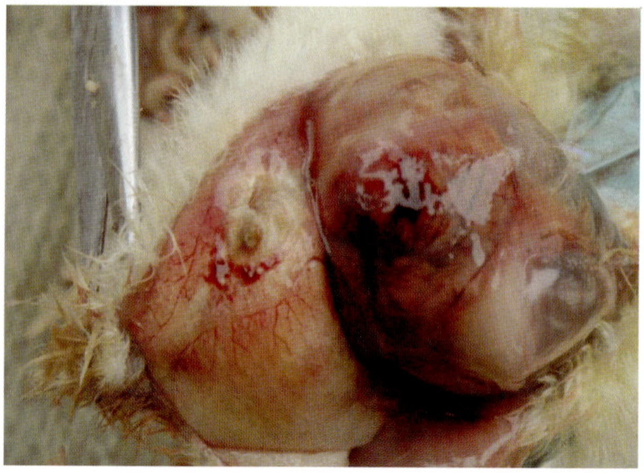

腹部膨大，脐孔发炎

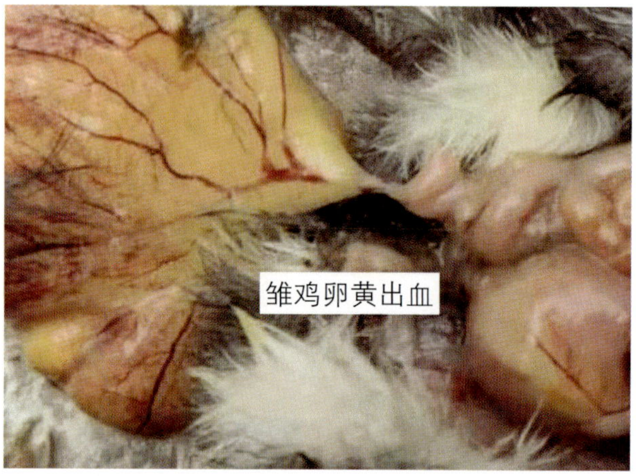

卵黄出血

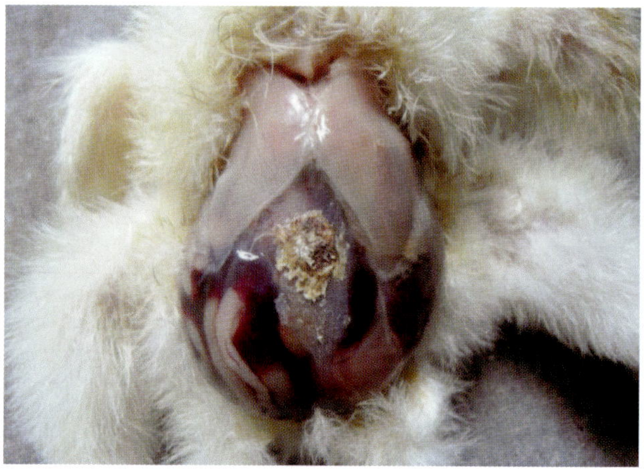

腹腔积血，脐孔污染发炎

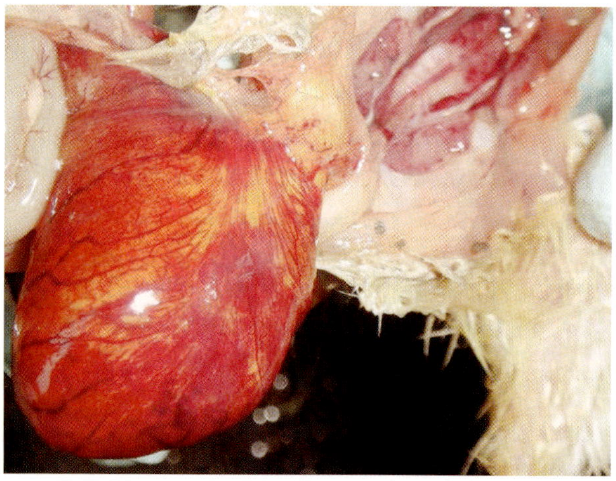

卵黄充血、吸收不良，输尿管尿酸盐沉积

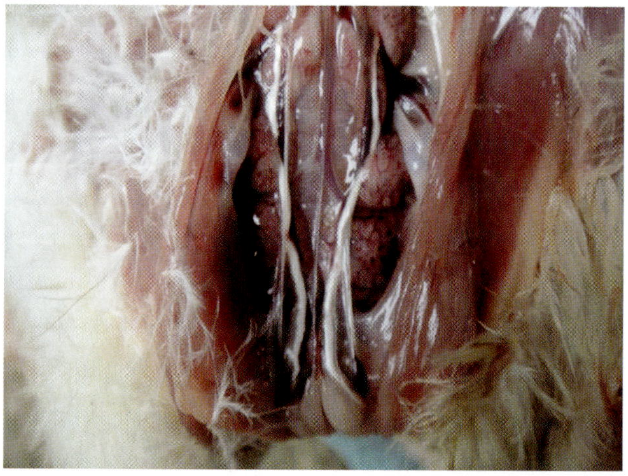

输尿管沉积尿酸盐

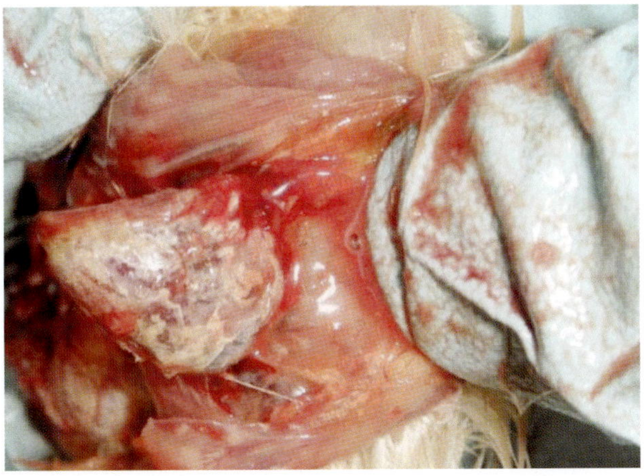

心包增厚，尿酸盐沉积

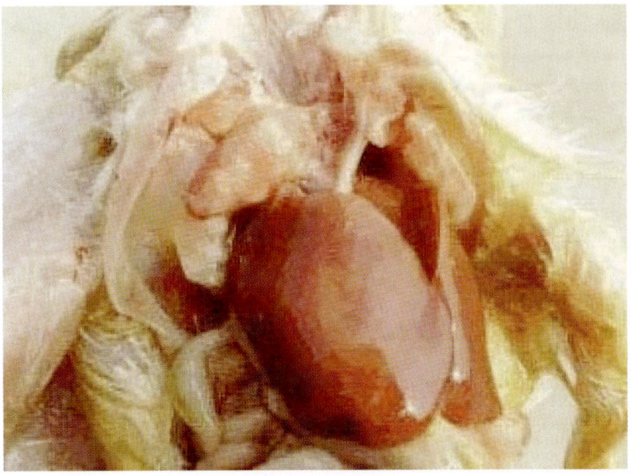

雏鸡肝脏肿胀

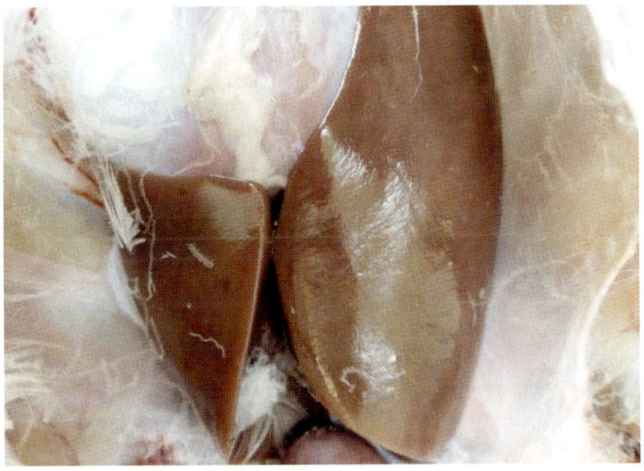

成鸡肝脏肿胀，呈黄色

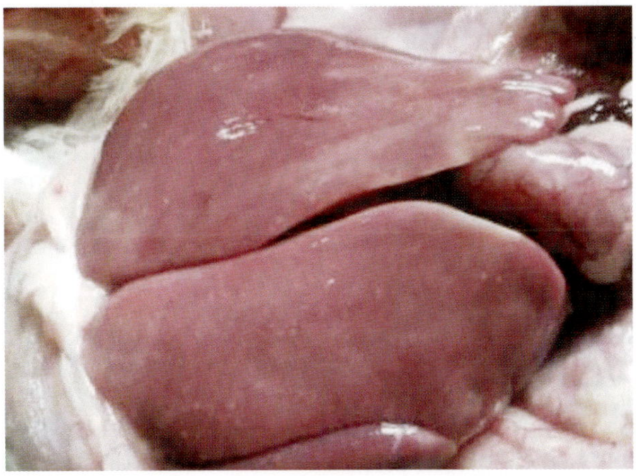

肉鸡肝脏有少量坏死点

成鸡肝脏有大量黄白色坏死灶

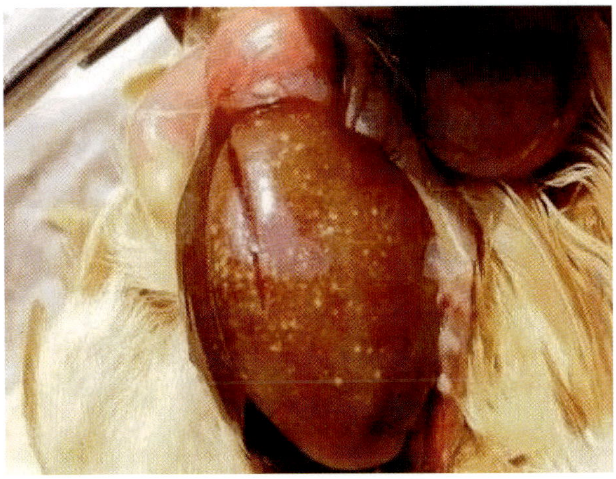

雏鸡肝脏有黄白色坏死灶

蛋鸡肝脏有白色坏死灶并有出血

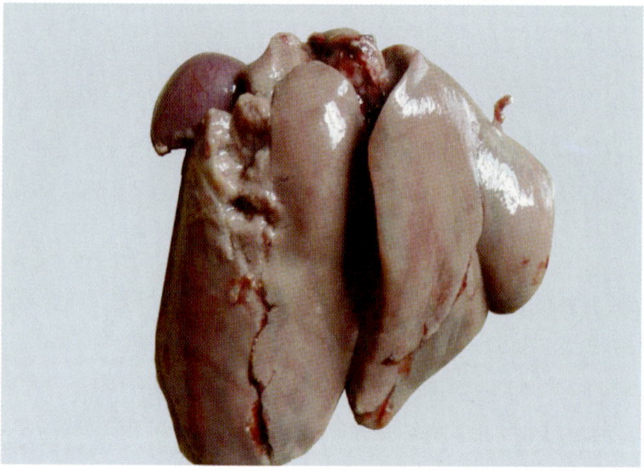

肝脏脆软，呈青铜色

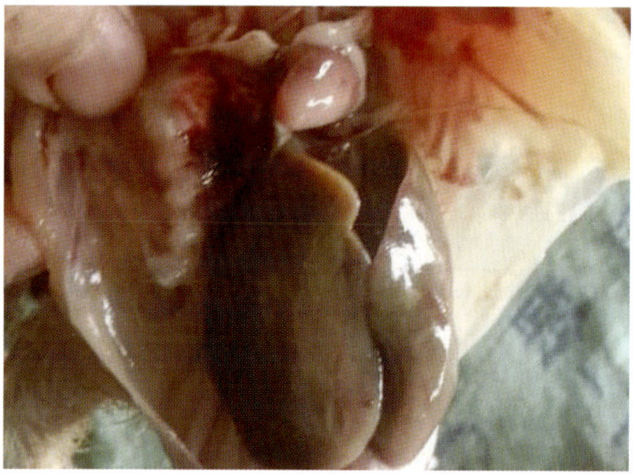

肉鸡肝脏呈轻度青铜色

肉鸡肝脏呈中度青铜色

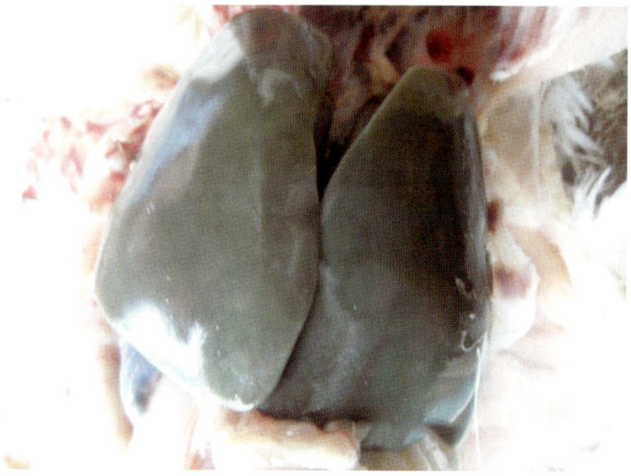

肉鸡肝脏呈重度青铜色

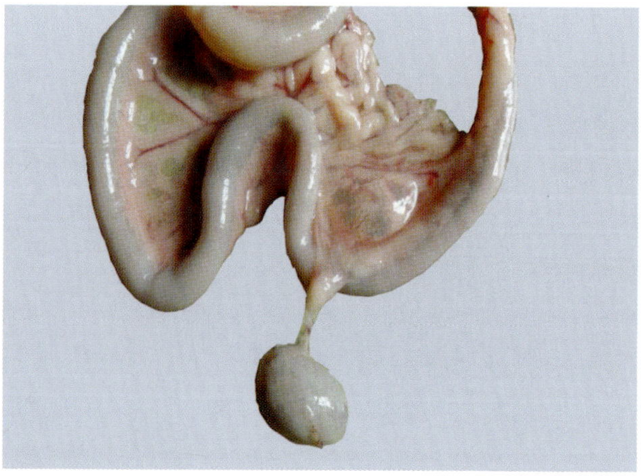

卵黄吸收不良，呈青色

卵黄吸收不良，呈液化状

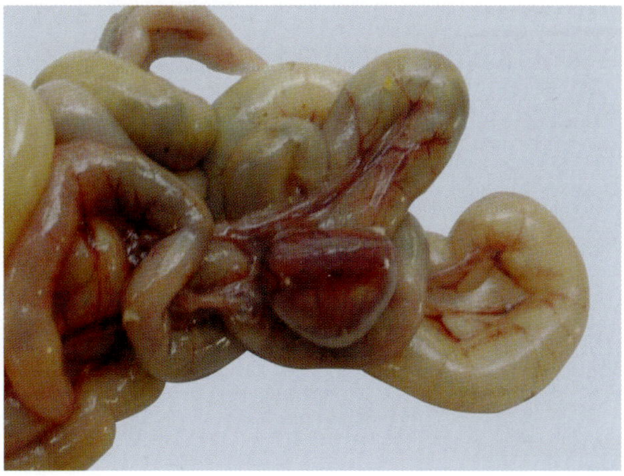

卵黄呈暗紫色，小肠胀气

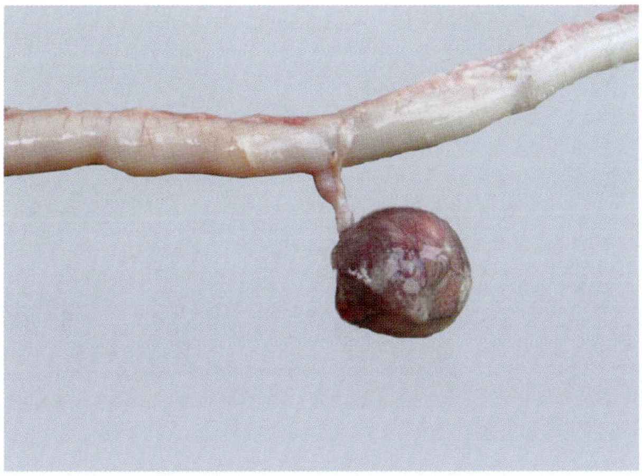

卵黄坏死、发紫、硬固

卵黄坏死，似紫葡萄状

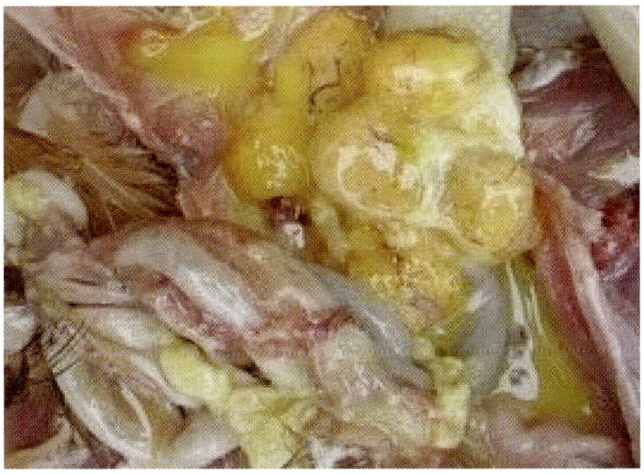

卵泡液化破裂

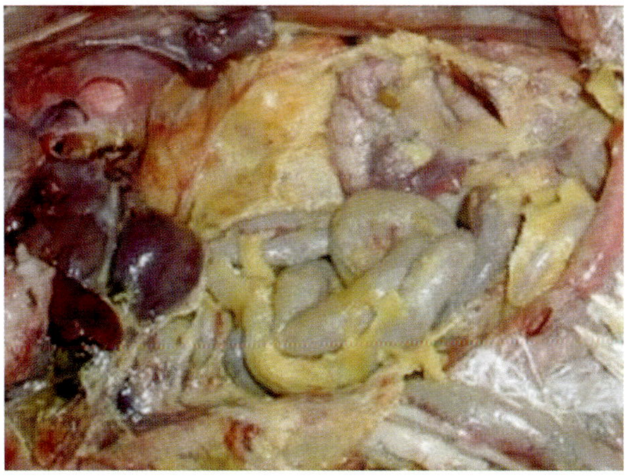

卵黄性腹膜炎，肠粘连

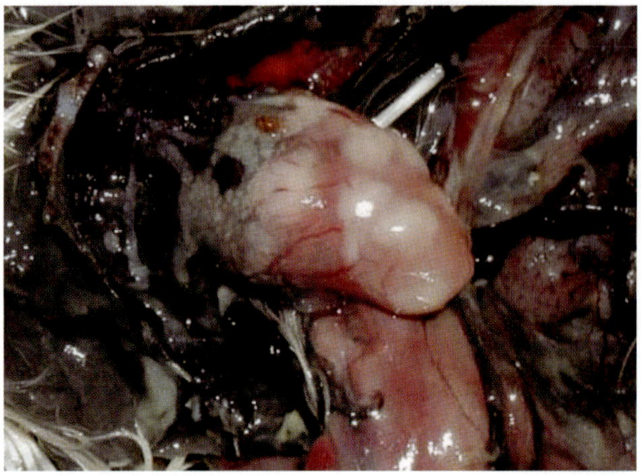

黄鸡心肌有白痢结节

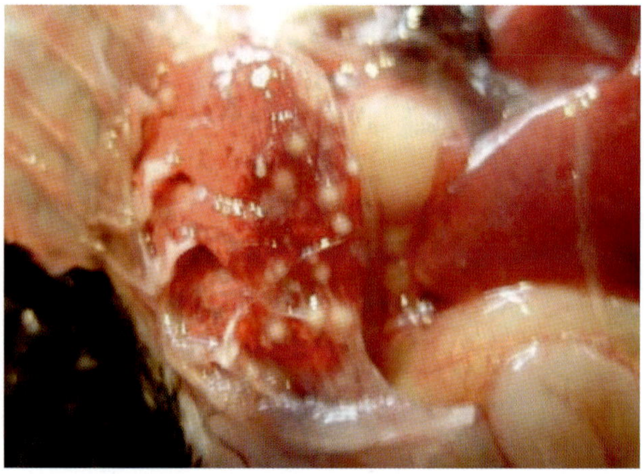

肺脏有黄白色白痢结节

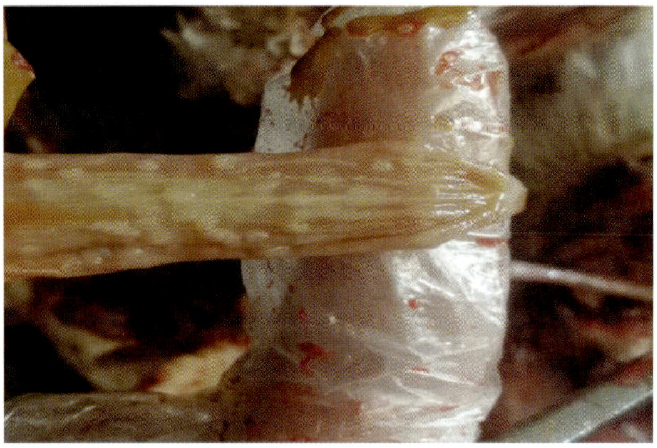

直肠黏膜有白痢结节

胰腺有白痢结节

2. 剖检变化

卵黄吸收不良，肝脏有白色坏死灶，慢性者有白痢结节。

【防控措施】

1. 做好鸡群净化

有条件的鸡场要坚持自繁自养，谨慎从外地引进种蛋。对健康种鸡群，每年春、秋两季要定期做血清凝集试验，进行全面检测和不定期抽检；对 40 日龄以上的中雏鸡也可进行检测，以淘汰阳性鸡和可疑鸡。

2. 加强饲养管理

加强饲养管理，提高营养水平，做好鸡舍的环境控制工作；若发现病鸡，要立即淘汰或隔离消毒。生产实践证明，管理条件较好、生物安全措施比较完善的鸡场，发病率明显偏低。

3. 治疗

近年来，鸡沙门菌的耐药性菌株明显增多，要做药敏试验选择敏感药物。临床选用中药、肽制剂、酶制剂和微生态制剂，效果更佳。

二、大肠杆菌病

鸡大肠杆菌病是由某些致病血清型或条件性致病大肠杆菌引起的不同疾病的总称。本病临床症状复杂，药物效果不佳，临床治疗棘手，且病死率非常高，是当前规模化鸡场危害较大的主要疾病之一。

【病原及传播途径】 大肠杆菌属肠道杆菌科的大肠埃希杆菌，简称大肠杆菌。由于大肠杆菌抗原构造不同，分为 3 种，又形成了 100 余种完全不同的血清型。大肠杆菌对干燥环境的抵抗力强，在粪便、垫草、鸡舍内可长期存活。大肠杆菌经蛋、呼吸道、消化道传播。

由于大肠杆菌分布广泛，遇到应激因素时鸡就会发病。不同日龄的蛋鸡都能感染，幼鸡易感性更高。

【临床症状与病理变化】 一般雏鸡在 6~10 日龄发病，精神沉郁，采食量减少，闭目发呆，缩颈，羽毛松乱，死亡率较高。成鸡产蛋率下降，零星死亡，持续时间长。有的鸡眼结膜发炎，流泪，混有气泡样分泌物；有的鸡肛门突出外翻，排黄白色或黄绿色便；有的鸡出现轻微呼吸道症状。

败血型大肠杆菌病鸡皮肤呈红紫色，突然死亡；一般气囊炎症在胸气囊和腹气囊均有纤维素或干酪样物质；纤维素性心包炎是在心包内外均有纤维素渗出物或粘连，心包膜增厚；纤维素性肝周炎为肝脏肿胀，附着黄白色纤维素渗出物；关节炎为跗关节、指关节肿胀，皮下出血，黑紫、溃烂等；腹膜炎为腹腔内积液、臌胀，有纤维素渗出物等；眼炎为病鸡流泪呈泡沫状，角膜浑浊，失明；脐炎为脐孔红肿发炎等。近年来，出现了一种以腺胃青紫色为特征的鸡大肠杆菌病。

【诊断要点】

1. 临床特征

闭眼戗毛，眼流泡沫，皮肤红紫，黄绿粪便，行走困难，腹部臌胀。

皮肤红紫色，腹部胀满

败血型大肠杆菌病：鸡突然死亡

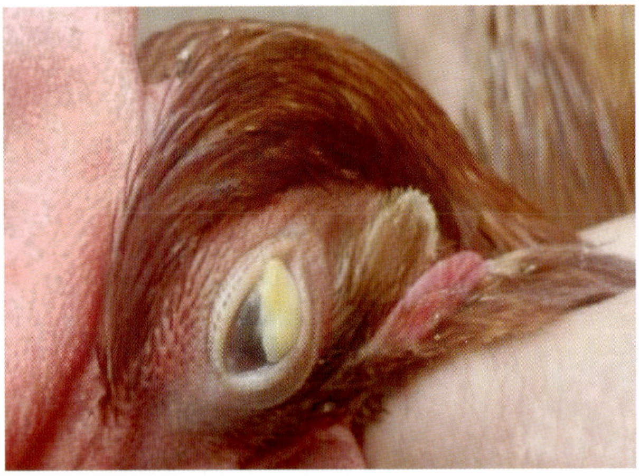

眼型大肠杆菌病：眼内有干酪样物质

眼型大肠杆菌病：眼内有泡沫，角膜浑浊，失明

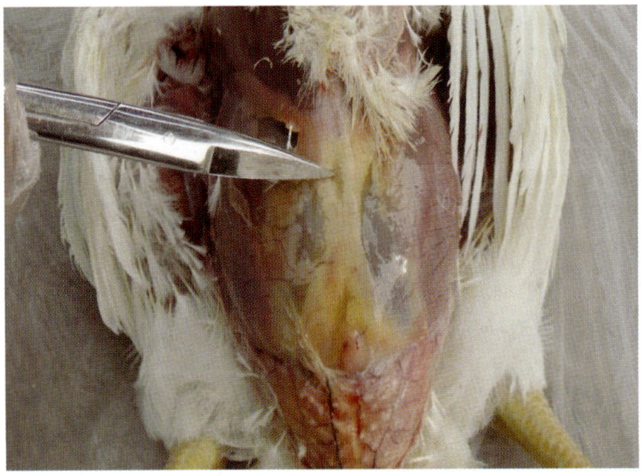

腹部胀满，内有纤维素渗出物

雏鸡腹部胀满，呈黄色

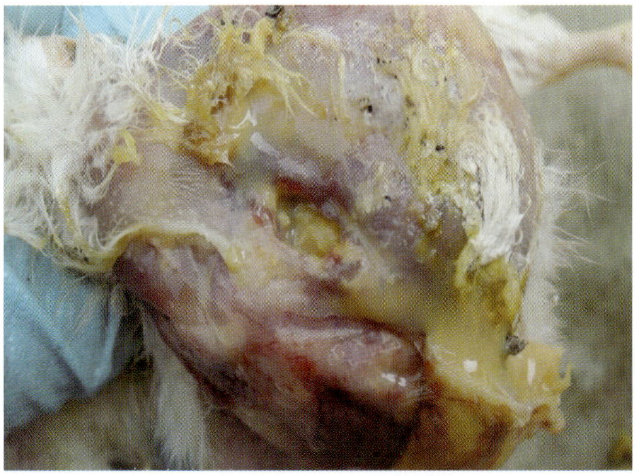

雏鸡腹壁穿孔，严重腹膜炎

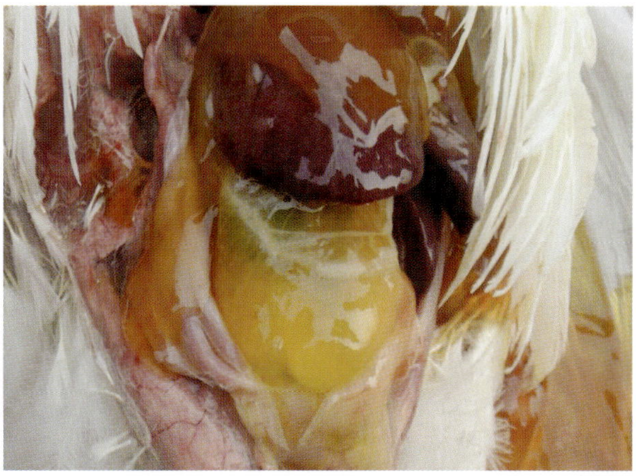

肝脏高度肿胀，有黄色纤维素渗出物

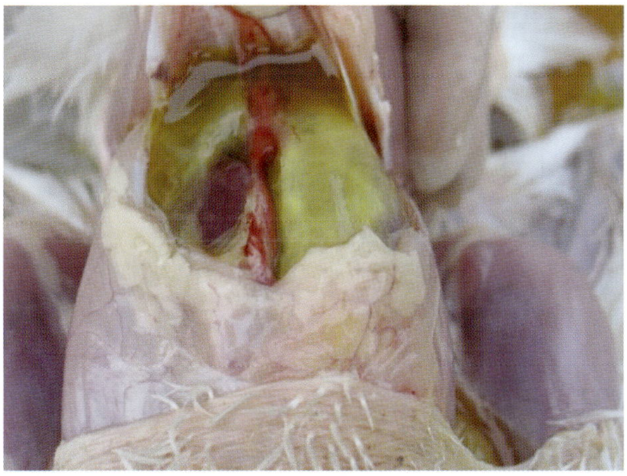

肝脏黄绿色纤维素渗出物

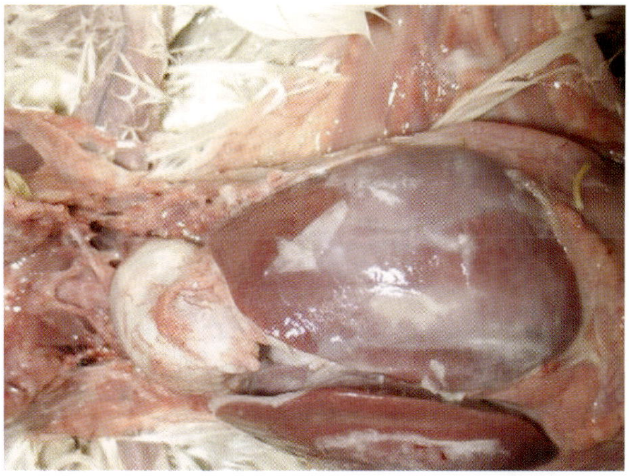

肝脏轻度白色纤维素渗出物，心包白色纤维素渗出物

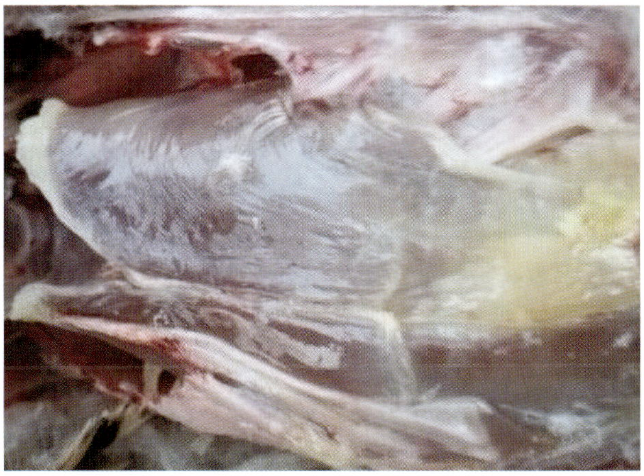

肝脏中度纤维素渗出物

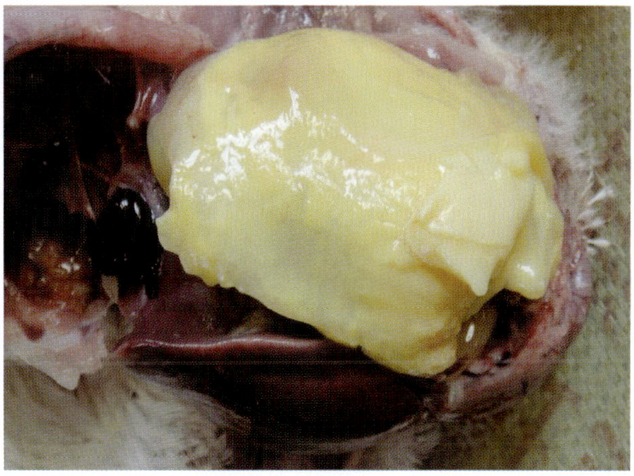

肝脏重度纤维素渗出物

肝周炎、心包炎、气囊炎

严重包心、包肝、包气囊

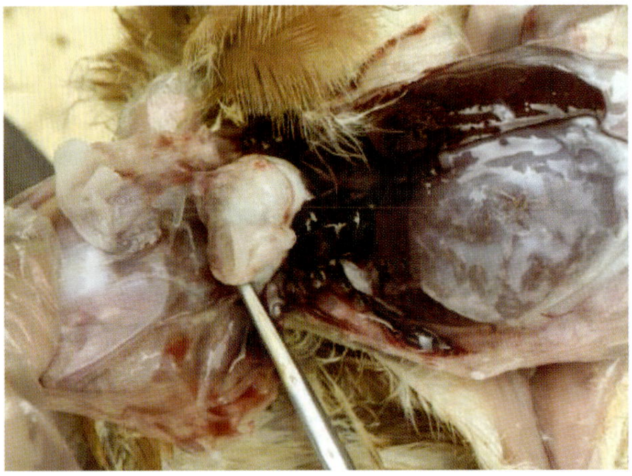

严重心包炎，轻度肝周炎

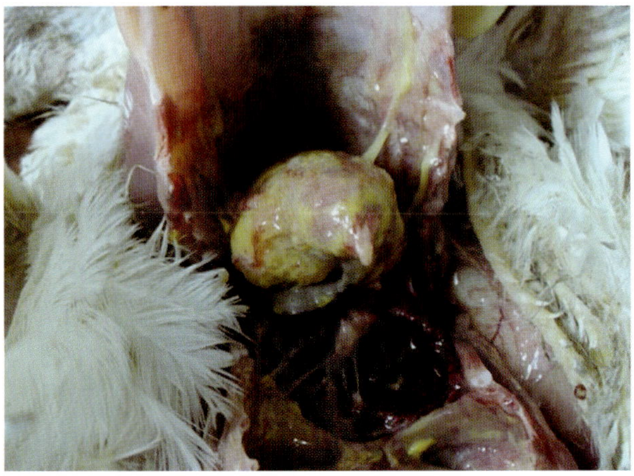

心包黄色纤维素渗出物

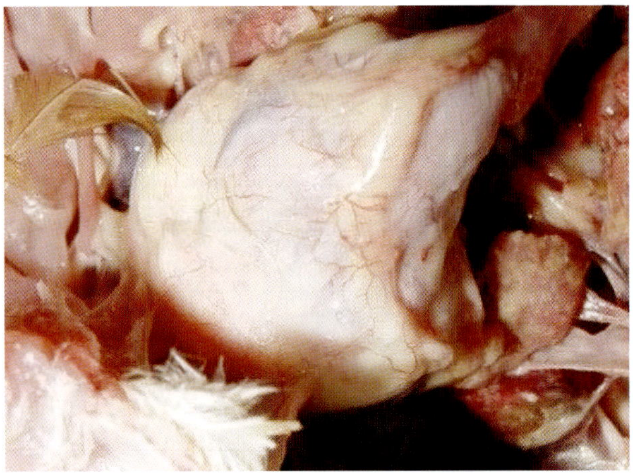

心包白色纤维素渗出物

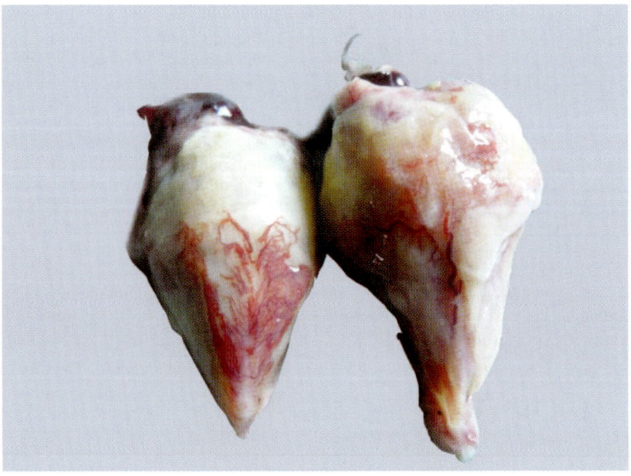

心包纤维素物质包裹，血管增生

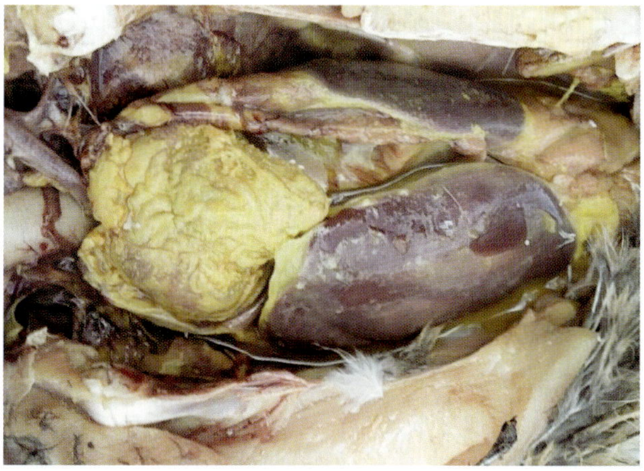

心包重度纤维素渗出物

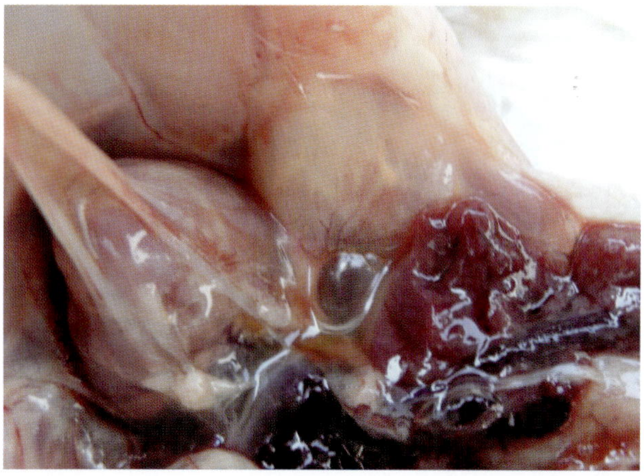

轻度胸气囊炎

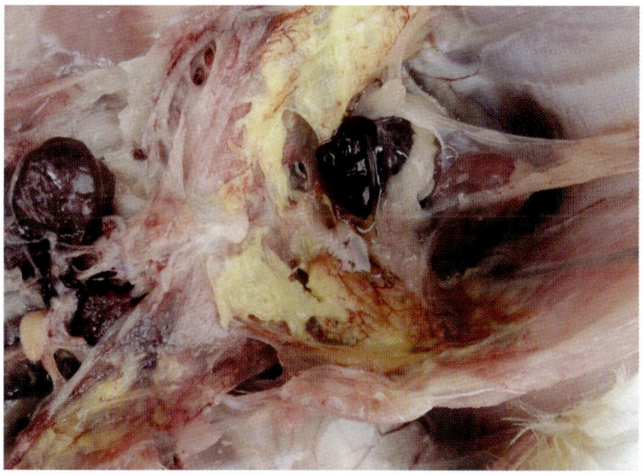

重度胸气囊炎

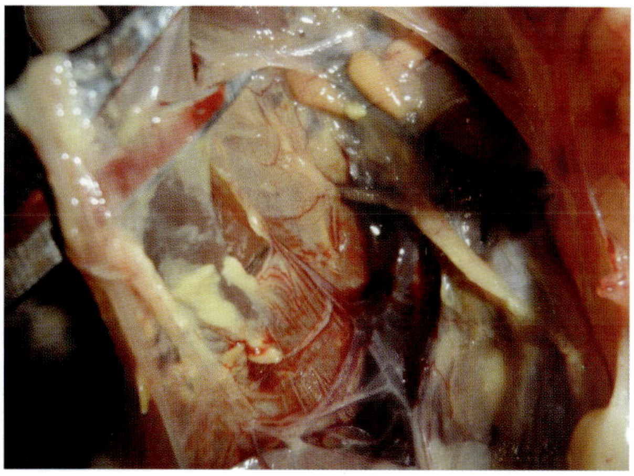

腹气囊炎

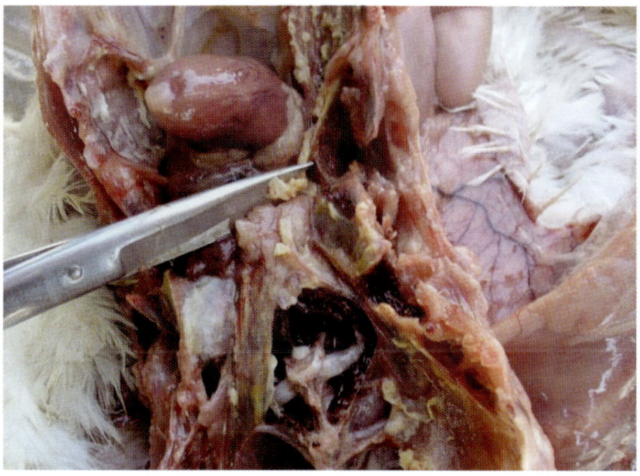

严重的胸、腹气囊炎

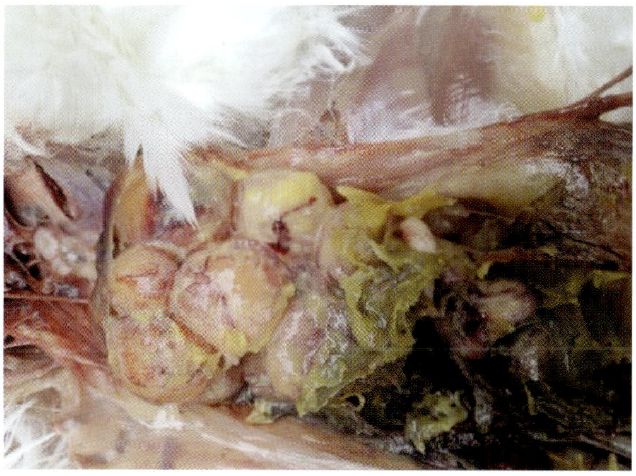

卵泡纤维素渗出物

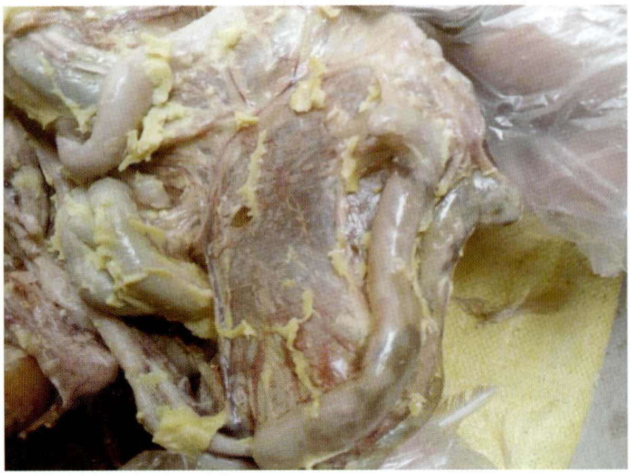

腹膜炎、肠系膜炎

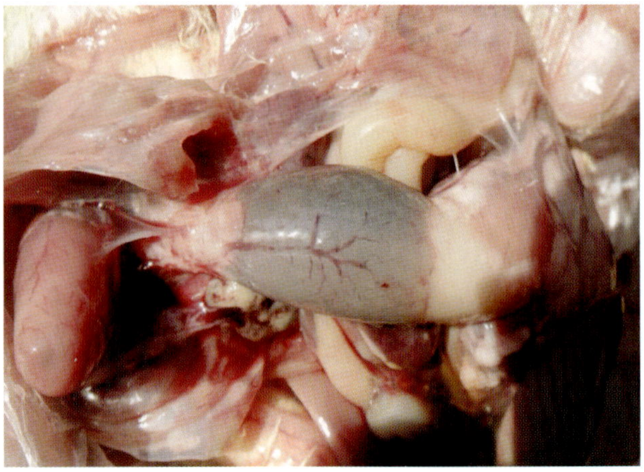

腺胃青紫色，界限分明

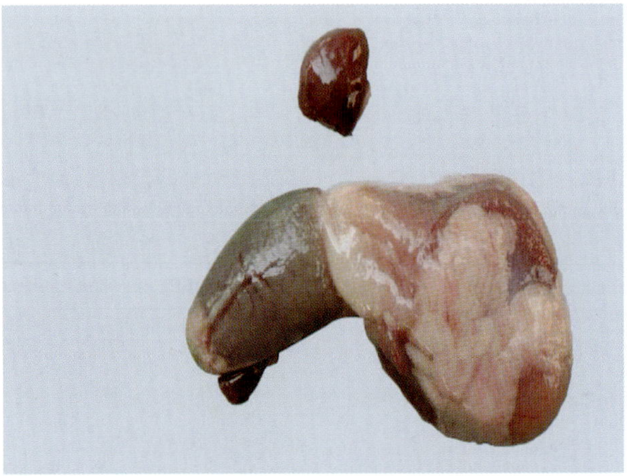

腺胃青紫色，脾脏出血

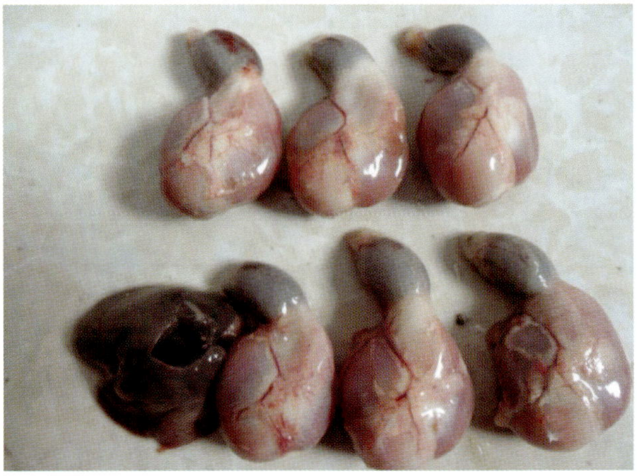

腺胃青紫色，肝脏败血

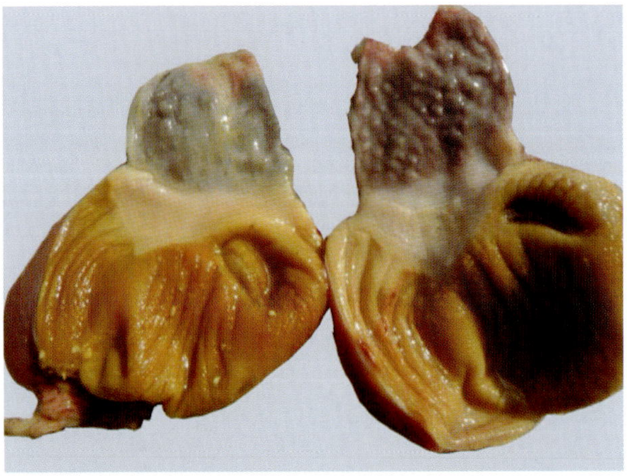

腺胃壁呈青紫色

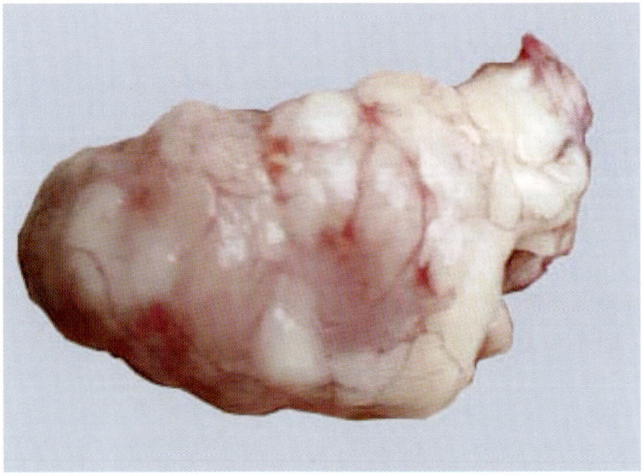

心肌有大肠杆菌病结节

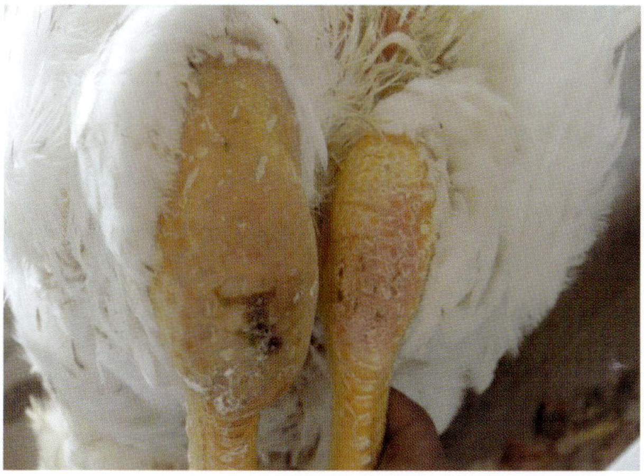

跗关节肿胀

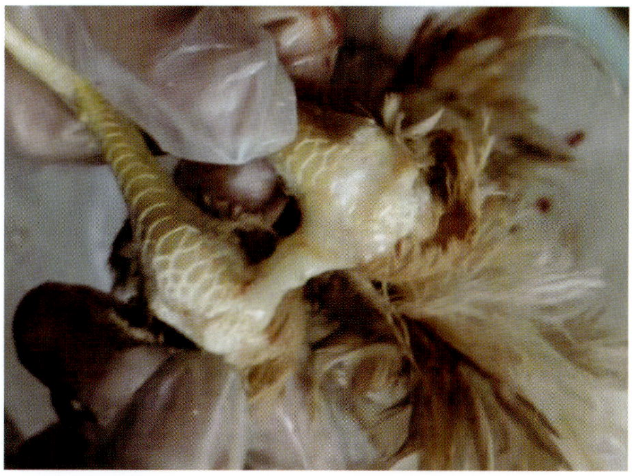

跗关节化脓

部分鸡只肿头

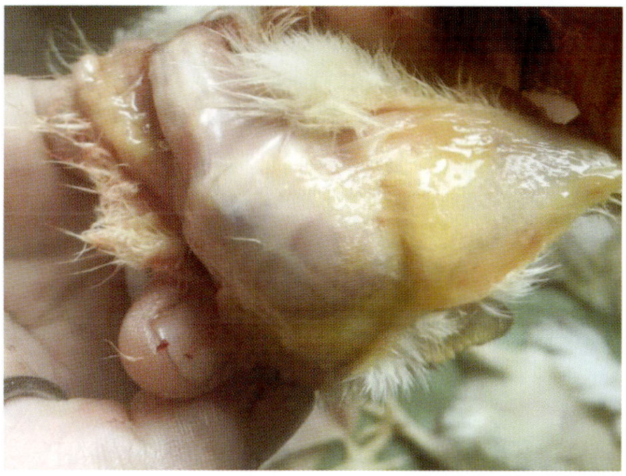

头部皮下胶冻样渗出物

2. 剖检变化

以心包炎、肝周炎、气囊炎、腹膜炎为主。

【防控措施】

1. 加强管理措施

（1）检测饮用水：各鸡场应经常检测所用水大肠杆菌是否超标，及时净化水质。

（2）应用微生态制剂：在饲料中定期拌入微生态制剂，以维持并调节肠道菌群平衡，对大肠杆菌病也有很好的抑制作用。

（3）注意舍内温度、消毒和通风管理，降低舍内氨气浓度，也是预防本病的关键措施。

2. 自制菌苗注射

选取典型菌落进行增殖培养，按常规法制成自家菌苗，经试验无不良反应后，可全群注射。每只鸡 1 毫升，间隔 7 天再加强免疫一次。

3. 治疗

发病鸡场要及时用药。大肠杆菌对抗菌药物极易产生耐药性，做药敏试验选用敏感抗菌药物。对发病蛋鸡，应用具有优势的中药制剂、微生态制剂、精油制剂及特异性免疫乳酸菌等制剂。

大肠杆菌产生的毒素会导致耐药，应重视排除毒素；实质器官的损伤是造成死鸡的主要因素，因此，要采取保肝护肾、强心救肺措施。

三、巴氏杆菌病

禽巴氏杆菌病又称禽霍乱、禽出血性败血症，是一种侵害家禽和野禽的接触性疾病。临床表现败血性症状，发病率和死亡率很高，但也有慢性或良性经过。该病受环境因素影响，多在夏末、秋季和冬季流行。性成熟鸡更易感该病。

【病原及传播途径】禽霍乱病的病原体是巴氏杆菌，革兰染色呈阴性，为需氧兼性厌氧菌。本病又分为溶血性巴氏杆菌、多杀性巴氏杆菌病，并有 4 种不同的免疫学特性。

鸡、鸭、鹅、火鸡等家禽都易感染本病，但鹅的易感性较差；产蛋鸡和黄鸡群多发病，16 周龄以下的鸡不易感；应激因素有利于发病。

本病菌通过病鸡口腔、鼻腔和眼结膜的分泌物传播，被污染的饲料和饮水成为传染源。粪便中很少含有活的巴氏杆菌。

【临床症状】鸡群突然发病，羽毛蓬松，缩颈闭目，排出黄白色或黄绿色稀便，产蛋率急剧下降。鸡冠和肉髯发紫，一侧或两侧肉髯肿大。慢性病鸡主要见关节肿大变形，卵泡明显出血或变形。用药后病情很快受到控制，但停药后会复发。

【病理变化】剖检病鸡，全身性充血和出血。肝脏肿胀、充血，呈深紫色或黄红色，有大量散在的、针尖或小米粒大的、白色坏死点；肝脏实质变硬，呈熟肝样。肺淤血、水肿或出血。心冠脂肪、心内膜、十二指肠、直肠黏膜肿胀，弥漫性充血和出血，并覆盖一层较厚黄色纤维样物质，以十二指肠最为严重，浆膜下出血。心包液、腹腔液增加。脾脏偶见肿胀和灰白色坏死点。

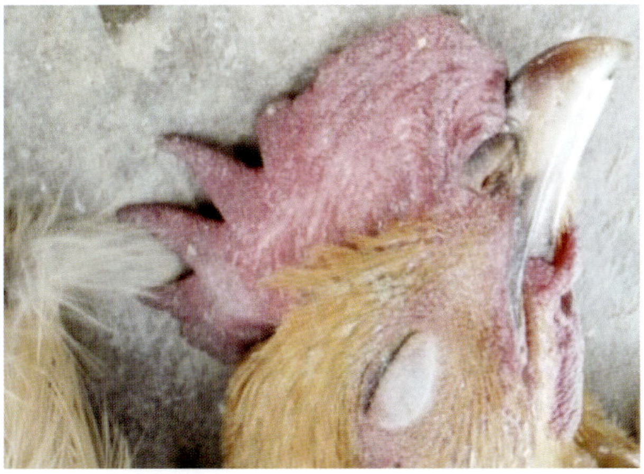

鸡突然死亡，鸡冠发紫

慢性型巴氏杆菌病：关节肿胀、变形

排黄绿色稀便

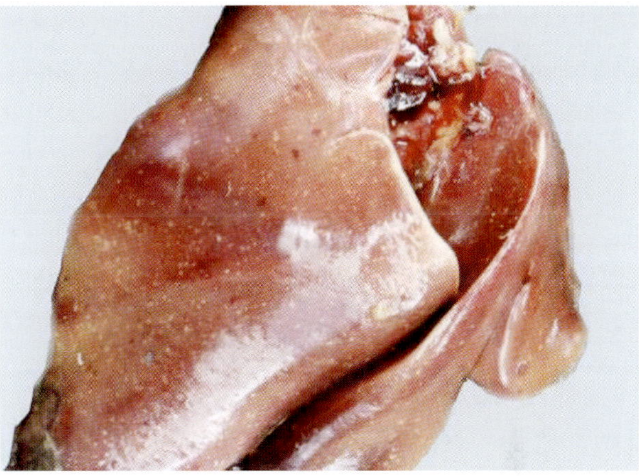

肝脏肿胀发黄，有针尖状白色坏死点

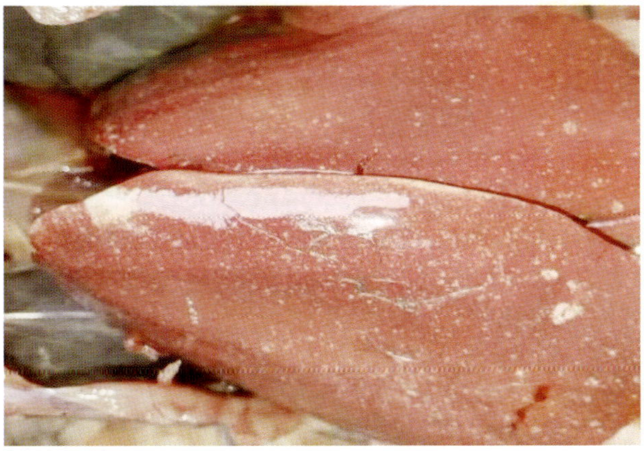

肝脏弥漫性、针尖状、白色坏死灶

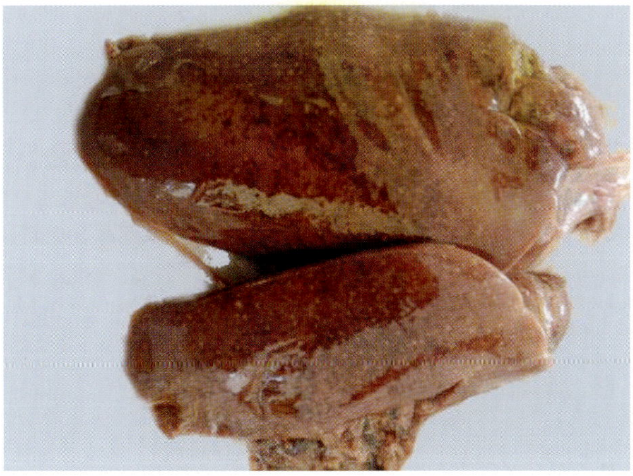

肝脏淤血，有针尖状、白色坏死点

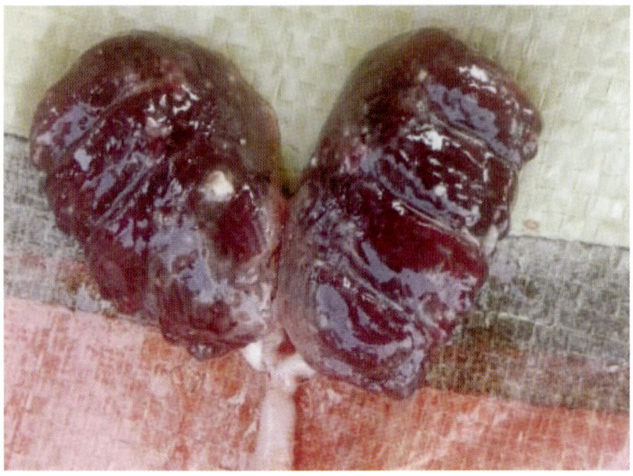

肺脏严重出血

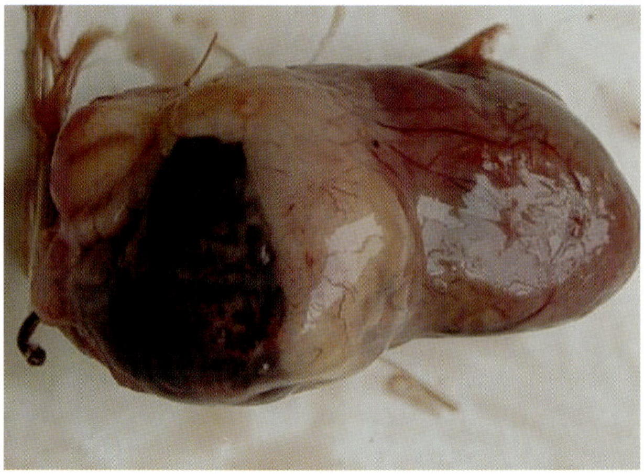

心脏明显扩张

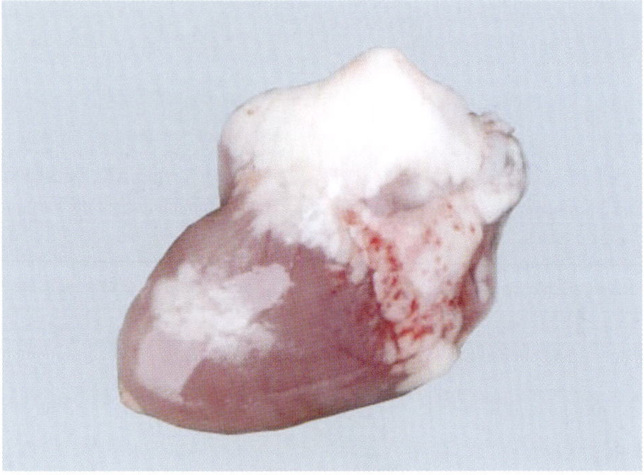

心冠脂肪明显出血

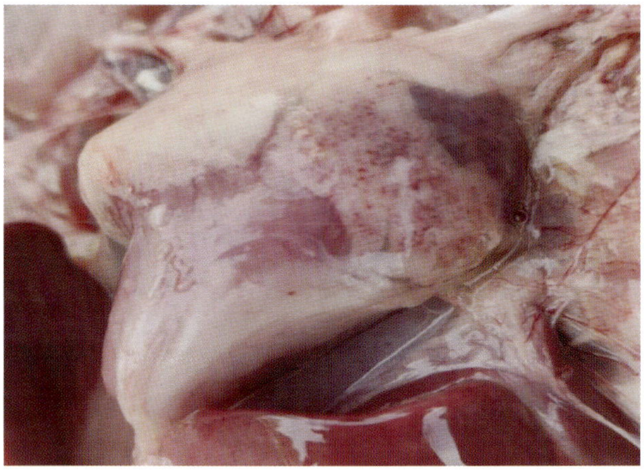

心冠脂肪弥漫性出血

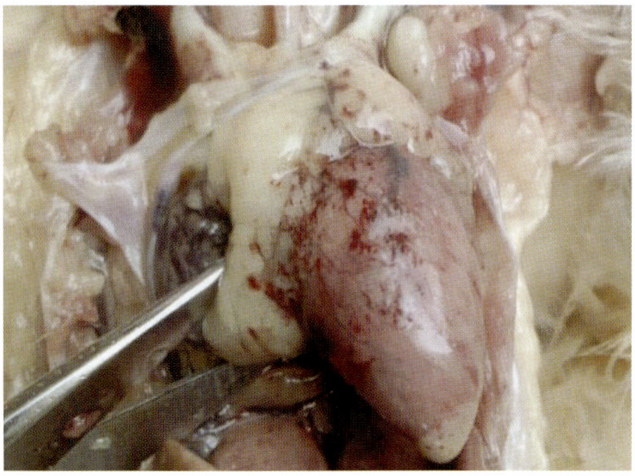

心冠脂肪出血，心肌外膜出血

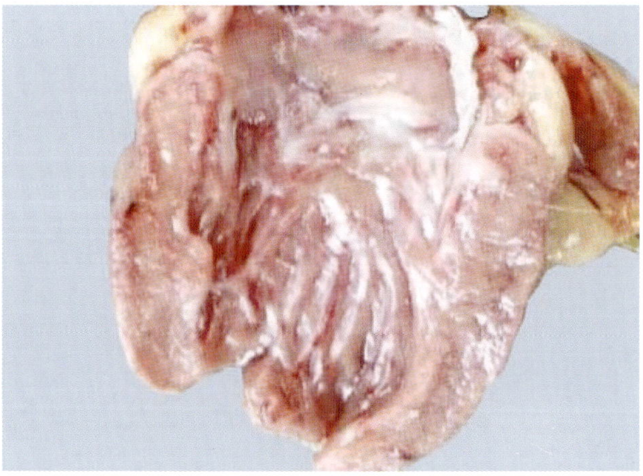

心肌内膜出血

脾脏败血、发黑

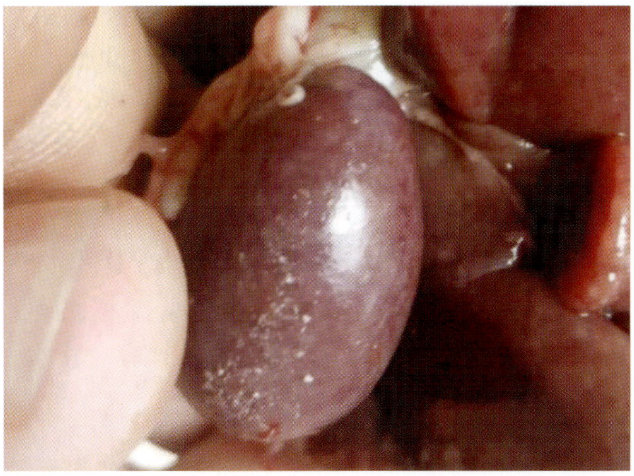

脾脏有白色坏死灶

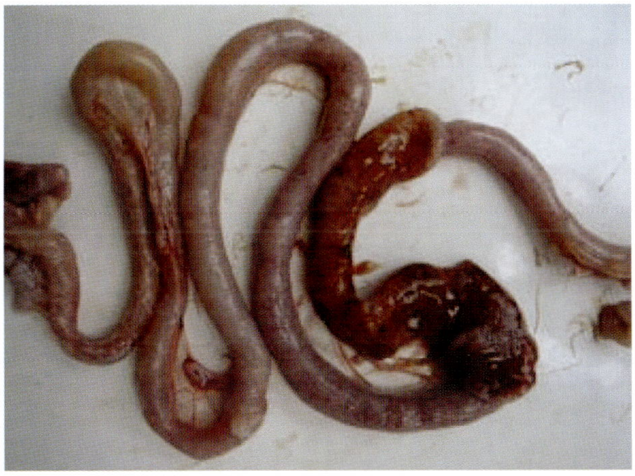

空肠上端黏膜严重出血

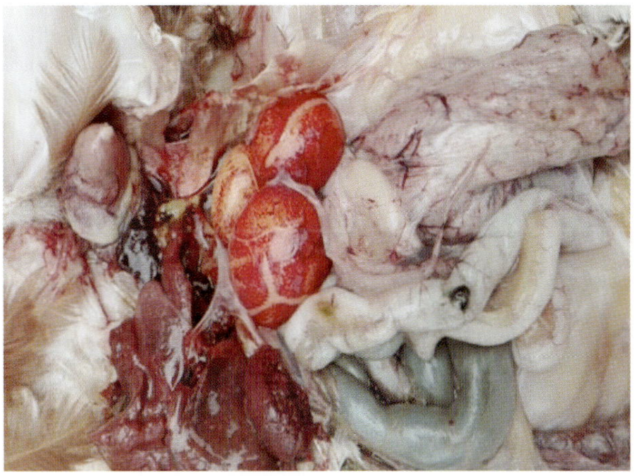

卵泡充血、出血

【诊断要点】

1. 临床特征

突然死亡，冠髯发紫，剧烈下痢。

2. 剖检变化

以肝脏针尖状、白色坏死点为主要特征。

【防控措施】

1. 环境控制

严格执行鸡场兽医卫生防疫措施，以栋舍为单位采取“全进全出”的饲养制度，可有效预防本病。严格执行定期消毒制度。

2. 疫苗接种

国内有较好的禽霍乱蜂胶灭活苗，安全可靠，易于注射，不影响产蛋，无毒副作用。

3. 治疗

革兰阴性菌药物选择范围还是很大的，如头孢类、氨基糖苷类、喹诺酮类、氯霉素类等。选择高敏抗菌药物，则需做药敏试验。饮水或注射药物，用量要充足，疗程要合理。当鸡只死亡明显减少时，再继续拌料投药 1 周，防止复发。

四、弧菌性肝炎

鸡弧菌性肝炎是由弯曲杆菌引起的细菌性传染病。该病主要以肝脏出血、肝脏坏死并伴有脂肪浸润为主要特征。本病发病率高，但死亡率不定，高者 6 小时死亡率达 80%。

【病原及传播途径】病原为弧菌科、弧菌属，革兰染色阴性，弯曲细长，为弧形或逗点状的小杆菌；兼性厌氧，菌体刚硬，无芽孢和荚膜；运动活泼，呈穿梭或流星样，在一定条件下可产生鞭毛。

病鸡和带菌鸡是主要传染源，通过粪便污染环境，经消化道感染健康鸡，多为散发或地方性流行。雏鸡多发，但近年来中低日龄黄鸡和开产蛋鸡也受侵害；病原体长期污染饮水和饲料，是本病诱因；应激因素特别是温差过大，极易诱发本病。

【临床症状】病鸡沉郁，呆立不动。肉鸡食欲减退，喜饮水；剧烈腹泻，排奶油样、黄褐色、糊状继而水样粪便；蛋鸡的鸡冠萎缩，产蛋率下降，产软皮蛋、沙皮蛋；零星死亡。全群死亡率为 1%左右。

肉雏鸡急性死亡，有腹泻

蛋鸡鸡冠萎缩

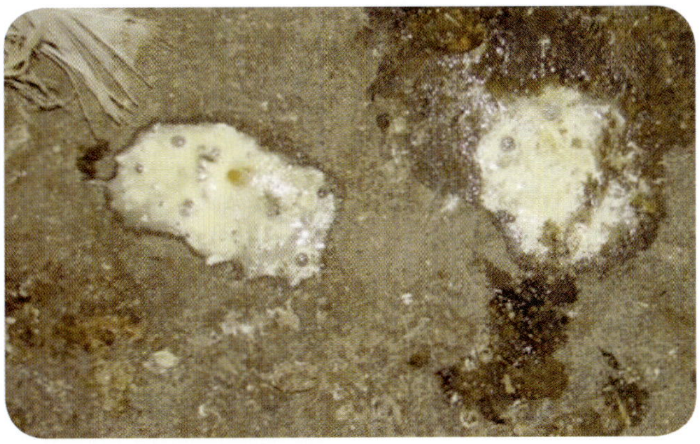

蛋鸡奶油样、黄白色下痢

【病理变化】病变特征是肝肿大，有大小不一的星状、条状、弯曲状、锯齿状黄白色坏死灶；肝脏包膜有不规则出血，有的包膜下有血肿；心脏扩张、心肌浑浊；卵巢变性，有的卵泡破裂，死鸡子宫内有完整的鸡蛋。

蛋鸡肝脏星状坏死灶

蛋鸡肝脏弯曲状坏死灶

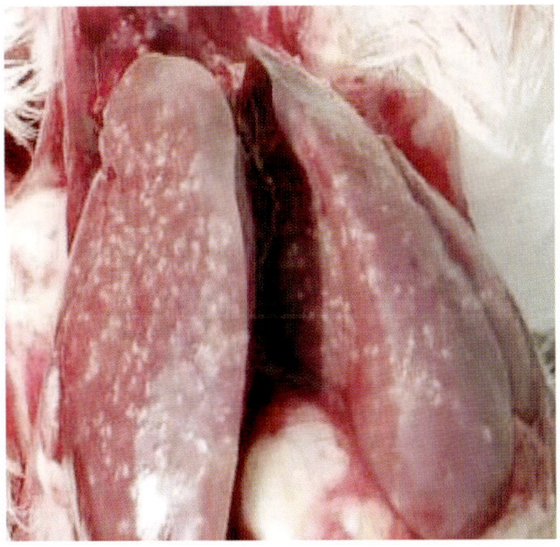

蛋鸡肝脏条状坏死灶

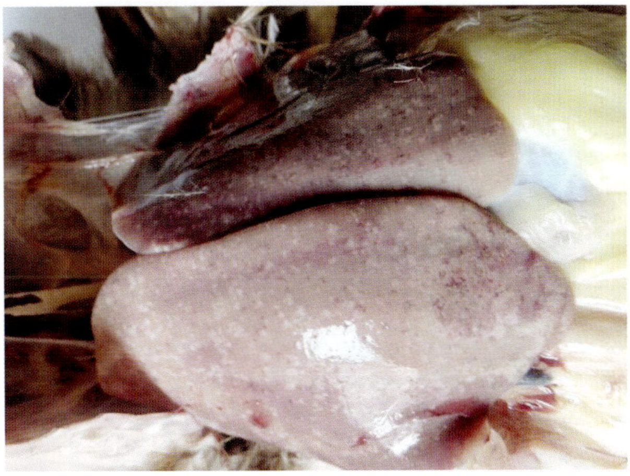

蛋鸡肝脏贫血、出血，条状坏死灶

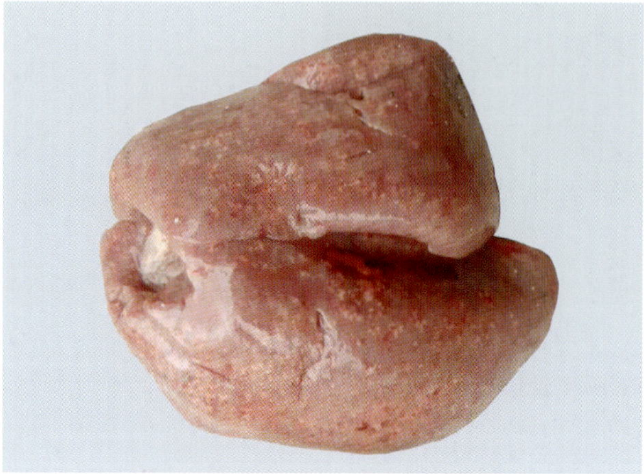

蛋鸡肝脏肿胀，条状坏死灶

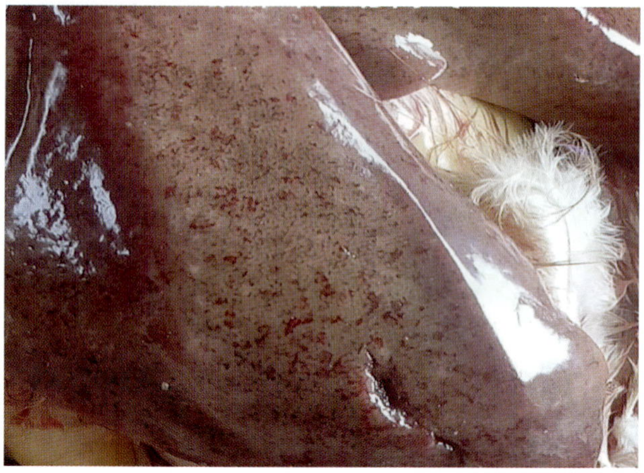

蛋鸡肝脏红色坏死灶

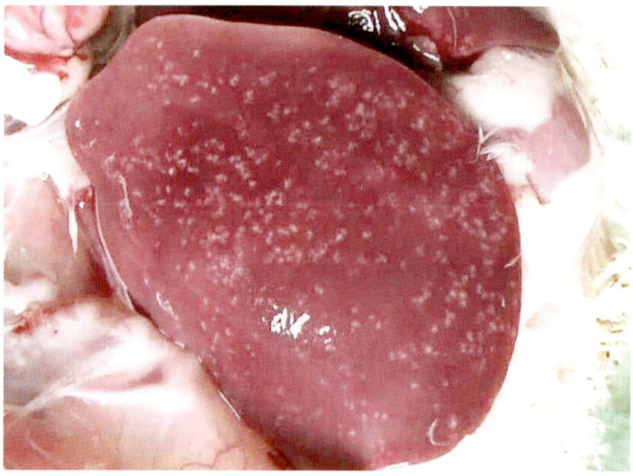

肉鸡白色条状坏死灶

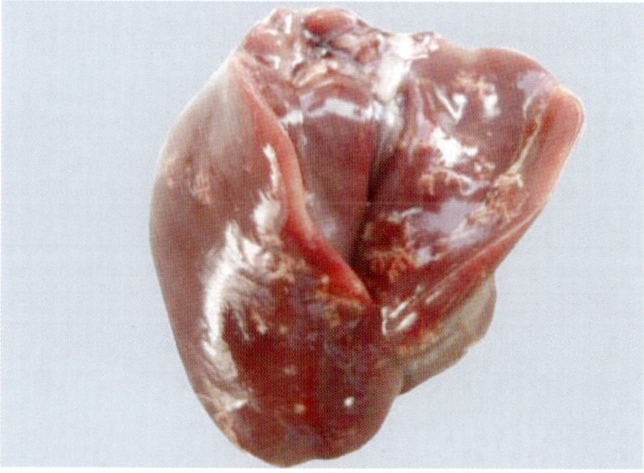

肉鸡肝脏星状坏死灶

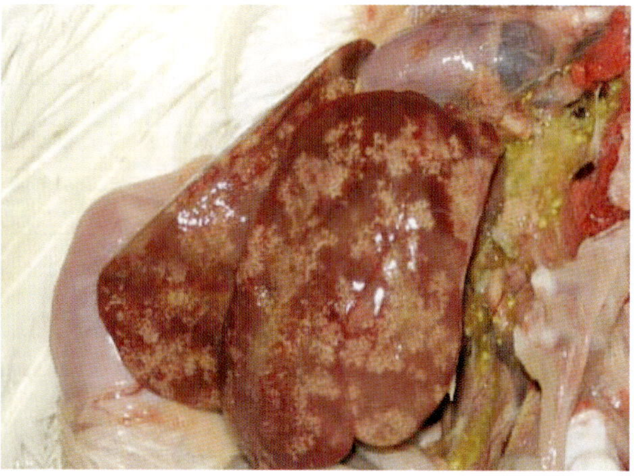

肉鸡肝脏密集星状坏死灶

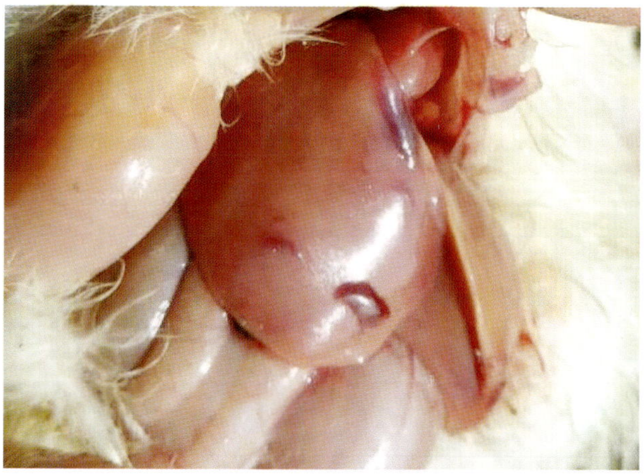

肉鸡肝脏被膜下有血泡，易破裂

肉鸡肝被膜下出血，脂肪浸润

肝脏发黑，有白色坏死灶

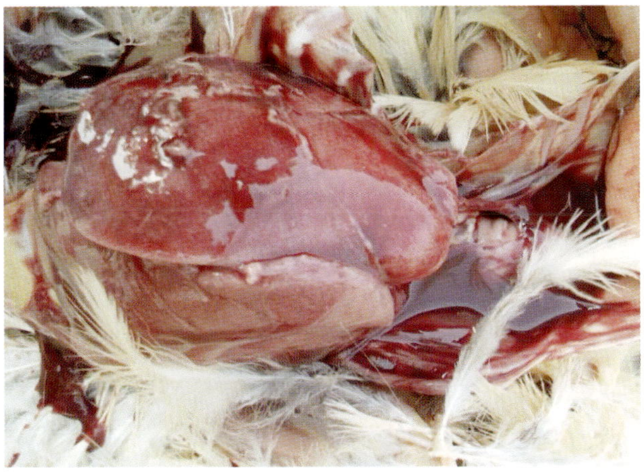

蛋鸡肝脏血泡破裂，腹腔有血水

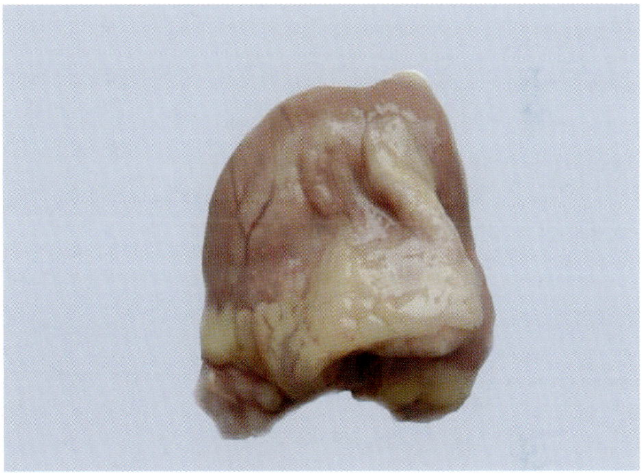

肉鸡心肌扩张，心肌浑浊

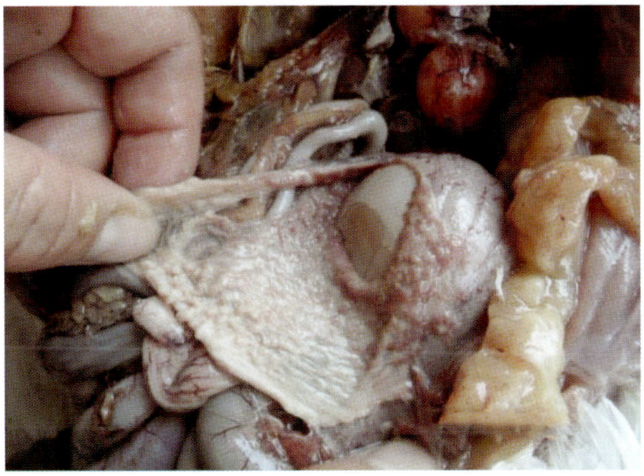

子宫内存有不完整鸡蛋

【诊断要点】

1. 临床特征

鸡冠萎缩，排奶油稀便。

2. 剖检变化

肝脏有星状、条状、弯曲状坏死灶，被膜下有血泡。

3. 实验室检查

弯曲杆菌，呈 S 状或逗点状红色杆菌。

【防控措施】

1. 加强管理措施

注重消毒，搞好清洁卫生，加强饲养管理，减少应激因素。净化饲养环境，才能有效控制鸡弧菌性肝炎。

2. 治疗

因为弯曲杆菌是常在菌、革兰阴性菌，所以抗生素是有效的。经药敏试验选择敏感的抗菌药物，饮水 3~4 天即可。产蛋鸡在限抗的要求下，可选择精油类、中药类、微生态制剂等药物喂服。

五、传染性鼻炎

传染性鼻炎是由鸡副嗜血杆菌引起的一种急性和亚急性呼吸道疾病。本病传播速度很快，24 小时内可传遍全群，控制不好则 3~5 天可传到全场。如继发其他细菌性疾病或与病毒病混合感染，死亡率可达 3%~20%。蛋鸡产蛋率明显下降。

【病原及传播途径】鸡副嗜血杆菌分为 A、B、C 3 个血清型，兼性厌氧。通过生长特性试验发现，C 型菌的持续感染能力最强，B 型菌次之，A 型菌最弱。不同血清型的副鸡嗜血杆菌，在生长特性、致病性、药物敏感性和外膜蛋白方面有着非常大的差异。发病与否仍有一定的区域性，所以在一定范围内发病率较高，但近年来无传染性鼻炎流行的地区也有发生的趋势；以往只有 A 及 C 型污染最严重的区域，而现在 A、B、C 3 个血清型的分离率都比较高，且 B 型的分离率越来越高。

不同日龄鸡均易感，4 周龄以上的黄鸡、蛋鸡育成鸡、产蛋鸡的敏感性较高，而 1 周龄雏鸡对该病具有一定的抵抗力；秋、冬、早春寒冷季节易发病；病鸡和隐性带菌鸡是主要传染源，经呼吸道和消化道排泄物传播。

【临床症状】 主要特征是鼻黏膜发炎，打喷嚏，甩鼻，鼻腔流出清亮液体，后转为白色脓性鼻涕；眼睛流泪，眼睑肿胀，眼睛内陷，部分鸡失明。另外，病鸡有个别呼吸困难，排绿色稀便。

一旦传染性鼻炎发生，所有的鸡几乎很难幸免，治疗难度极大，往往要 2~3 个疗程，且极易反复；在治疗的过程中，鸡群往往因继发感染而出现批量死亡。

临床发现，鸡群在发生传染性鼻炎时，经常混感败血型霉形体和滑膜型支原体，病样检出率可达 60%~90%，以实验室检测为准。

【病理变化】 鼻腔和窦黏膜有急性卡他性炎症，黏膜充血、肿胀，覆有黏液。窦内有纤维素性渗出物，后期变为干酪样物。眼睑下积有大量暗紫色胶冻样物，卵泡充血、出血、变性等。

蛋鸡鼻流黏稠液体，眶下窦轻度肿胀

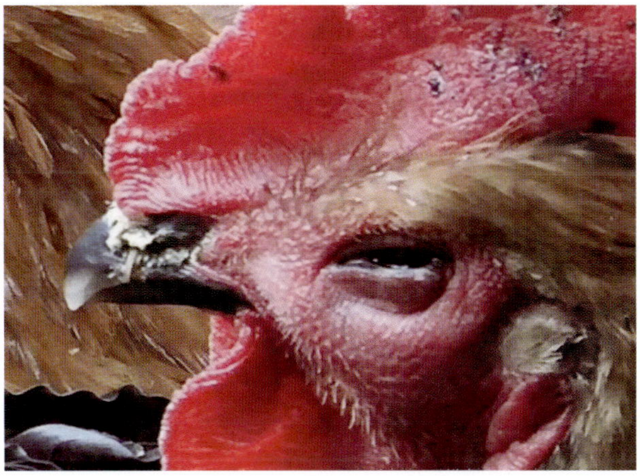

蛋鸡鼻孔粘有料渣，眶下窦重度肿胀

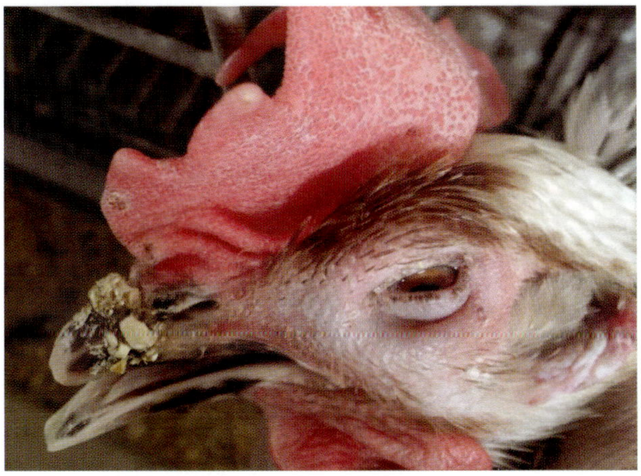

蛋鸡鼻孔粘有多量料渣

麻鸡鼻流液体

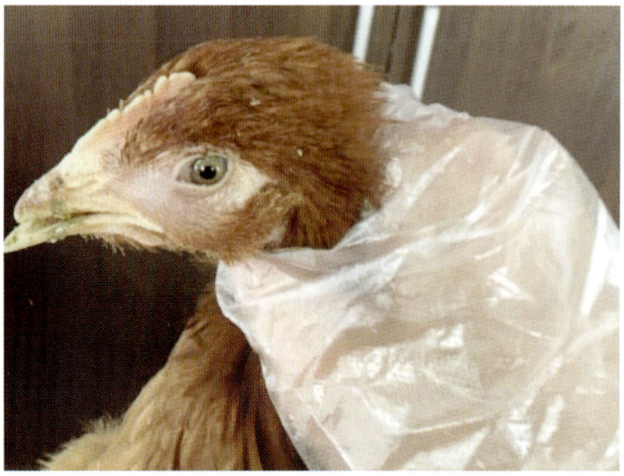

青年鸡鼻孔粘有料渣，眼角拉长，眶下窦肿胀

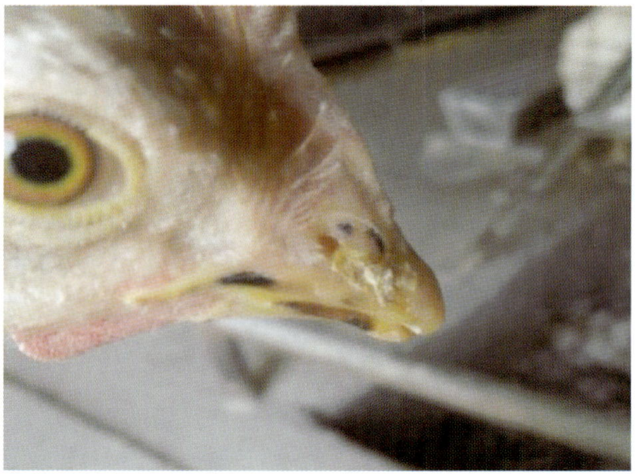

青年鸡鼻孔黏液结痂

青年鸡眼睑肿胀，眼球下陷

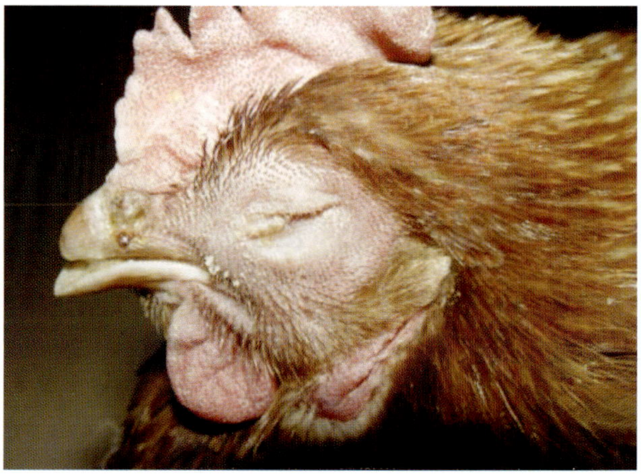

结膜炎，眼睑闭合

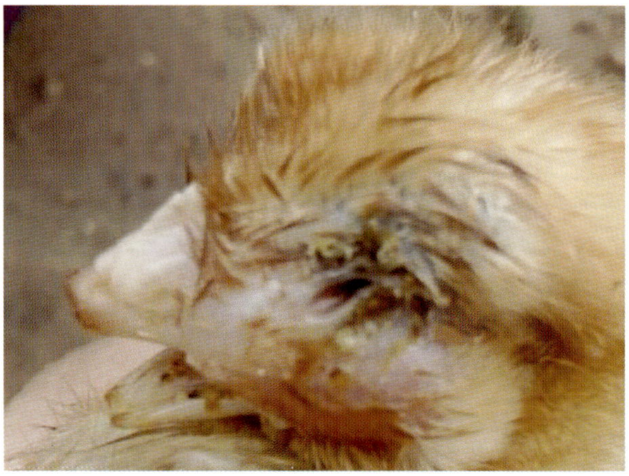

结膜炎，眶下窦发炎肿胀

双侧眶下窦肿胀突出

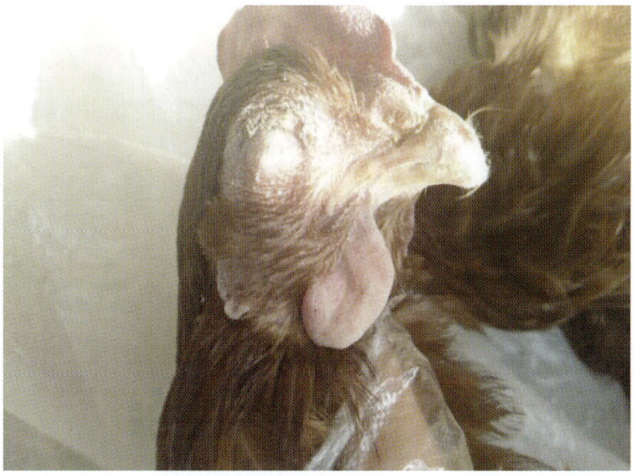

鼻孔结痂，眶下窦肿胀，肉髯水肿

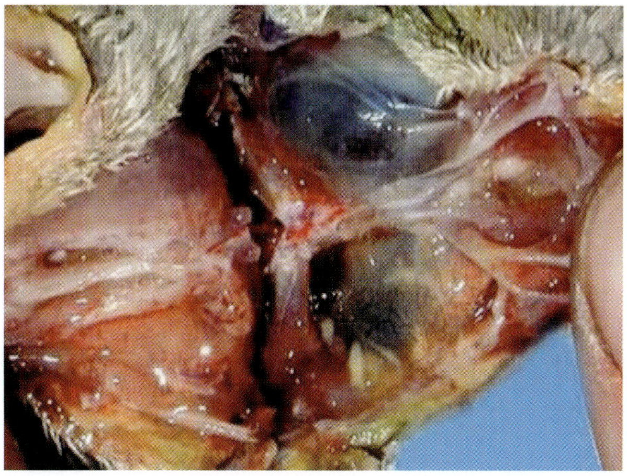

鼻窦黏膜水肿、出血

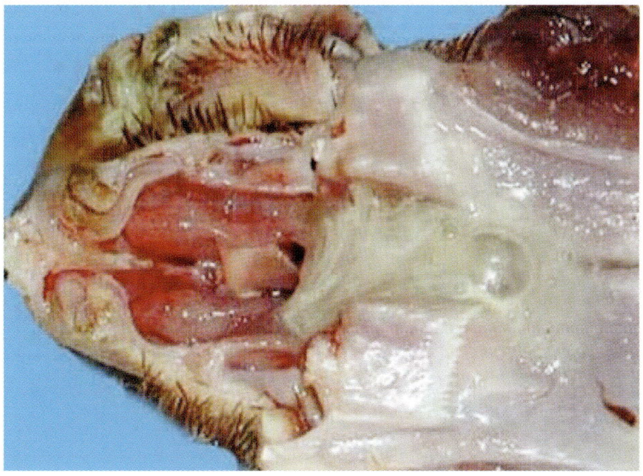

鼻窦腔内有脓性分泌物

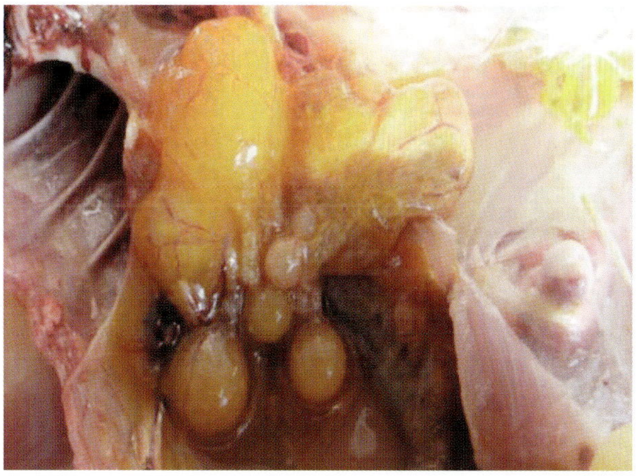

卵泡萎缩、减少

【诊断要点】

1. 临床特征

流鼻液，打喷嚏，颜面肿胀。

2. 剖检变化

鼻黏膜出血，鼻窦炎症。

【防控措施】

1. 加强管理措施

定期消毒以减少环境病原，控制好舍内温、湿度和空气质量。蛋鸡、黄鸡饲养一定要坚持“全进全出”制度，且要饲养同一日龄的鸡苗，以最大限度地减少鼻炎发生。

2. 疫苗免疫

对病鸡接种鼻炎三价疫苗，建议在开产前做两次免疫。首免日龄在 5~7 周，0.3~0.5 毫升 / 羽，皮下注射；二免在 12~14 周龄进行，0.5~0.6 mL / 羽，皮下注射。在尾部背侧皮下注射吸收最好。

鸡群产蛋后不要再注射鼻炎疫苗，否则，会降低 3% 产蛋率，造成不必要的损失。要做好法氏囊病、马力克病、流感 H9 的免疫，否则，在免疫抑制下鼻炎苗很难形成合格的抗体，且加重病情。鸡群发病后是否能进行紧急接种，要根据疫苗的自身要求询问相关厂家。

3. 净化鸡群

一定要建立健康鸡群，加强其他有关疾病的防疫，提高鸡群抗病力；免疫 2 周才能形成抗体，因此，要避免空白期感染鸡副嗜血杆菌。

4. 治疗

用磺胺类或氨基糖苷类药物拌料、饮水或注射，效果较佳。限抗时，可选择链霉素、新霉素、微生态制剂、中药类或精油类等药物。

六、葡萄球菌病

鸡葡萄球菌病主要是由金黄色葡萄球菌引起的一种急性或慢性传染病，临床上有多种类型，如关节炎、腱鞘炎、脚垫肿、脐炎和葡萄球菌性败血症等。

【病原及传播途径】金黄色葡萄球菌呈圆形或卵圆形，常单个、成对或葡萄状排列，革兰阳性菌。该菌广泛存在于自然界，粪便、眼睑、黏膜、肠道和鸡表皮上。当皮肤黏膜受创伤后，易感染发病，或通过呼吸道和消化道感染。

致病力较强的为其毒素和毒性酶，如皮肤坏死毒素、肠毒素、溶血素、杀白细胞毒素、血浆凝固酶、溶纤维蛋白酶、核酸酶等；该菌对抗生素易产生耐药性。

肉鸡、黄鸡均易感染，产蛋母鸡较为敏感；在断喙、啄叨、接种、注射、外伤时易感染发病；不同日龄鸡只均可发病。

【临床症状】

1. 葡萄球菌败血症

病鸡死前没有特征性症状，体表皮肤湿润、水肿；相应部位羽毛潮湿易掉，呈青紫色或深紫红色；皮下多蓄积渗出液，触之有波动感。

有时仅见翅膀内侧、翅尖或尾部皮肤形成大小不等出血点，糜烂和炎性坏死；局部干燥，呈红色或暗紫红色，脱毛。

2. 葡萄球菌型关节炎

育成鸡多发病，常见跗关节肿胀，跛行，喜卧，局部有热痛感。临床可见浮肿性皮炎、胸囊肿、脚垫肿等。

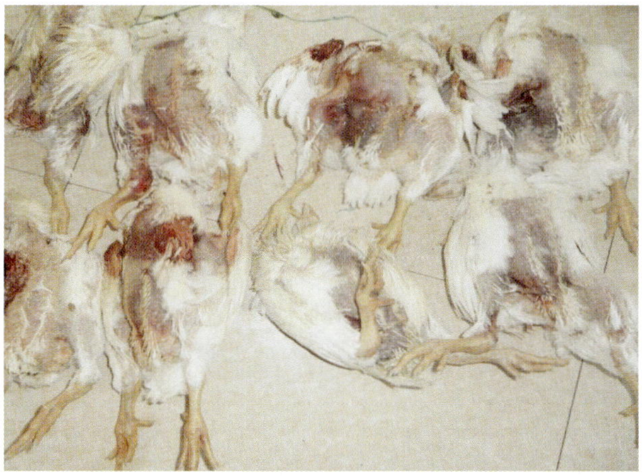

急性败血症，皮肤脱落，出血糜烂

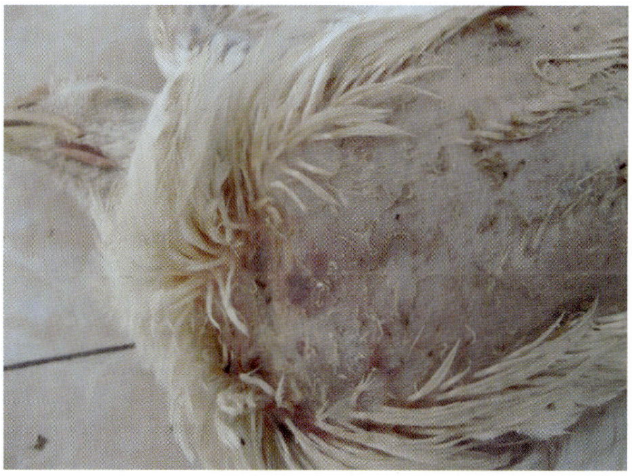

胸部皮肤有出血性紫斑

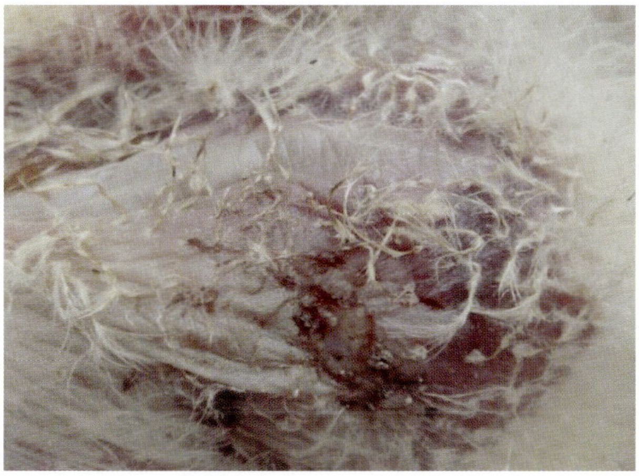

腹部皮肤有紫斑，有破溃

皮肤有青紫色淤血、出血斑

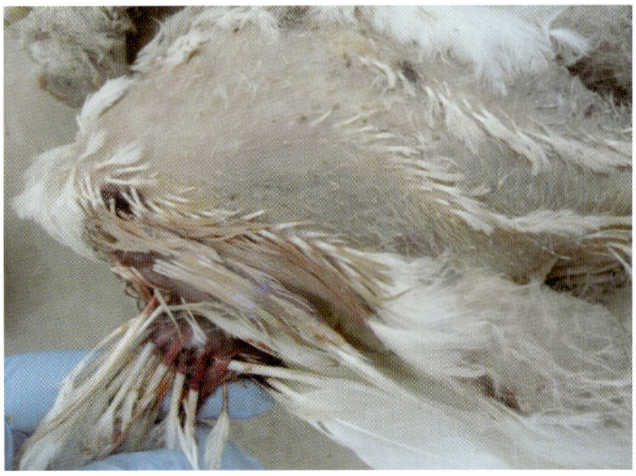

皮下淤血，翅膀出血

膝关节至跗关节处皮肤脱落、出血

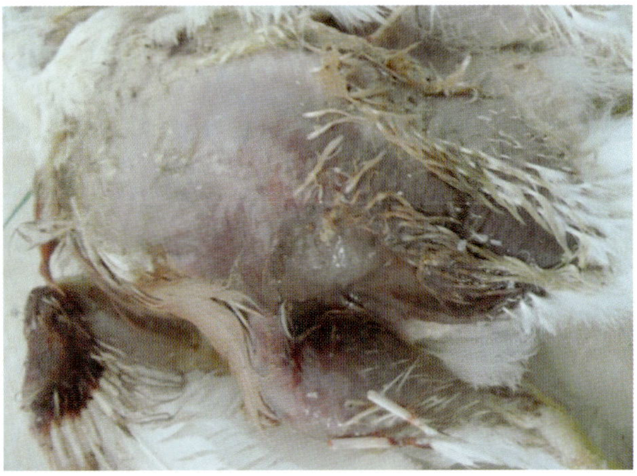

翅膀和大腿皮肤出血、溃烂

急性下痢，排黑绿色粪便

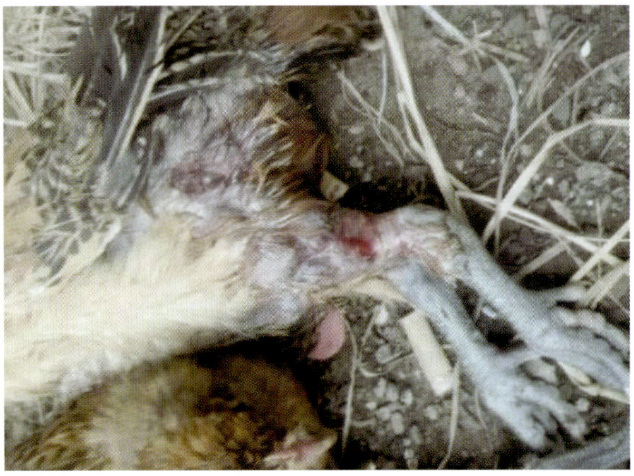

黄鸡跗关节上方部分渗血、出血

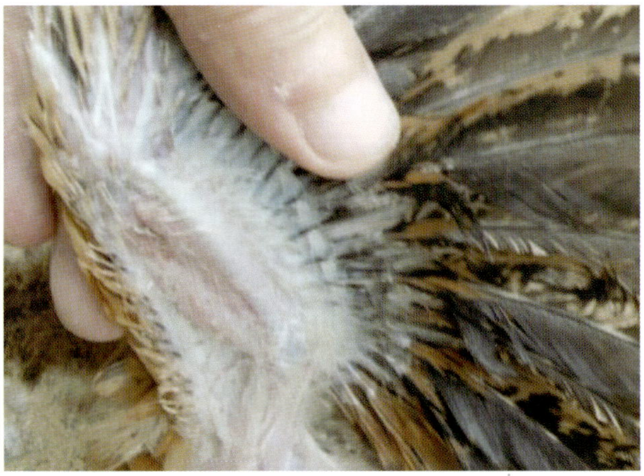

翅膀皮肤轻度淤血、出血

翅膀皮肤重度出血

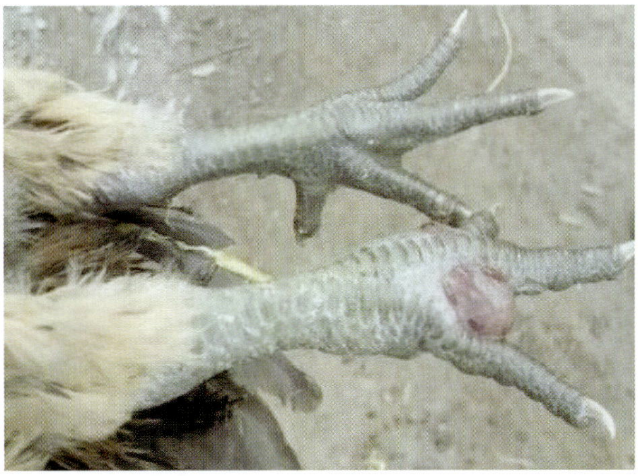

趾间皮肤瘤

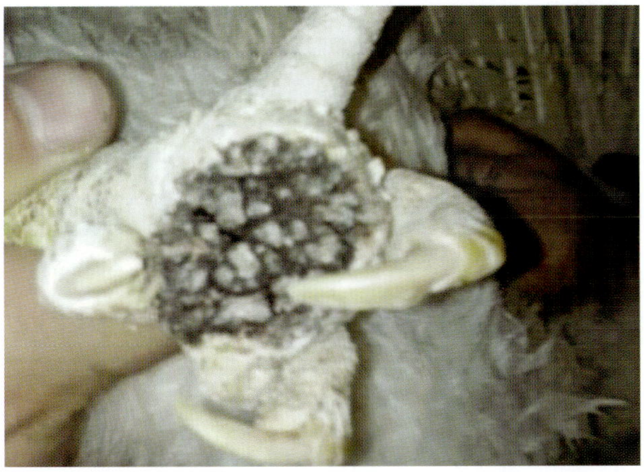

趾垫溃烂

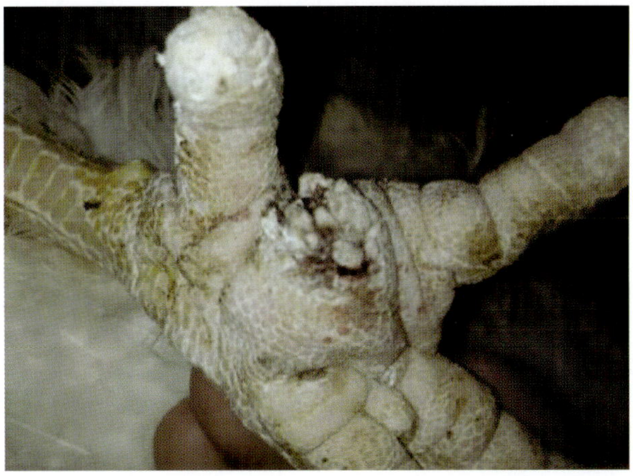

趾垫溃烂、出血、增生

趾间长瘤溃烂

趾间及趾腹侧多处长瘤并溃烂

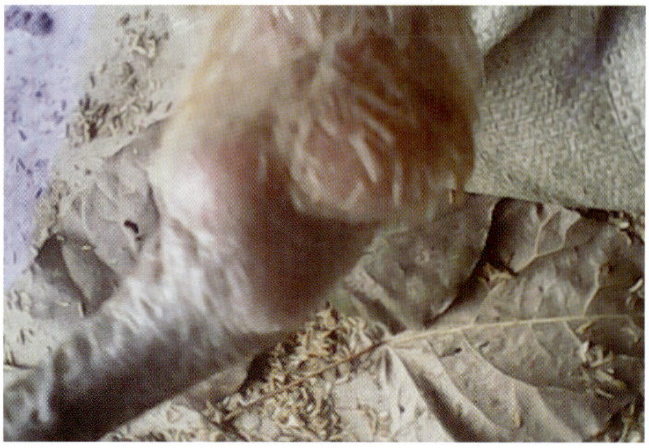

跗关节及腱鞘肿胀

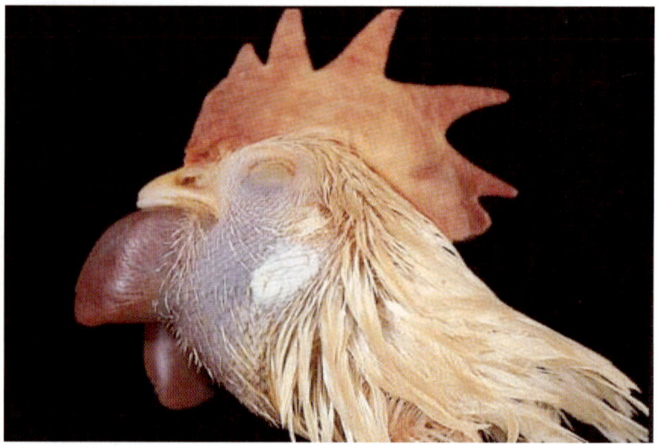

眼炎，肉髯及皮下水肿（引自李建霖）

【病理变化】剖检病鸡，胸、腹或大腿内侧皮下有较多红黄色渗出液，呈胶冻样；肝脏有大量出血斑点，死亡率较高；初生雏鸡感染葡萄球菌可发生脐炎，常在1~2天死亡。关节肿胀处皮下水肿，关节液增多。

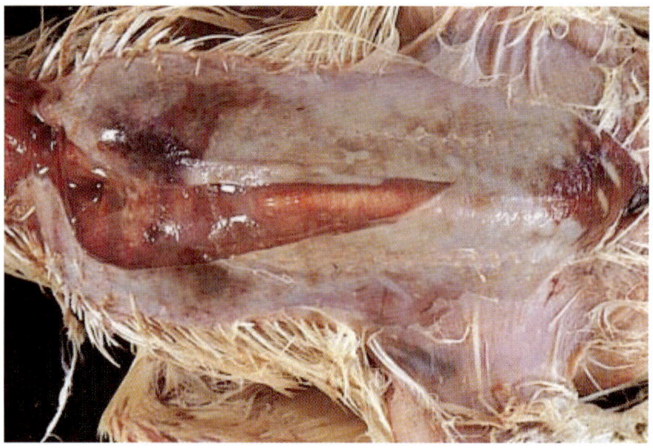

皮下有红黄色渗出液

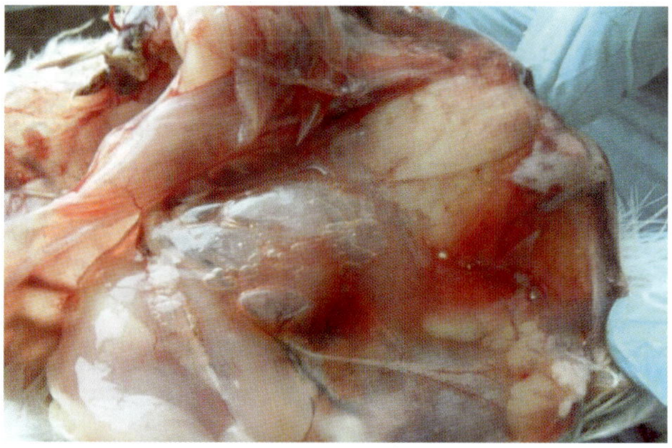

皮下血样渗出液、水肿

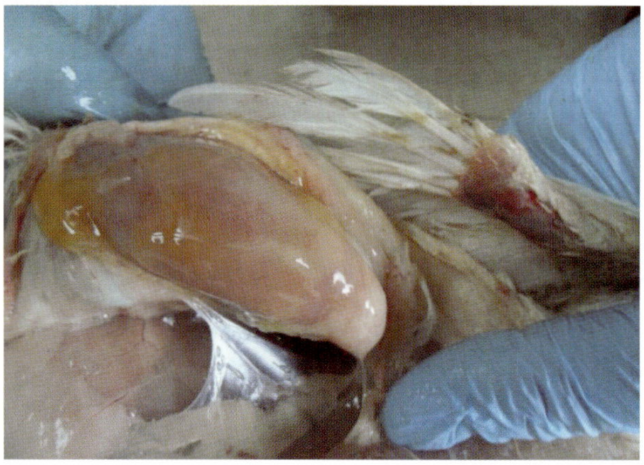

皮下胶冻样纤维素渗出物

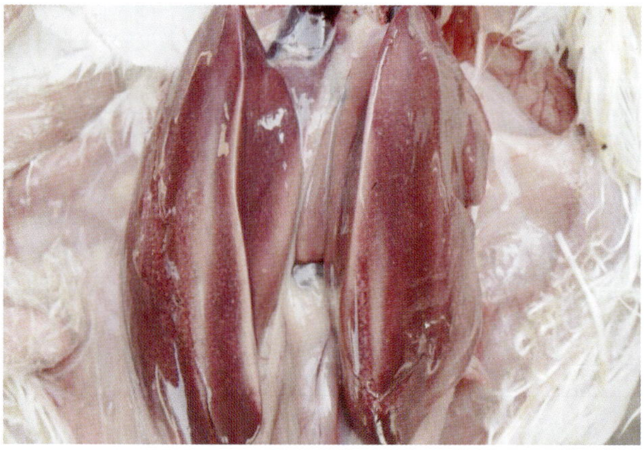

肝脏肿胀，呈花斑状

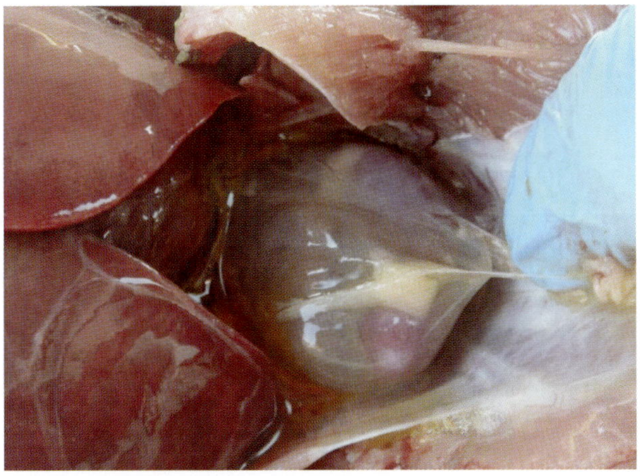

肝脏肿胀，出现心包积液病变

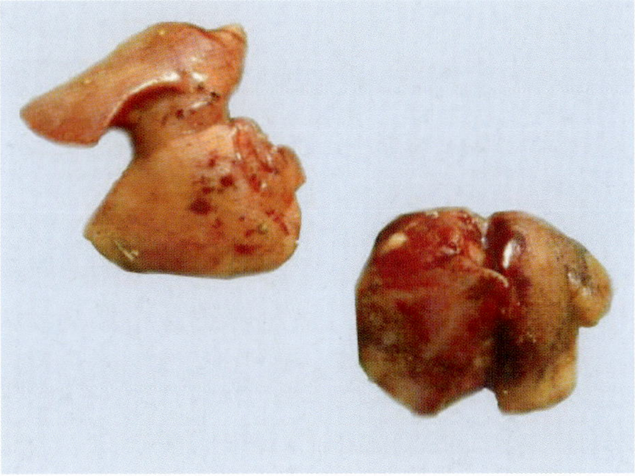

肝脏有出血斑

【诊断要点】

1. 临床特征

翅膀烂，皮肤烂，关节肿，眼发炎。

2. 剖检变化

皮下渗出物，肝脏出血。

【防控措施】

1. 谨慎操作

主要通过损伤的皮肤造成细菌感染，因此，在断喙、刺种、肌肉注射时要提前消毒，防止细菌经伤口侵入。

2. 防止刺伤

在搬鸡、捉鸡、人工授精时要轻捉轻放，检查笼具有无尖锐物，避免刺伤。

3. 及时治疗

一旦发病，选用青霉素、头孢类、磺胺类、土霉素类等药物均可。选择对阳性菌高敏的药物治疗，效果更佳。鸡舍严格消毒，连用 3~5 天。国内研制的鸡葡萄球菌多价氢氧化铝灭活苗，可有效预防该病。

七、溃疡性肠炎

鸡溃疡性肠炎是由鹑梭状芽孢杆菌引起的一种细菌性疾病。鸡群突然发病和迅速大量死亡，分布广泛，是对养鸡业危胁较大的疾病之一。

【病原及传播途径】病原是鹑梭状芽孢杆菌、革兰阳性菌。活菌平直或稍弯，两端钝圆，芽孢较菌体小。因能形成芽孢，所以对外界有很强的抵抗力，尤其耐热，在 80℃条件下能存活 1 小时，100℃条件下能存活 3 秒，一般消毒药不易消灭。鸡场发生本病后，至少 2~3 年要注意预防。

通过粪便传播，消化道感染；3 周龄以上鸡较易感，成鸡和蛋鸡均能发病；常与球虫并发，或继发于球虫病；经常与霉菌毒素混感。

【临床症状】病死鸡几乎无明显症状，个别鸡精神委顿，嗉囊充盈，排白色水样稀粪，最后消瘦而死亡。鸡群零星死亡，病程较长，死亡率为 2%~10%。

排白色胶冻样稀便

排白色水样稀便

肠道内有黏稠血色稀便

【病理变化】特征病变在肠道，主要是十二指肠有明显的出血性炎症，肠壁增厚，在浆膜和黏膜均可见到出血点或出血斑；空肠和回肠黏膜上有散在的枣核状溃疡灶；肠黏膜增厚，颜色变浅呈灰白色，麸皮样，易剥离。

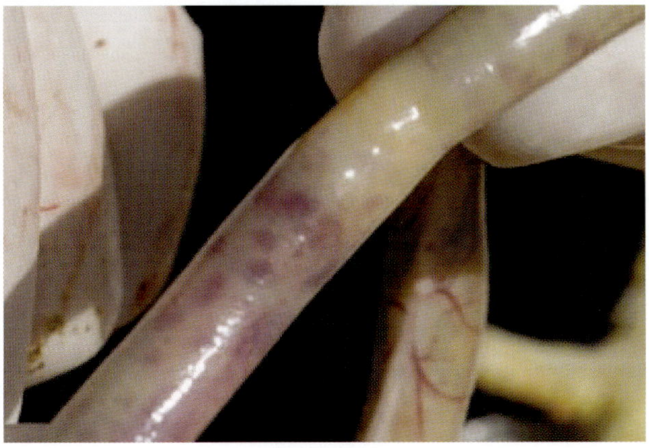

浆膜层可见出血斑

空肠浆膜层可见密集出血点

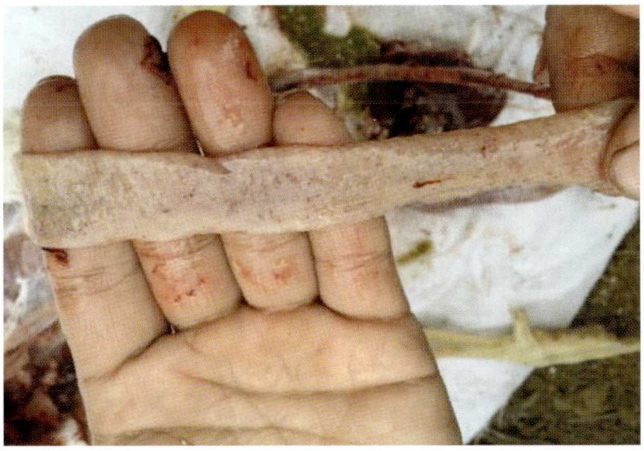

肠道黏膜粗糙，有弥漫性出血点

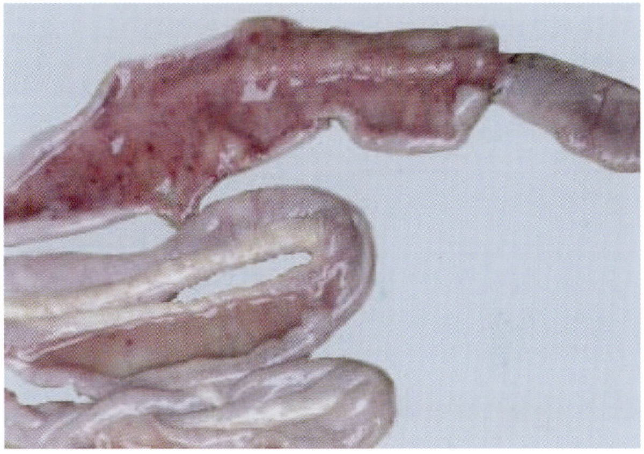

黏膜有弥漫性出血点

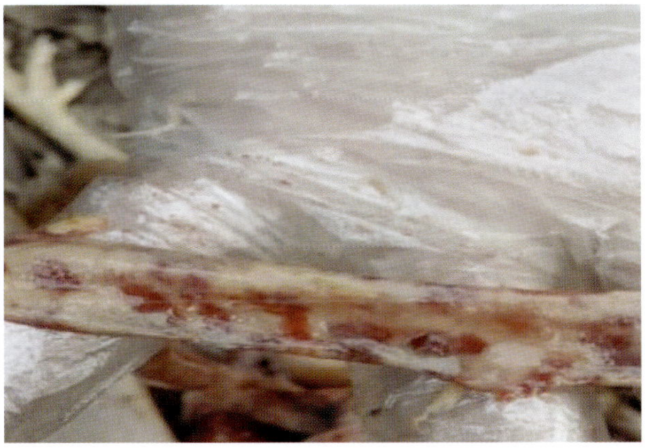

肠黏膜有典型的斑块状出血溃疡灶

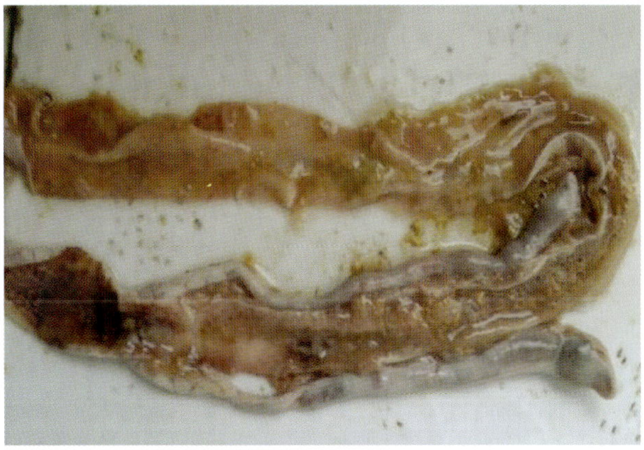

肠壁扩张，肠黏膜粗糙溃疡

肠内有大量干酪样物质形成

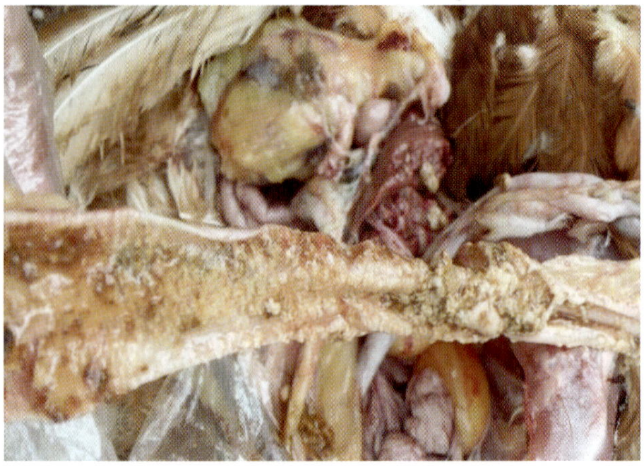

黏膜典型溃疡灶，肠壁扩张

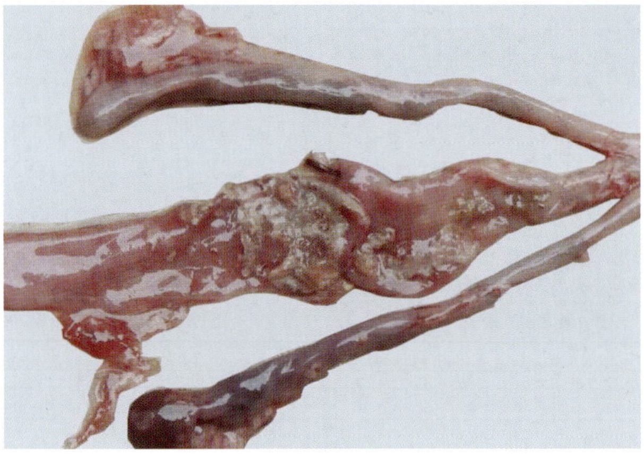

肉鸡回肠黏膜严重溃疡

【诊断要点】

1. 临床特征

排白色水样便，零星死亡。

2. 剖检变化

浆膜有出血点，黏膜有典型溃疡灶。

【防控措施】

1. 定期消毒

搞好定期消毒和控制球虫病，对预防本病有积极的作用。

2. 治疗

选用高敏药物非常关键，如鹑梭状芽孢杆菌对链霉素、恩诺沙星非常敏感，而对青霉素反而不敏感，所以必须要做药敏试验。药物拌料、饮水、注射均可。饮用 0.01% 高锰酸钾液，有益于治疗疾病和恢复，每天饮水 4 小时，连饮 3 天。应用微生态制剂还是有益的。

八、坏死性肠炎

鸡坏死性肠炎是由魏氏梭菌引起的一种散发型疾病，对蛋鸡影响较大。由于该病发生越来越普遍，已被列为目前影响蛋鸡养殖的主要疾病之一。

【病原及传播途径】病原为 A 型产气荚膜梭状芽孢杆菌，又称魏氏梭菌，革兰阳性菌。两芽孢椭圆形，单个或成双排列，偶见链状。在机体内能形成荚膜，是本菌的重要特点，但没有鞭毛，不能运动。一般培养时不易形成芽孢，无糖培养基有利于形成芽孢。

本菌是一种厌氧菌，对外界环境有很强的抵抗力。该病是由产气荚膜梭菌产生的毒素引起的。这种毒素不易被饲料生产的高温杀死，在垫料、粪便中很常见。

产气荚膜梭菌是健康鸡肠道中的正常菌群，在正常情况下被有益细菌群所抑制，数量很少。在肠道菌群紊乱时，则会大量增殖而致病。

A 型魏氏梭菌产生的 α－毒素和 C 型魏氏梭菌产生的 α、β 毒素，是引起鸡肠黏膜坏死这一特征性病变的直接原因。这两种毒素均可在感染鸡粪便中发现。除此之外，本菌还可产生溶纤维蛋白酶、透明质酸酶、胶原酶和 DNA 酶等，它们与组织的分解、坏死、产气、水肿及全身中毒等有关。

肠黏膜损伤，服用抗生素，污染环境中魏氏梭菌增多等，都是发病诱因。一旦梭菌开始产生毒素，就启动了一个恶性循环：毒素损害肠道黏膜细胞，肠道不能正常吸收营养，未消化的饲料在肠道中增加，肠道环境中氧气更少，更有利于梭状芽孢杆菌增殖。

【临床症状】病鸡精神沉郁，食欲减退，不愿走动，羽毛蓬乱；排棕红色、鱼肠状粪便，类似球虫病或肠毒症，但按其治疗用药无效果；病程较短，常呈急性死亡。肉鸡在 2~5 周龄发病，突然死亡，采食量降低，且与干燥及呕吐毒素中毒有直接关系。

大群鸡排出棕红色粪便

【病理变化】病变主要在小肠后段，尤其是空肠和回肠部分。小肠肠壁脆弱、扩张，充满气体，内有黑褐色肠内容物；肠黏膜上有稀疏或致密的出血点，附着黄色或绿色的假膜；随病程进展，严重者有纤维素性坏死物，似麦麸样附着在黏膜上。

【诊断要点】

1. 临床特征

零星死亡，排棕红色、鱼肠状粪便。

2. 剖检变化

空肠和回肠臌气、扩张，内有血样或麸皮样物附着。

【防治措施】加强管理和保持环境卫生，定期消毒；合理贮藏饲料，减少细菌污染；鸡舍保持一定的空气湿度；预防球虫病。

通过饮水或混饲给予有效抗生素，具有良好的防治效果，如杆菌肽、土霉素、青霉素、泰乐菌素、林可霉素等，可做药敏试验选择敏感药物；应用微生态制剂很重要。球虫病与坏死性肠炎会相互影响，球虫刺激鸡肠道产生黏液，有利于产气荚膜梭菌的增殖，因此，必须两病兼治。

空肠青黑色

空肠内有绿色假膜

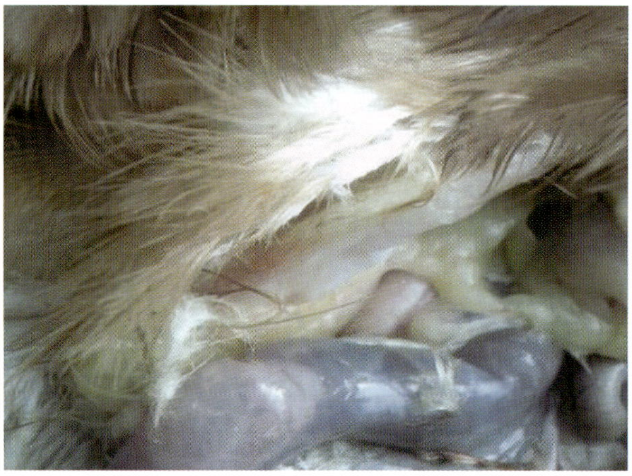

肠壁扩张，内有血液和气体

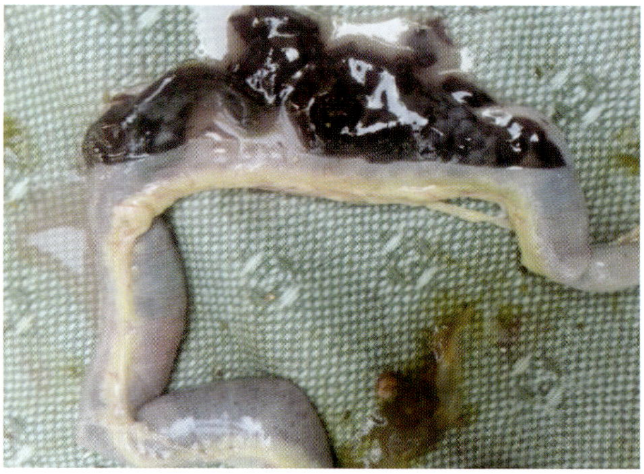

切开肠壁，内有血凝块

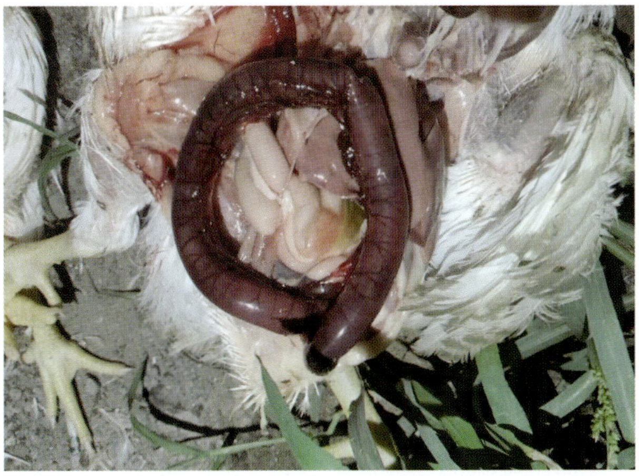

空肠出血、膨胀

回肠部肠管臌气、扩张

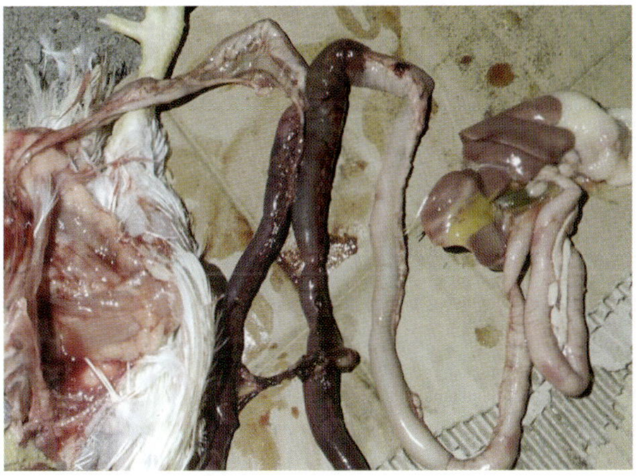

空肠严重出血

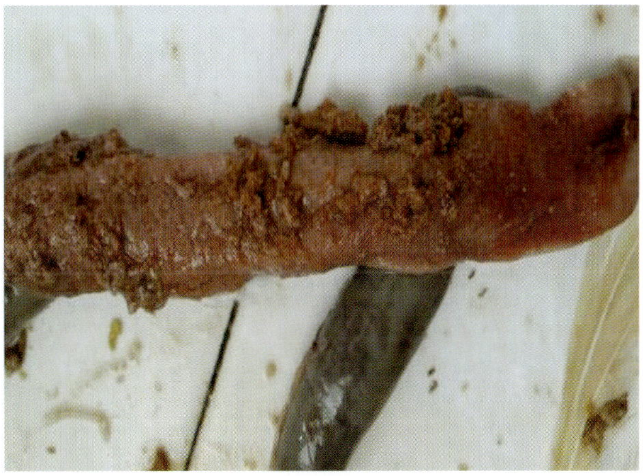

肠道黏膜附着棕红色、麦麸样渗出物

九、败血型支原体病

鸡败血型支原体病是由支原体(霉形体)引起的一种呼吸道疾病,又称慢性呼吸道病。该病病程较长,发展较慢,主要特征为呼吸喘鸣音,咳嗽,鼻漏及气囊炎等。该病是蛋鸡、肉鸡、黄鸡养殖中的常见多发疾病之一。

【病原及传播途径】支原体又称霉形体，为目前发现的最小、最简单的原核生物，是一种类似细菌，但又不具有细胞壁的原核微生物。支原体革兰染色呈阴性，需氧和兼性厌氧，有血凝性。支原体有 3 层结构的细胞膜，故具有较大的可变性。这种细胞内含有 DNA、RNA 和多种蛋白质，包括上百种酶。支原体可以在特殊的培养基上接种生长。

2~8 周龄鸡最易感，近年来蛋鸡感染增多；本病感染途径为直接接触污染的饲料、饮水或病鸡呼吸及排泄物等，带菌种蛋的垂直传播是重要途径；单纯感染本病不严重，流行缓慢，若伴有不良的环境因素和新城疫疫苗免疫的刺激等，可加重病情；一年四季均可发生，以气候多变和寒冷季节发病较多。

【临床症状】临床具有发病快、传播迅速、病程较长的特点。病鸡初期出现呼吸困难症状，常发出“咔咔”声，打呼噜，有甩头动作；常张口呼吸；中期咳嗽，打喷嚏；后期眼睑肿胀，一侧或两侧眼结膜发炎，流泪，严重的眼睑紧闭，眼内有黄白色、豆渣样渗出物；有的流鼻液；眶下窦肿胀多见。

雏鸡生长缓慢；蛋鸡产蛋率下降，产软壳蛋；种蛋孵化率明显降低，弱雏率增加。

肉鸡双侧肿眼、肿头

肉鸡眼球突出，似金鱼眼样

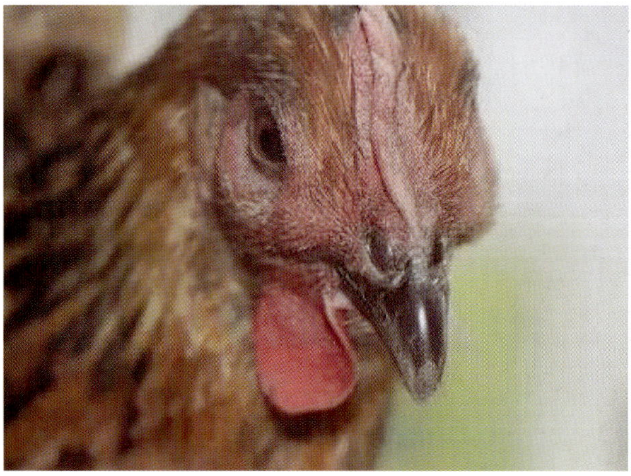

黄鸡双侧眶下窦肿胀

眼睑肿胀，眼角拉长

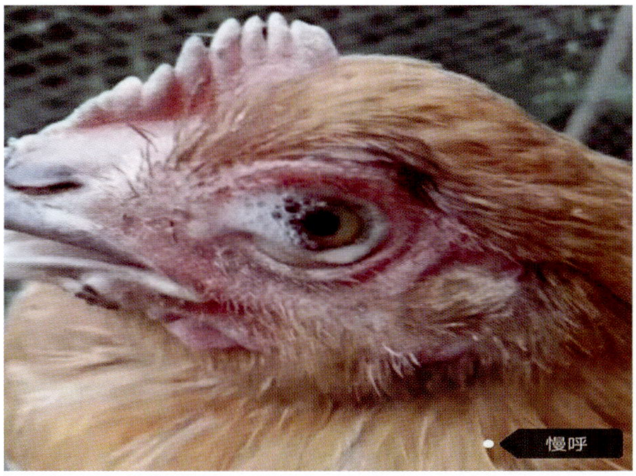

眼角出现泡沫

肉鸡眼睑肿胀、闭合

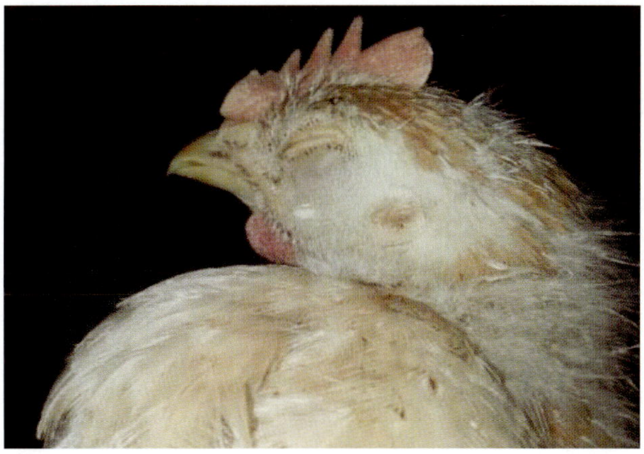

蛋鸡眼睑肿胀、闭合

【病理变化】剖检病鸡，可见气管有黏液性渗出物，黏膜增厚；气囊浑浊，早期腹气囊或腹腔有泡沫产生，继而有干酪样物质或灰黄色结节。

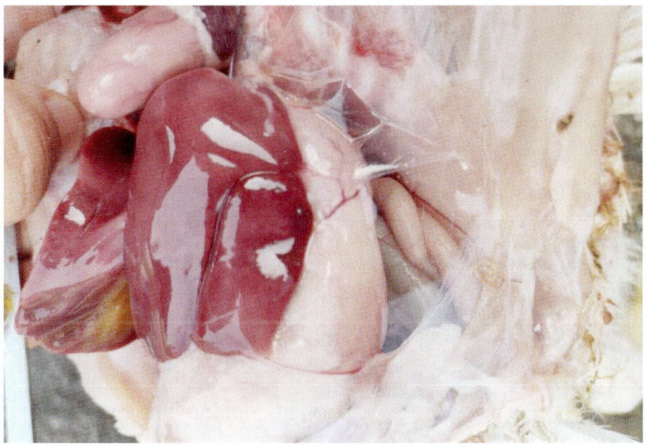

正常气囊中央菲薄、透明，无血管

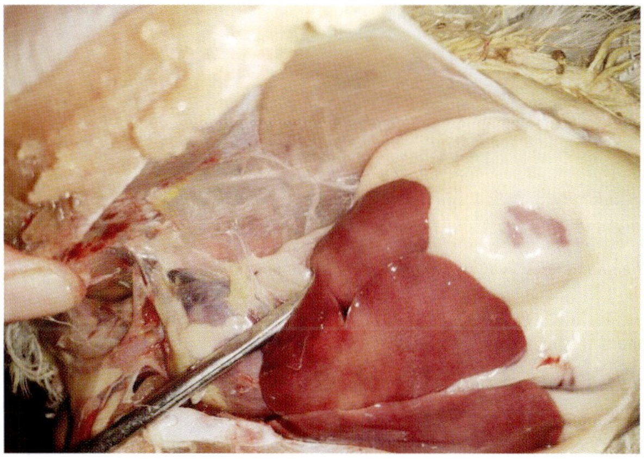

胸气囊轻度云雾状浑浊

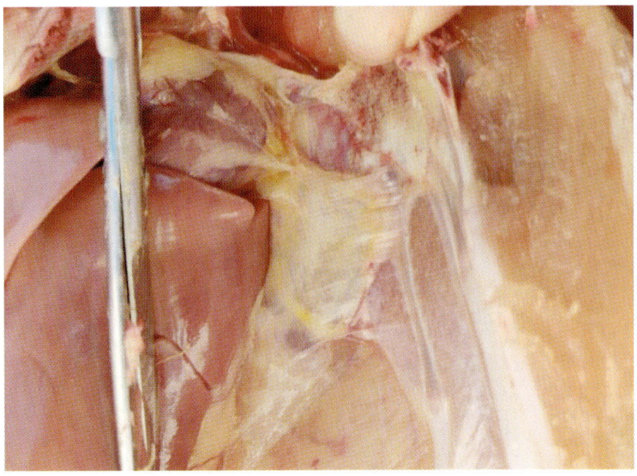

胸气囊浑浊，有黄色干酪样物质

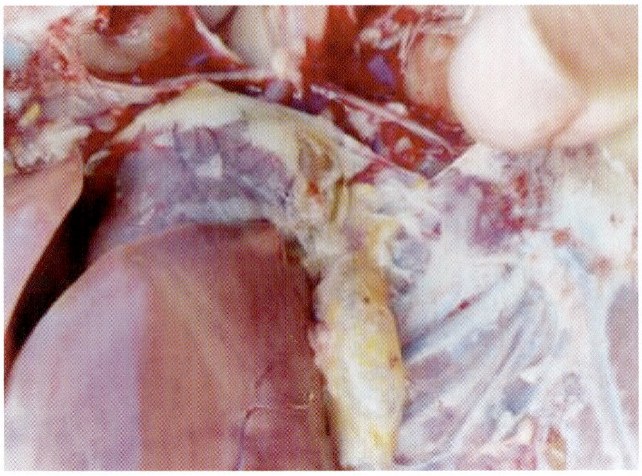

胸气囊有黄色干酪样物质

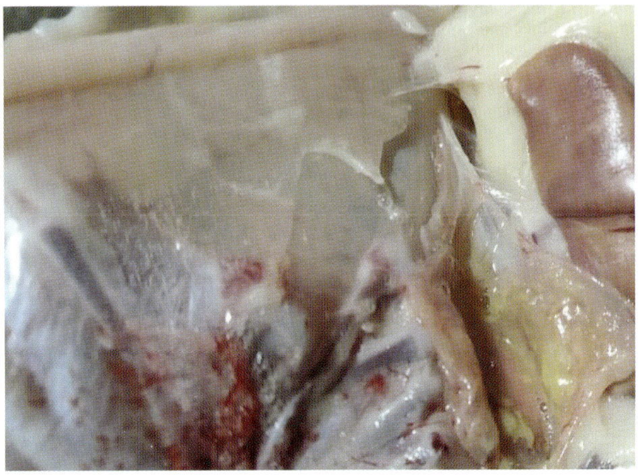

胸气囊有黄色黏稠渗出物

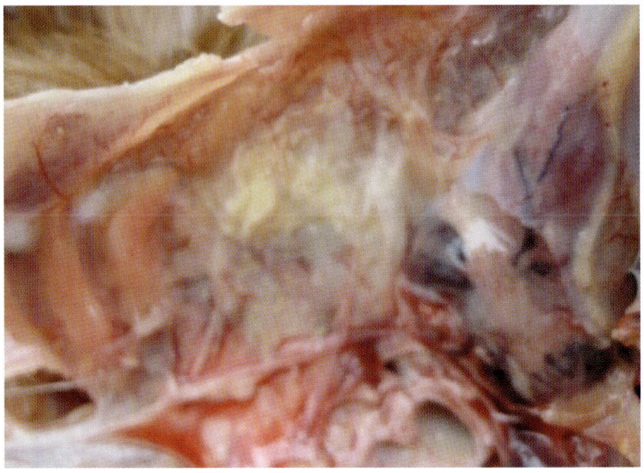

胸气囊有黄色渗出物，血管增生

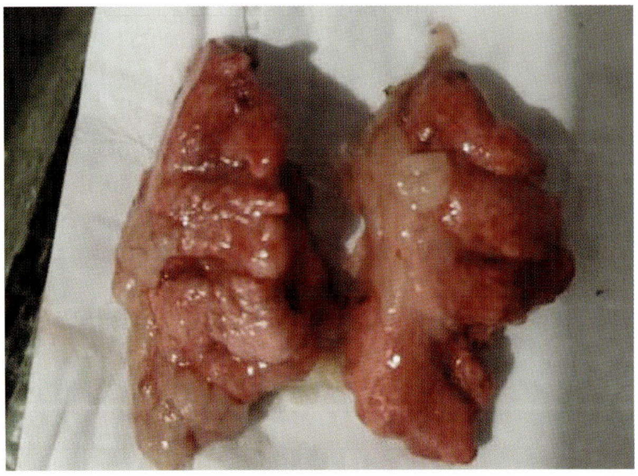

肺脏水肿、肉变

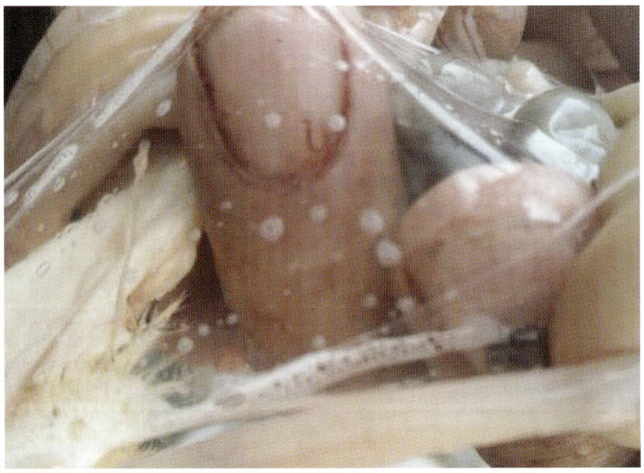

肠系膜有黏稠泡沫

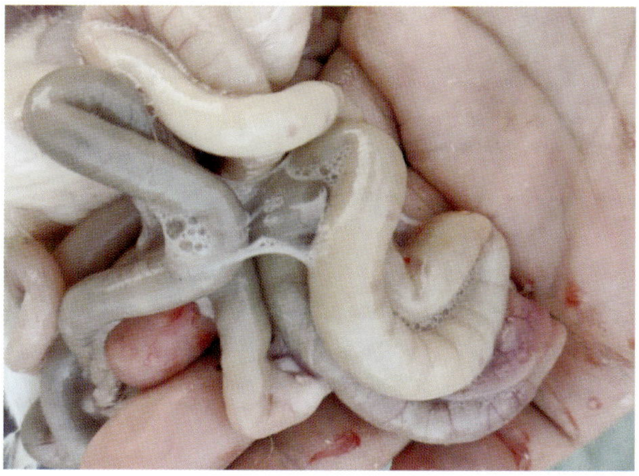

肠管浆膜层有黏稠泡沫

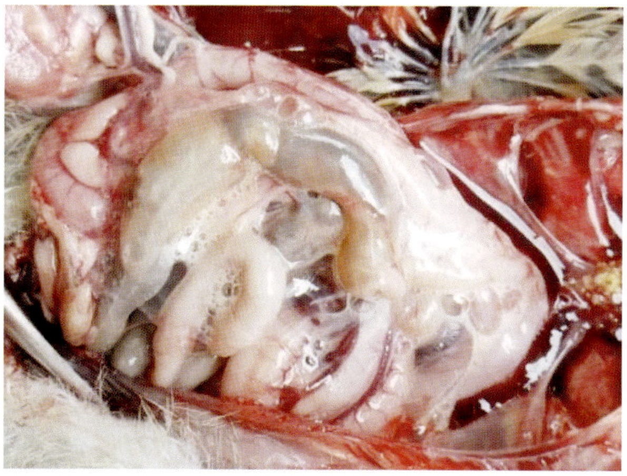

黄鸡腹腔泡沫

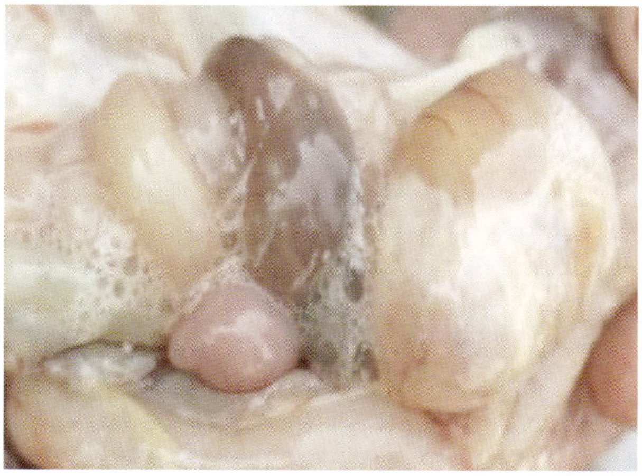

肉鸡腹腔泡沫，肠管臌气

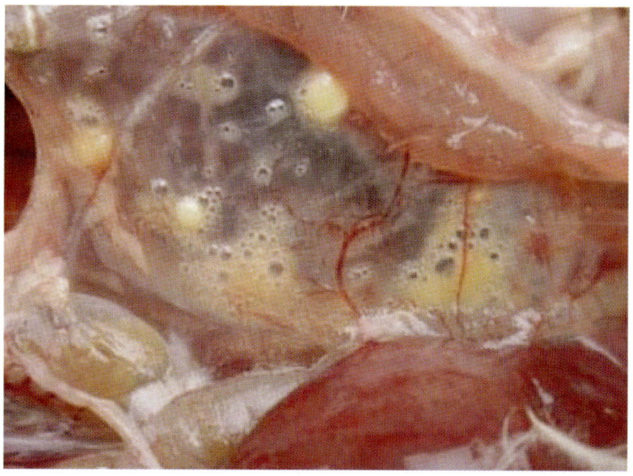

腹气囊泡沫，血管增生

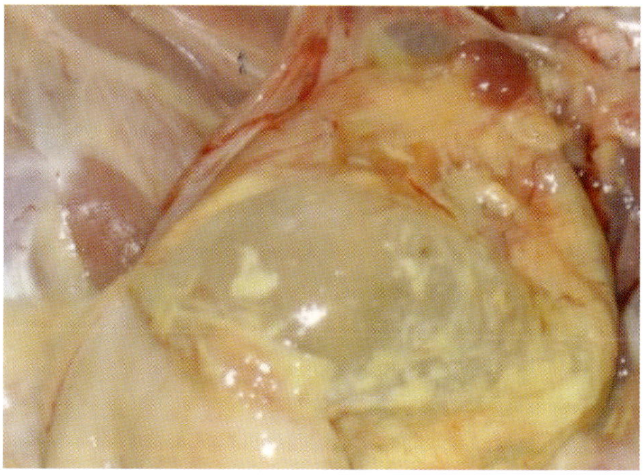

腹气囊有黄色干酪样物质

气管有黏液

【诊断要点】

1. 临床特征

肿眼肿窦，呼吸困难。

2. 病理变化

胸气囊炎、腹气囊炎，腹腔泡沫。

【防控措施】

1. 预防

做好保温和通风工作，保持舍内空气清新，定期消毒。

2. 治疗

抗支原体药物的选择范围很广，必须做药敏试验。临床常用强力霉素、氟苯尼考、土霉素、泰乐菌素、替米考星、泰妙菌素、泰万菌素等。产蛋期可考虑选用中药、精油、特异性免疫乳酸菌等。

十、滑膜型支原体病

滑膜型支原体能引起关节滑膜的炎症，伴有亚临床型的上呼吸道感染。近年来该病呈暴发蔓延趋势，病程较长，治疗效果不理想，导致雏鸡死亡率增高，发育迟缓；蛋鸡产蛋率下降，饲料转化率低，重者淘汰，成为养鸡场重要疫病之一。

【病原及传播途径】滑膜支原体和败血支原体一样，同是缺乏细胞壁的微小原核微生物，对外界抵抗力不强，离体后很快失去活力。一般消毒药能迅速将其杀死，但体内的支原体却不易被清除。

支原体病主要是通过蛋垂直传播，也可水平传播；四季都可发生，以寒冷季节较为严重；不同日龄鸡都可感染，以1~2月龄鸡最易感；蛋鸡发病多于黄鸡，黄鸡发病多于肉鸡；各种应激因素常促使本病急性暴发，死亡率较高。

【临床症状】病鸡负重器官多有发病，跛行，喜卧，跗关节或趾关节及爪垫肿胀，有波动感和热感；胸部皮下黏液囊肿胀、化脓；肉鸡翅关节肿胀；急性病鸡粪便内常含有尿酸盐。病鸡不能正常采食和饮水，导致脱水、消瘦。

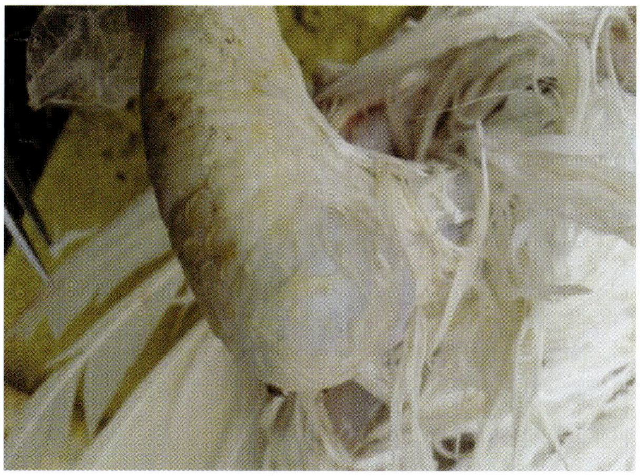

蛋鸡跗关节肿胀发青

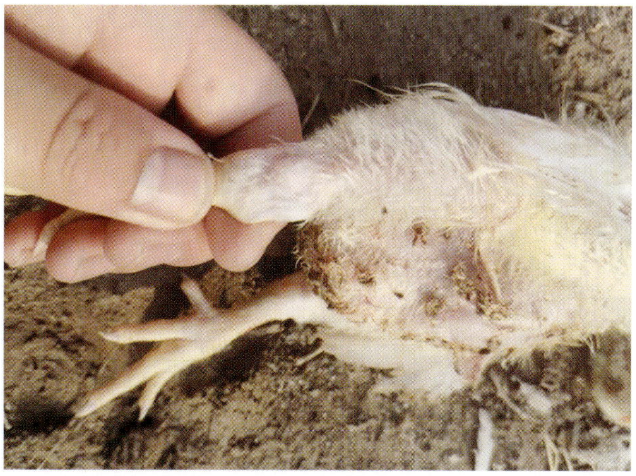

蛋雏鸡跗关节及上部腱鞘肿胀

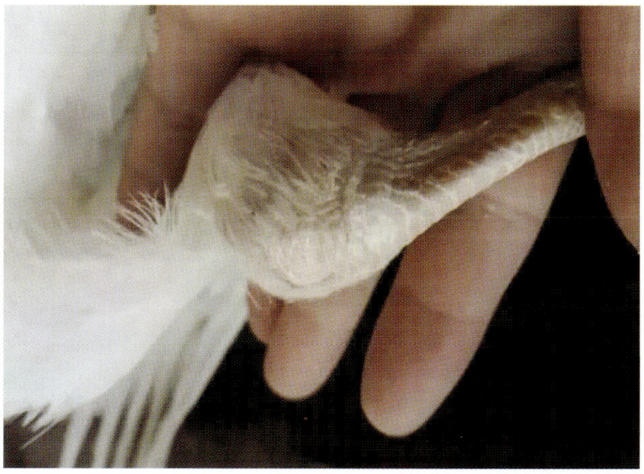

蛋鸡跗关节高度肿胀

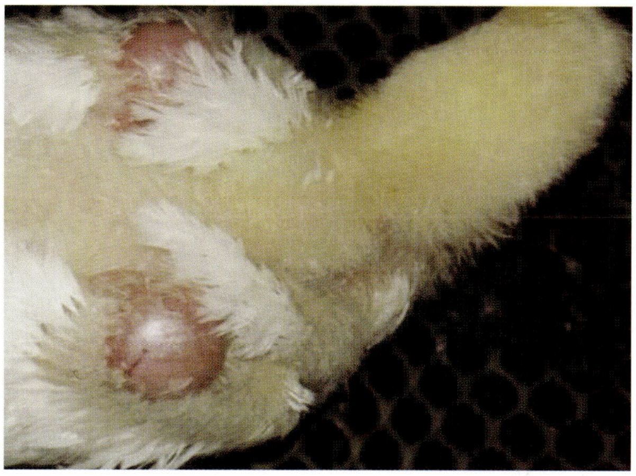

肉鸡翅关节有肿瘤样肿胀

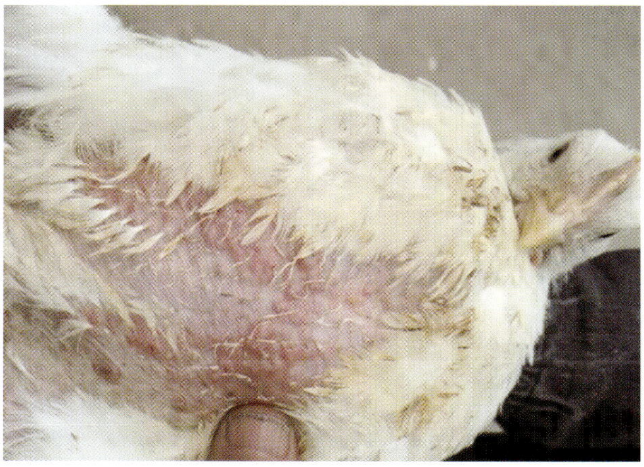

胸部皮肤有结节增生

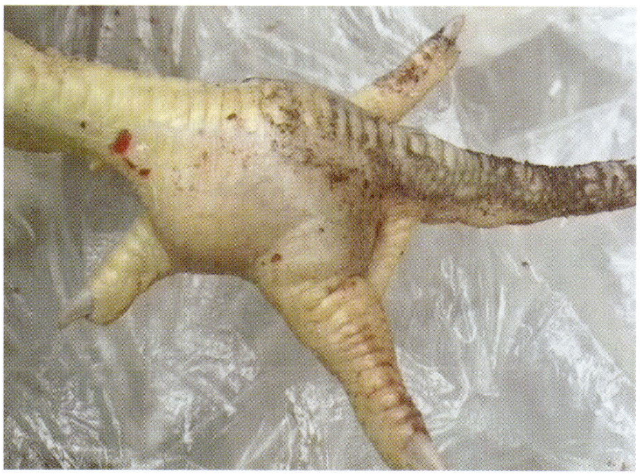

蛋鸡趾关节肿胀

蛋鸡趾关节上方腱鞘肿胀

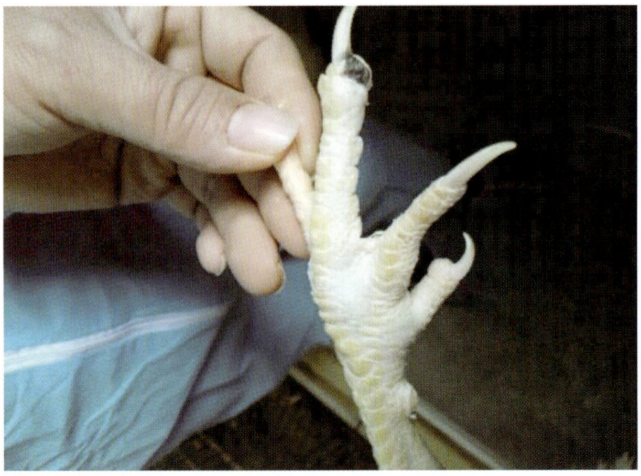

蛋鸡趾关节肿胀发青

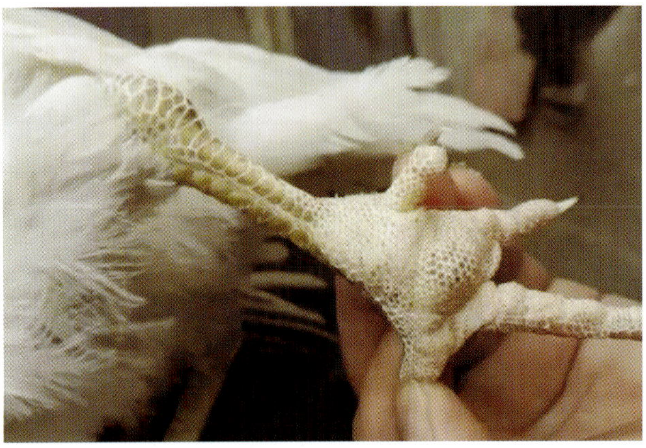

麻鸡足垫肿胀

肉鸡趾关节及爪部肿胀发青

黄鸡趾关节肿胀

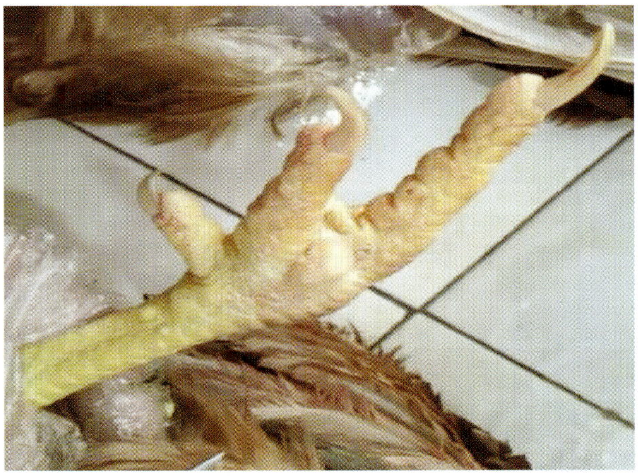

蛋鸡跗关节及趾腱鞘肿胀

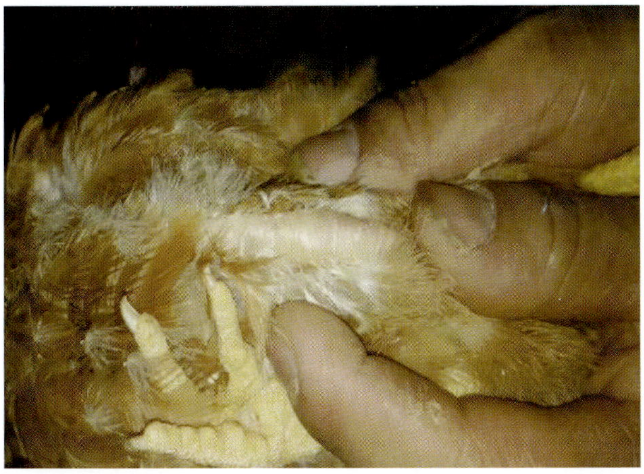

蛋鸡胸部皮下黏液囊肿胀

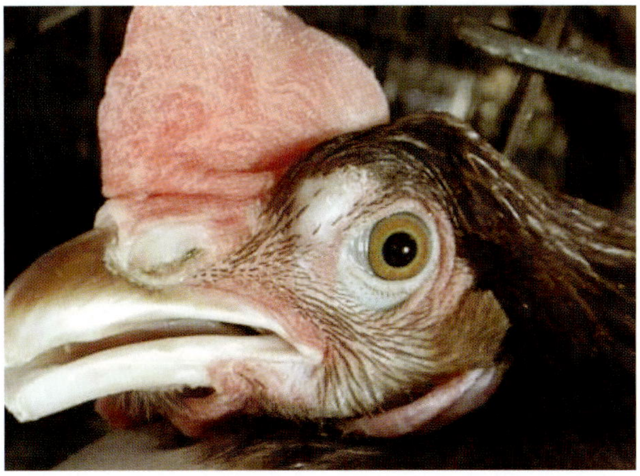

蛋鸡眶上眼睑皮下黏液囊轻度肿胀

蛋鸡眶上眼睑皮下黏液囊高度肿胀

【病理变化】剖检病鸡，关节、腱鞘及黏液囊内早期为黏稠、灰白色渗出物，中期为胶冻样黄白色渗出物，后期为脓汁或黄色干酪样物质，多为继发感染。肝、脾肿大，肾肿大苍白，呈花斑状。

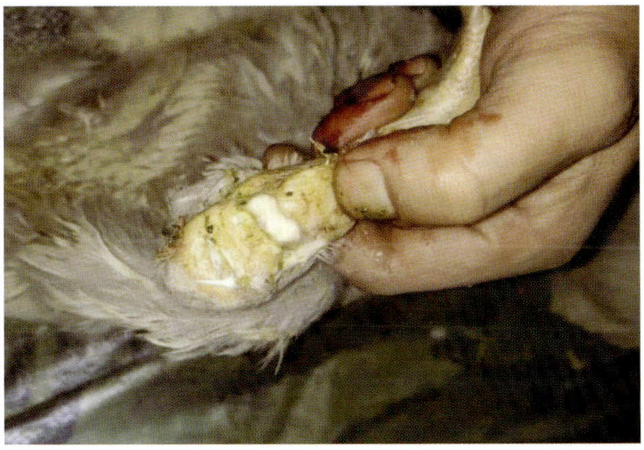

跗关节内有黏液

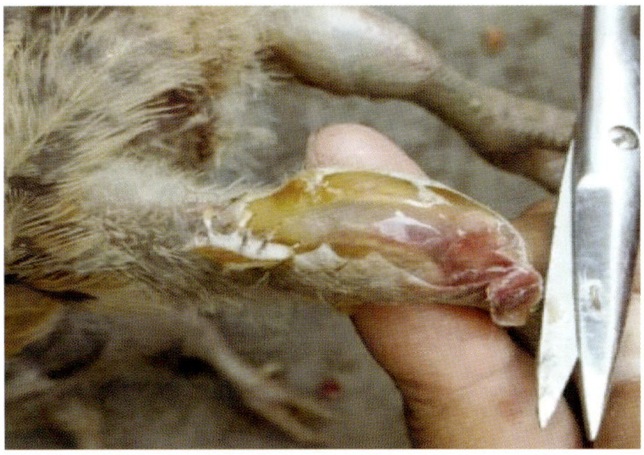

跗关节皮下胶冻样纤维素渗出物

关节内有干酪样物质形成

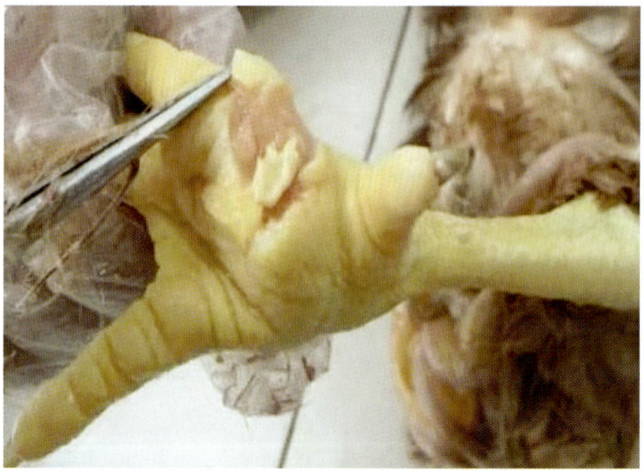

足垫切开，有水肿

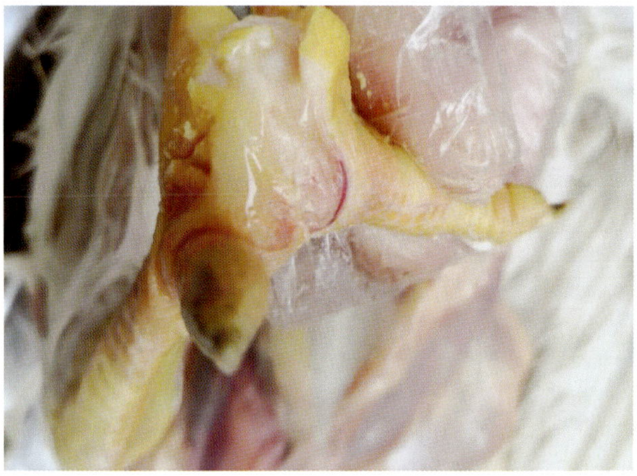

足垫切开，流出脓汁

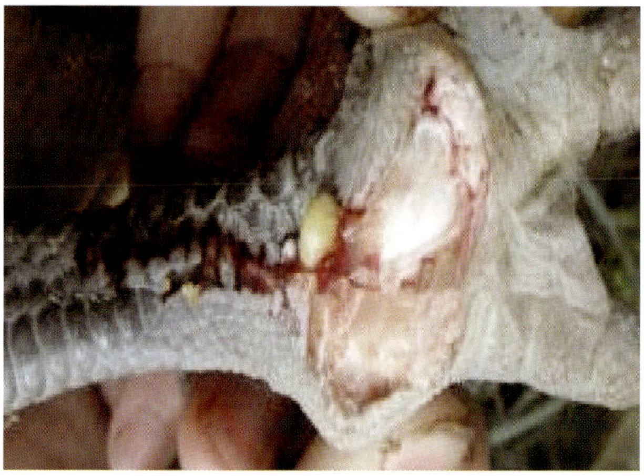

黄鸡足垫切开水肿，有脓汁流出

胸部皮下黏液囊轻度肿胀

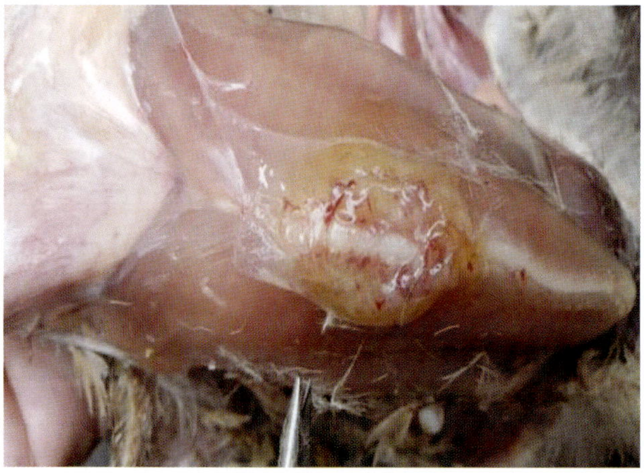

胸部皮下黏液囊肿胀、出血

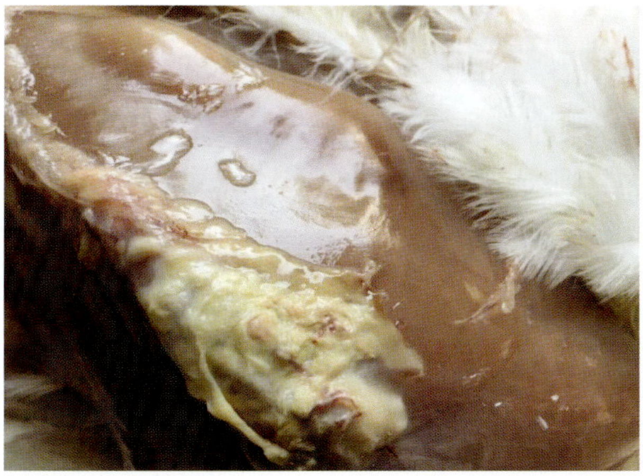

黏液囊化脓，有脓性干酪样物质

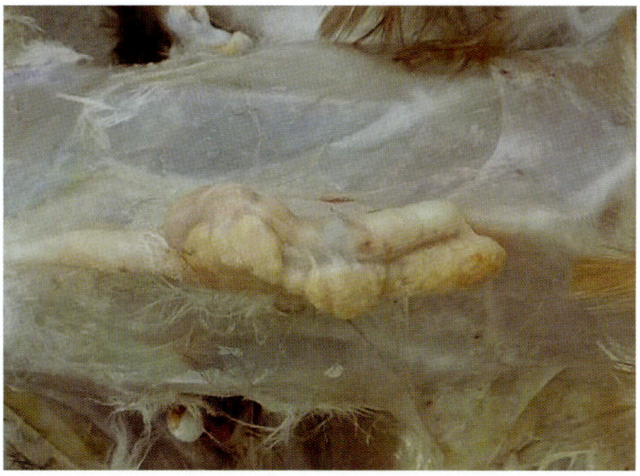

黏液囊内聚集干酪样物质

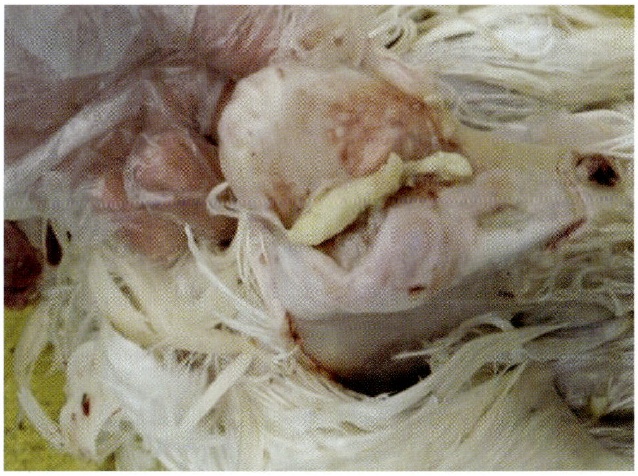

切开黏液囊，有条形干酪样物质

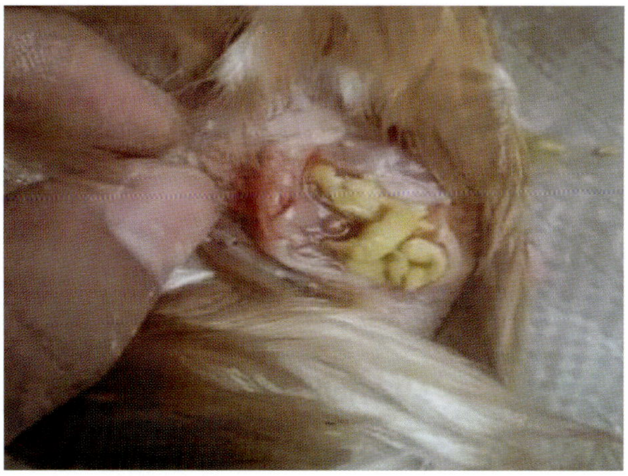

切开黏液囊，有大量干酪样物质

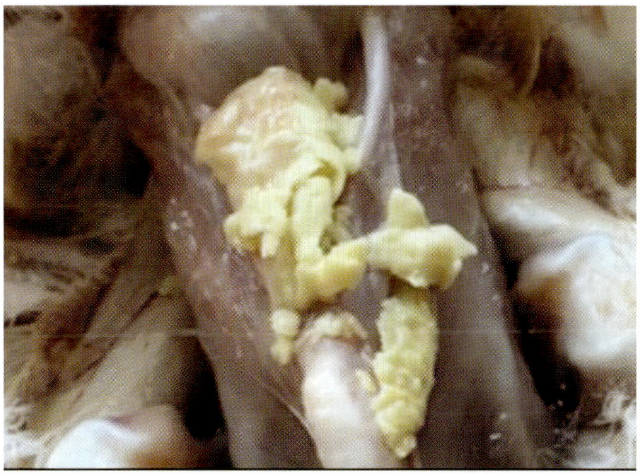

严重的化脓性黏液囊炎

【诊断要点】

1. 临床特征

跗关节、趾关节肿胀，腱鞘及足垫肿胀，黏液囊肿胀，疼痛俯卧。

2. 病理变化

滑膜出血、化脓，有干酪样物质形成。

【防控措施】

1. 加强鸡舍管理

注重舍内环境卫生，适时通风换气，保持空气清新。

2. 注重引种

药物只能抑制支原体在机体内的活力，单靠药物不能消灭本病。病鸡痊愈后都多带菌，又可通过种蛋垂直传播，一旦发生很难根除，因此，应高度注重引种工作。从无病鸡场引种，加强消毒工作，切断传染病源。

3. 及时淘汰阳性鸡

由于种蛋带菌，有人建议在 2、4、6 月龄时进行血清学检查，及时淘汰阳性鸡。将无病鸡群隔离饲养作种用，并对其后代继续观察。

4. 全程净化

（1）蛋鸡、黄鸡：对刚出壳雏鸡，可在注射马立克疫苗时加入林可大观霉素；3 周龄鸡接种滑膜型支原体疫苗；4 周龄鸡用强力霉素 + 氟苯尼考连饮 5 天，停药 5 天，再用泰万菌素饮水 5 天，为一个疗程；70 日龄鸡同上，再用药一个疗程。

对孵出的 1 日龄雏鸡也可用抗生素滴鼻，3~4 周龄再重复一次。

（2）肉鸡：10 日龄鸡连饮 3 天泰万菌素，既能净化败血型支原体，还能净化滑膜型支原体。

5. 治疗

多种抗菌药物都有不同程度的效果，最好先做药敏试验。建议应用高含量的泰万菌素、泰妙菌素、强力霉素、替米考星等，也可轮换或联合使用药物。

如果蛋鸡得病，可先用泰万菌素饮水 7 天，停药 7 天，再强力霉素 + 氟苯尼考饮水 7 天。在限抗的情况下，可考虑临床应用中药、精油及特异性免疫乳酸菌。

十一、白色念珠菌病

该病是由白色念珠菌引起的上消化道炎症的一种真菌病。临床特征是在口腔、喉头及嗉囊黏膜有白色假膜和溃疡。

【病原及传播途径】白色念珠菌存在于健康家禽的口腔、上呼吸道和肠道等处。该菌对外界环境及消毒药有很强的抵抗力。

病禽和带菌禽为传染源。病原通过分泌物、排泄物污染饲料和饮水，经消化道感染。鸡、鸽、鸭易感，4 周龄以下的幼禽多发，且死亡率高。夏季炎热多雨时多发病。

【临床症状】病鸡精神不振，食量减少或不食，消瘦、羽毛蓬乱，生长发育不良。嗉囊肿胀、松软，挤压时有痛感；有的口腔溃疡；有的口腔穿孔，致下颌肿胀；有的病鸡下痢，粪便呈灰白色。

【病理变化】病变主要集中在上消化道。口腔和食道有干酪样假膜和溃疡；嗉囊内容物有酸臭味，嗉囊褶皱变粗，黏膜明显增厚，附着一层灰白色斑块状假膜，呈典型“毛巾样”小结节，易刮落。假膜下可见坏死斑和溃疡。

【防控措施】

1. 加强管理措施

防止饲料霉变。由于该病常与鸡舍环境不好、卫生状况差、饲养密度大等因素有关，所以要保证舍内适宜的温、湿度，通风换气，及时扩群。水位、料位充足，合理摆放，保证病鸡饮水和采食方便，加快康复速度。

2. 治疗

念珠菌对氧化电位水敏感。根据 2002 年版《现代消毒学》报道，1998 年经试验证实，氧化电位水作用 5 分钟即可 100% 杀灭白色念珠菌，该产品已广泛用于临床。

（1）饮水消毒：5 日龄、12 日龄、16 日龄鸡饮用氧化电位消毒水。21 日龄鸡饮用一天氧化电位消毒水，停两天（在严格执行公司现阶段免疫程序的基础上，方可按此消毒程序去做）。

（2）带鸡消毒：接种疫苗前后 24 小时不消毒，其余时间可每天用氧化电位消毒剂搞一次带鸡消毒。

（3）药物治疗：临床常用制霉菌素或克霉唑 + 地美硝唑拌料，硫酸铜饮水等方法治疗。

下颌部高度肿胀

口腔黏膜溃疡，可见灰白色假膜

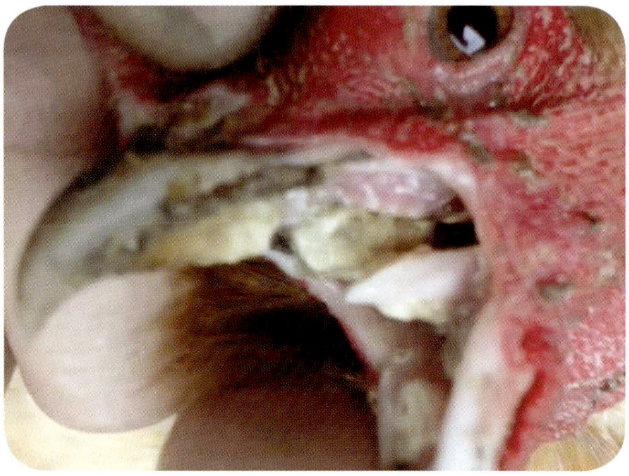

口腔黏膜溃疡，有灰白色、斑块状假膜

口腔黏膜溃疡，有大量干酪样物质

嗉囊内灰白色结节

嗉囊黏膜灰白色结节，似毛巾状

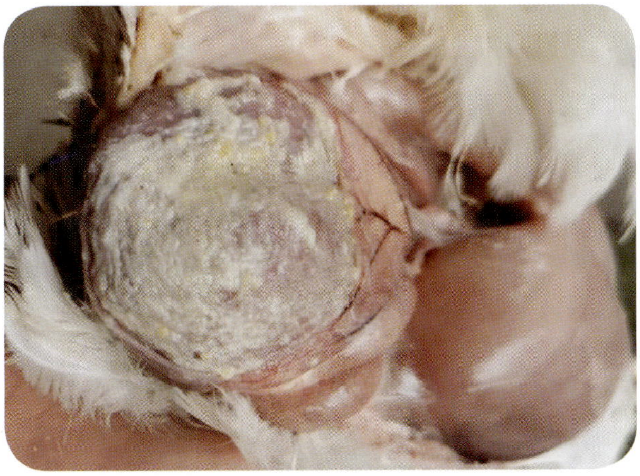

嗉囊黏膜灰白色假膜和黄色纤维素性渗出物

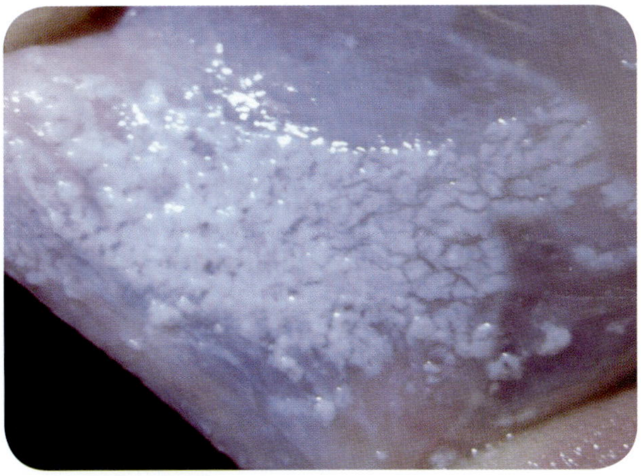

嗉囊银白色、斑块状假膜

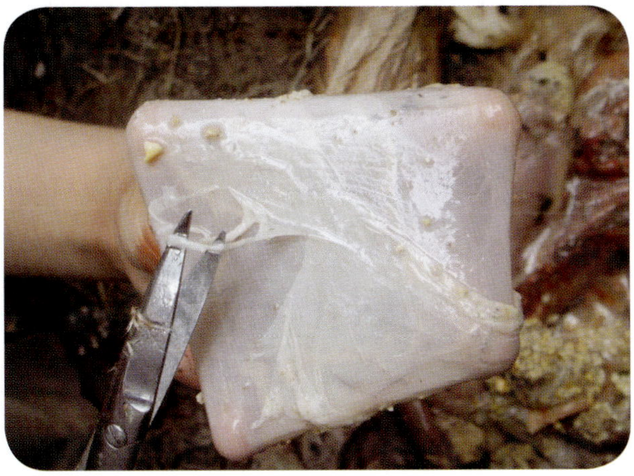

嗉囊黏膜增厚，附着纤维素性假膜

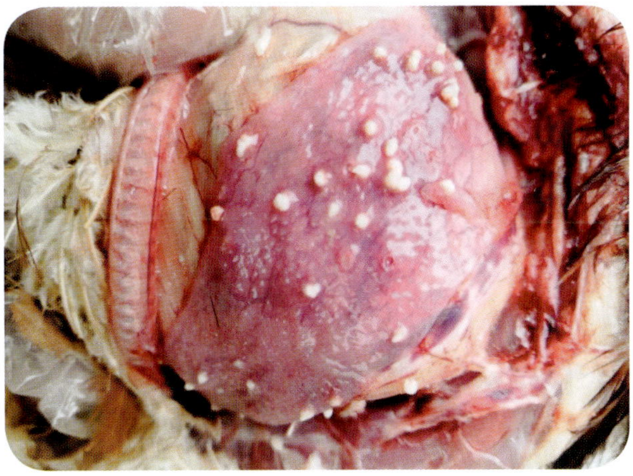

嗉囊黄白色结节

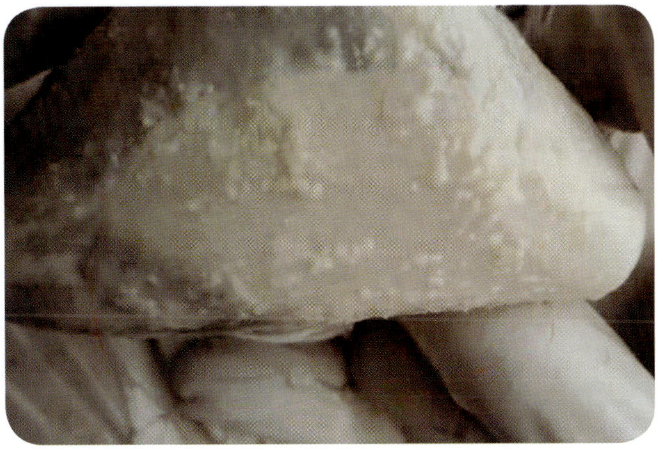

嗉囊灰白色结节

第三章　寄生虫病

一、球虫病

鸡球虫病是球虫寄生于鸡肠道黏膜上皮细胞而引起。球虫分布广泛，发生普遍，治疗棘手，损失严重。据资料介绍，全世界每年仅用于球虫病防治的药物费用就达几十亿美元。以往总认为球虫对雏鸡、肉鸡危害较大，现在发现球虫对黄鸡和蛋鸡危害也很严重，甚至导致高死亡率。由于某些治疗药物的限用或禁用，使得球虫病的防控有一定难度，应给予高度重视。

【病原】对鸡危害较大的是堆型、柔嫩、巨型、毒害、布氏艾美耳球虫。柔嫩型球虫寄生于盲肠，堆型、哈氏、变位、和缓、早熟型球虫寄生于小肠前段，巨型球虫和毒害型球虫寄生于小肠中段，布氏型球虫寄生于小肠后段、直肠和盲肠近端部。致病力最强的是寄生于盲肠的柔嫩艾美耳球虫和寄生于小肠的毒害艾美耳球虫。盲肠球虫有时是致死性和毁灭性的。

球虫发育分为无性繁殖、有性繁殖（均在体内进行）和孢子生殖（在体外进行）3个阶段。鸡采食了被孢子卵囊污染的饲料或饮水后即被感染。在繁殖过程中，球虫孢子会反复多次进出肠黏膜，造成严重损伤。

【流行特点】本病多发生于温暖潮湿的多雨季节，一般4~9月流行，7~8月较严重。3月龄以下小鸡多发病，尤以15~50日龄雏鸡最易感染，10日龄内雏鸡很少发病。成鸡偶有发病，一般症状不是很明显，而成为带虫者。

病鸡和球虫携带鸡是传染源；食入感染性卵囊是本病唯一的感染途径；维生素缺乏、圈舍潮湿、空气质量差、过于拥挤、环境卫生差等为发病诱因；被污染的饲料、饮水、鸟类、昆虫、家畜及人员车辆等，都会成为本病的传播媒介；地面平养、散养，易引发雏鸡球虫病。

【临床症状】生长鸡感染时，精神不佳，羽毛直立；翅膀下垂，闭目缩颈；有时尖叫，食欲减退，饮欲增加，拉稀，粪便呈西瓜瓤样、番茄酱色等，料肉比和料蛋比增高，重者死亡；共济失调，腿瘫、爪变形；鸡冠和黏膜贫血，最后发生痉挛和昏迷而死亡；盲肠球虫感染，排血便，急性死亡。

成鸡表现为厌食消瘦，生长缓慢，产蛋率下降，粪便番茄酱色。

地面散养鸡易患球虫病

球虫导致维生素吸收不良，而出现腿瘫

共济失调，腿爪变形

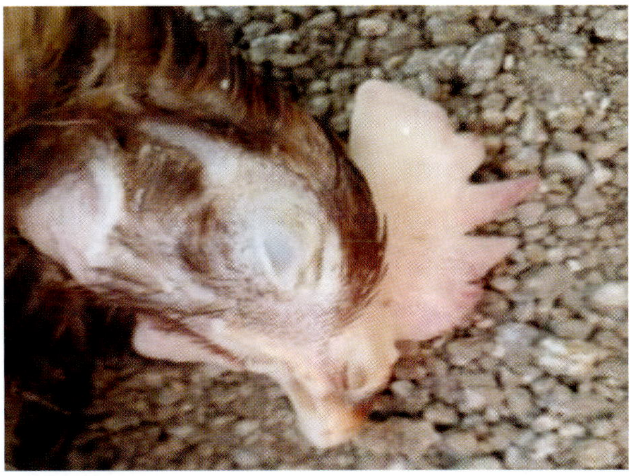

病鸡贫血，冠苍白

棕红色粪便

橘皮样黄色粪便

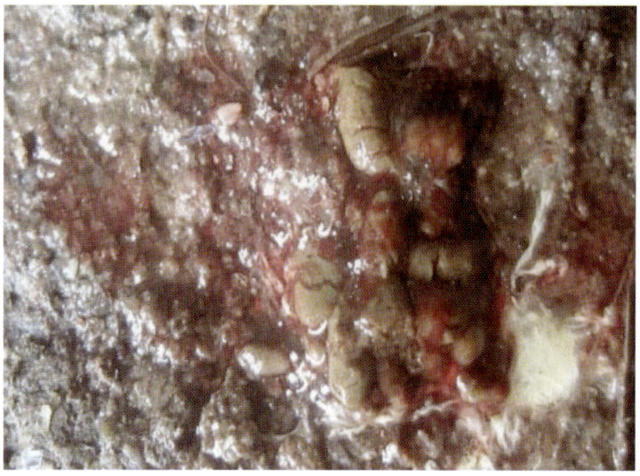

带鲜血粪便

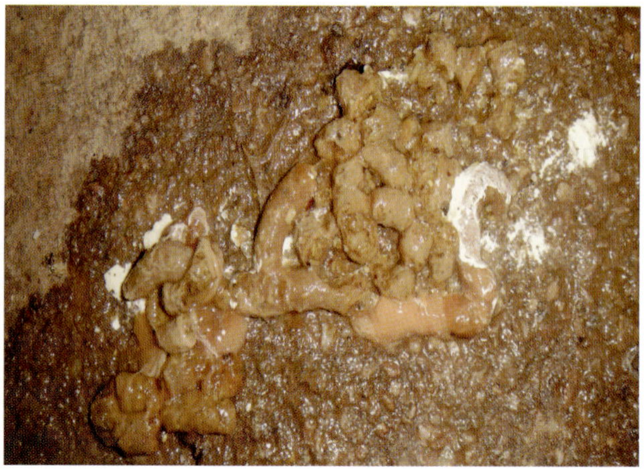

球虫导致病鸡排鱼肠样粪便

腹泻，含球虫粪便

【病理变化】主要病变在肠管。小肠浆膜层有豆形出血斑点，黏膜出血点明显；空肠内容物为酱色，黏膜上有密集针尖状出血点。盲肠球虫导致盲肠肿大，充满血液、血凝块；上皮黏膜脱落，与粪便等混合形成硬固干酪样物质，俗称“肠栓”。

【诊断要点】

1. 临床特征

以棕红、酱色或鲜血粪便为特征。

2. 剖检变化

黏膜出血点，酱样内容物。

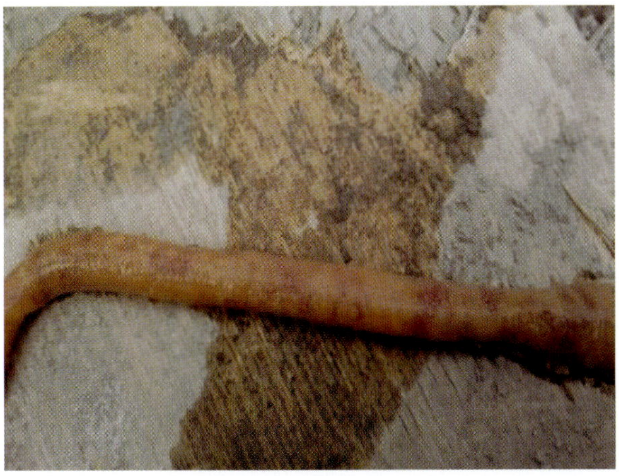

肠管浆膜层可见出血斑点

浆膜层有大量针尖状出血点

小肠球虫橘红色粪便

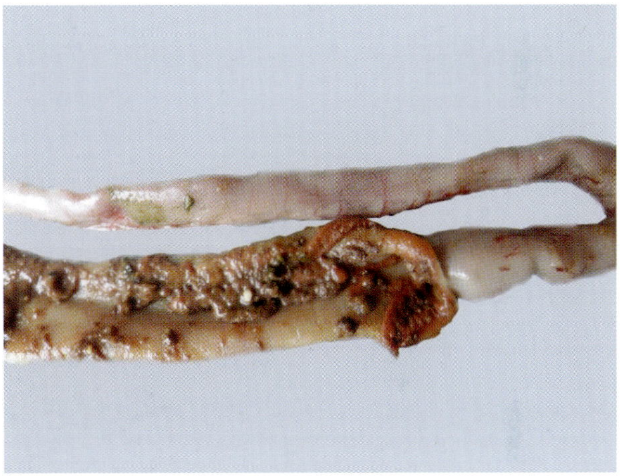

空肠有酱样内容物

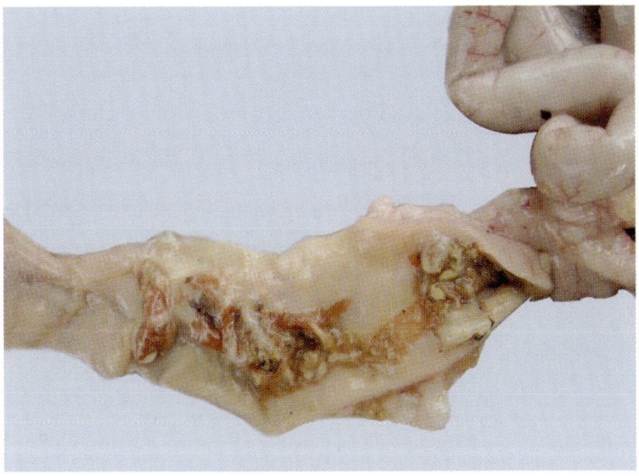

空肠球虫粪便，肠壁扩张

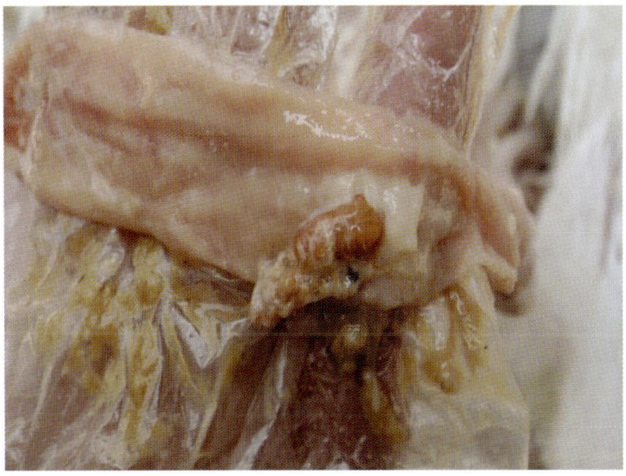

球虫致肠壁增厚

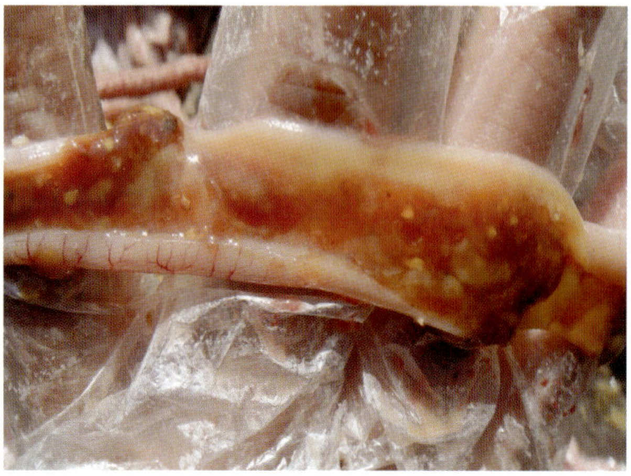

小肠球虫致血性内容物

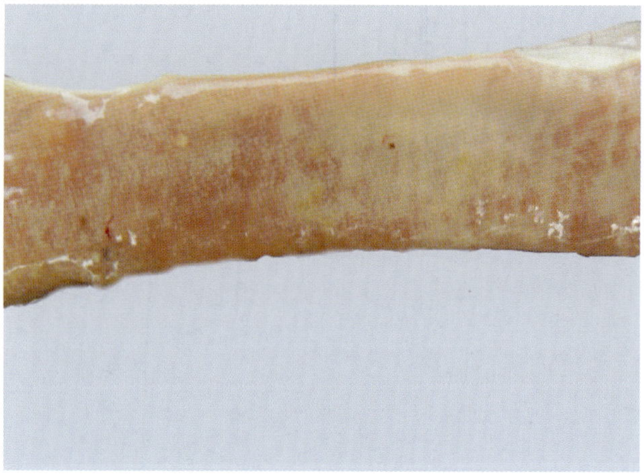

堆型球虫有黄白色阶梯状堆积物

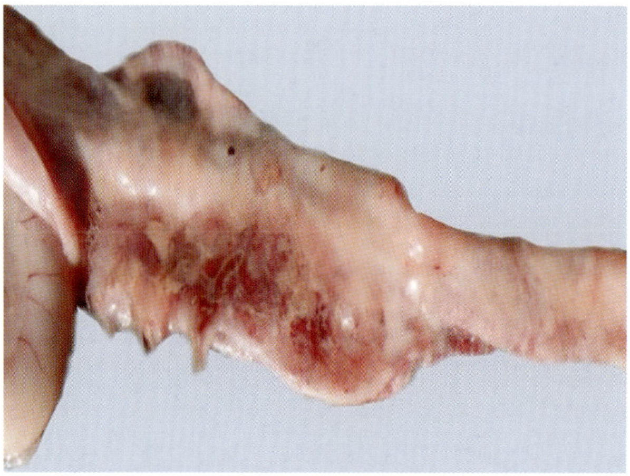

肠黏膜弥漫性出血、脱落

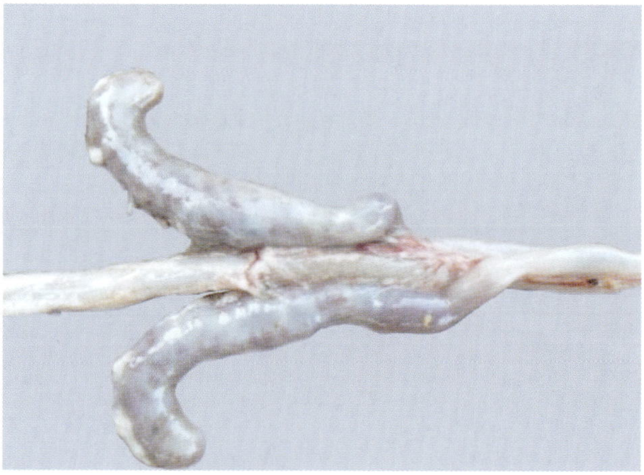

盲肠球虫：肠内积血

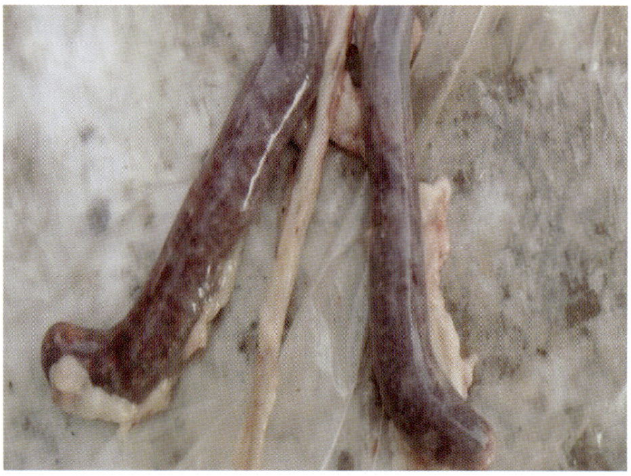

盲肠球虫：盲肠内明显积血

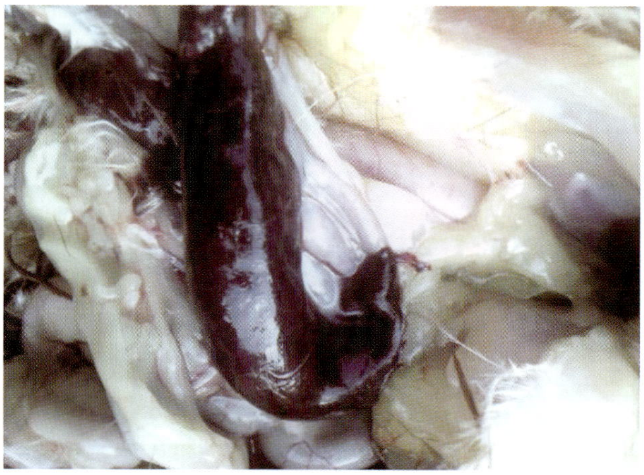

盲肠内严重积血

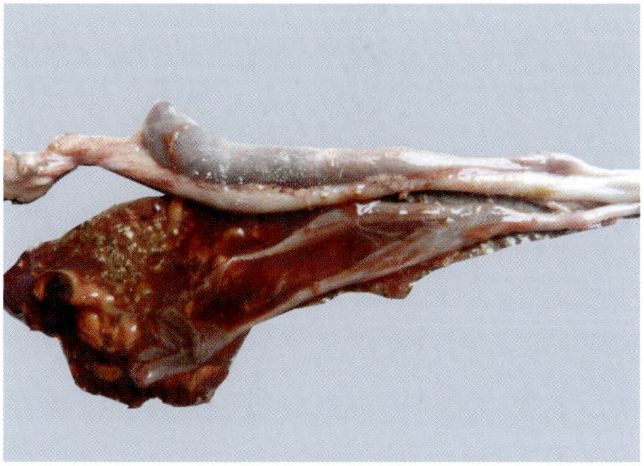

盲肠血液稀薄

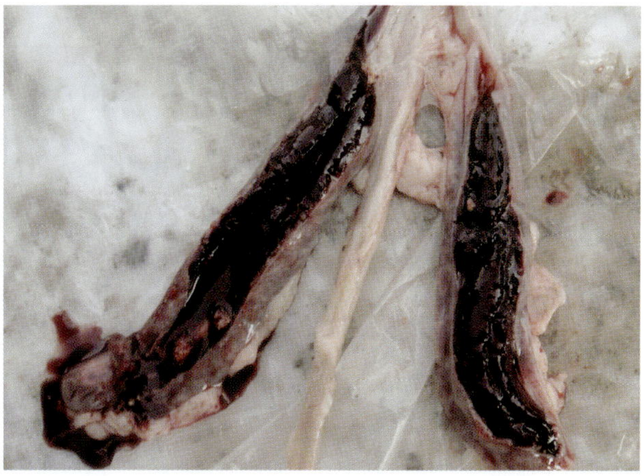

盲肠内血液凝固

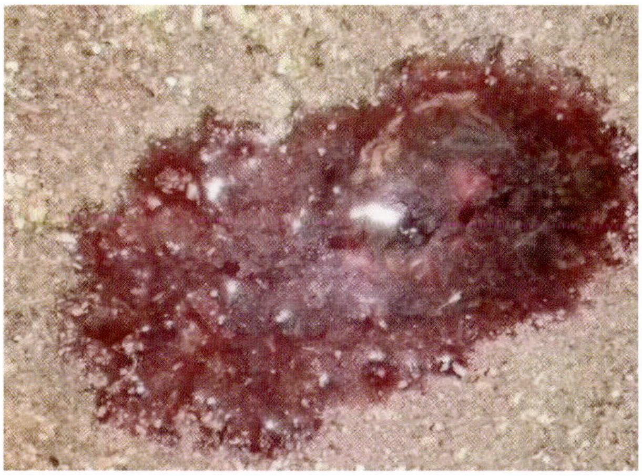

肉鸡盲肠血便

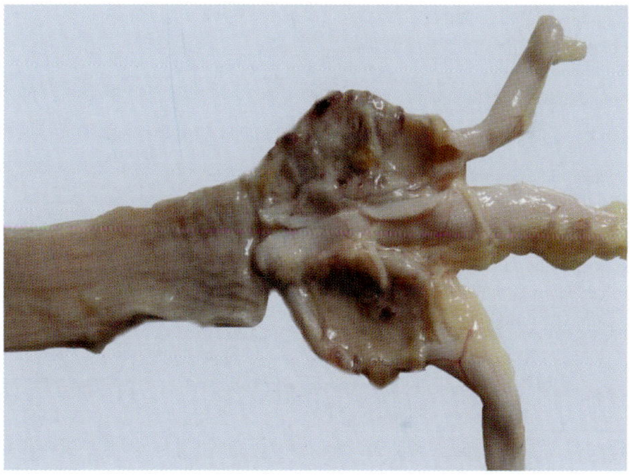

盲肠黏膜增厚、扩张

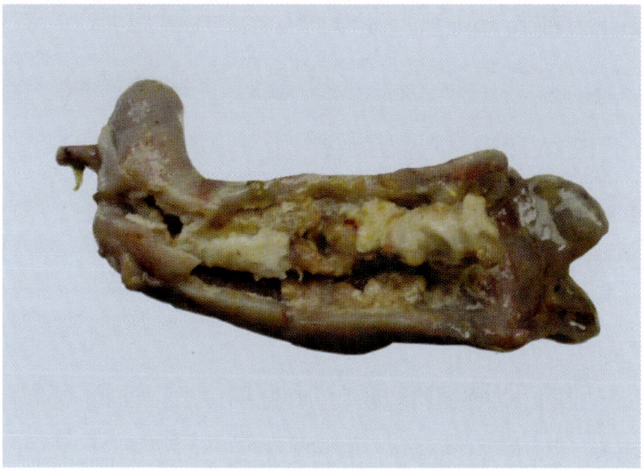

盲肠干酪样物质形成栓塞

【防控措施】

1. 预防

（1）鸡舍严格消毒，保持清洁干燥。供应富含维生素的饲料，夏、秋季可限制饲料中的麸皮量。利用生物热处理粪便，消杀孢子卵囊，防止饲料和饮水被鸡粪污染。

（2）接种免疫：球虫疫苗是用鸡胚传代致弱的虫株或者早熟选育的致弱虫株制作，目前接种免疫鸡群比较广泛，特别适用于蛋鸡、黄鸡、种鸡和肉鸡等。

2. 治疗

无论应用化学药物如地克珠利、海南霉素、盐酸氨丙啉、磺胺喹噁啉钠、特异性免疫乳酸菌，还是中药驱虫制剂，建议都要轮换或交替用药；同时要添加维生素 A、K、B 族维生素及微量元素，必要时可添加止血药物和鱼肝油，也可以添加些提高免疫力的药物。

二、组织滴虫病

鸡组织滴虫病又称盲肠肝炎或黑头病，是一种急性原虫病。临床特征是盲肠出血肿大，肝脏有纽扣状坏死溃疡灶，对散养鸡威胁很大，规模笼养蛋鸡零星发生。

【病原】组织滴虫的生活史，与异刺线虫和蚯蚓密切相关。鸡盲肠内同时寄生着组织滴虫和异刺线虫，组织滴虫可钻入异刺线虫体内，在卵巢中繁殖，异刺线虫卵可随鸡粪排到体外，成为重要的感染源。土壤中的蚯蚓吞食异刺线虫卵后，组织滴虫可随虫卵进入蚯蚓体内。当鸡吃到这种蚯蚓后，便可感染组织滴虫病。

【流行特点】本病春、夏季节常发，主要通过消化道感染。多见于 4 周至 4 月龄鸡，散养鸡发病率较高，偶尔也见 200 多日龄的产蛋鸡发病。

【临床症状】本病潜伏期达 5 天以上。病鸡精神不振，食欲减退，翅下垂，头部皮肤发绀，下痢呈硫黄色，严重时粪中带血。病程短，死亡快，生长缓慢，产蛋率下降。

【病理变化】病变主要在盲肠和肝脏。肝脏肿大，表面有特征性纽扣状、彩色、凹陷坏死灶；盲肠肿大增粗，内含有血液。病程久者，可见红黄色、香肠状、凝结的干酪样物质，横切面呈层状同心圆样。

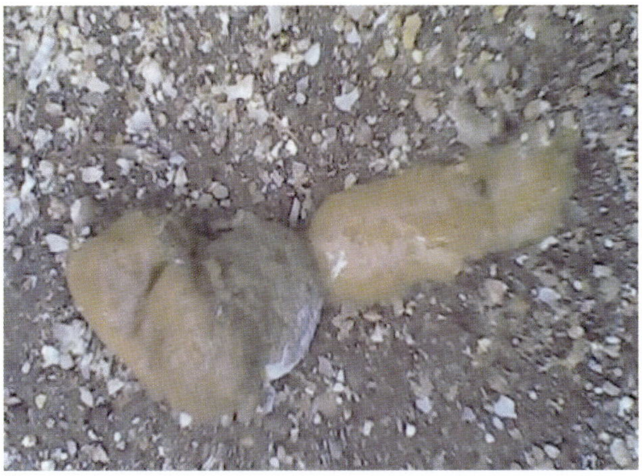

盲肠硫黄色稀便

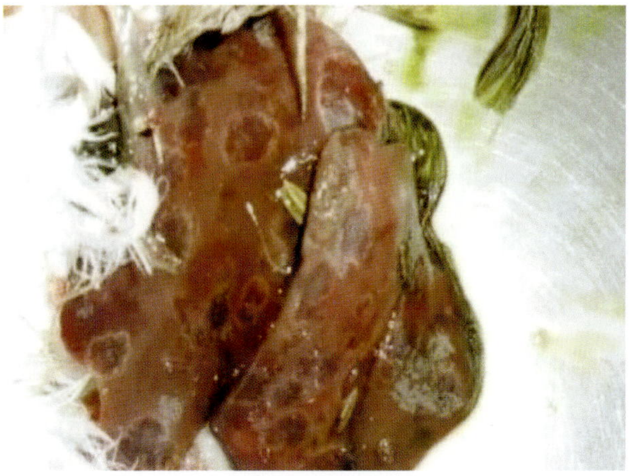

肝脏有彩色坏死灶

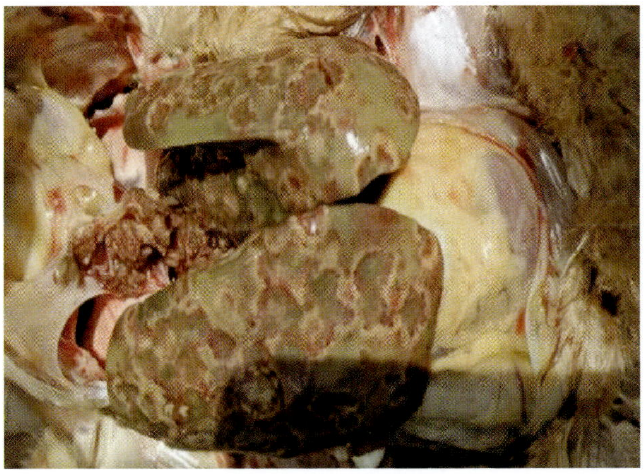

肝脏似火山口样、彩色、凹陷坏死灶

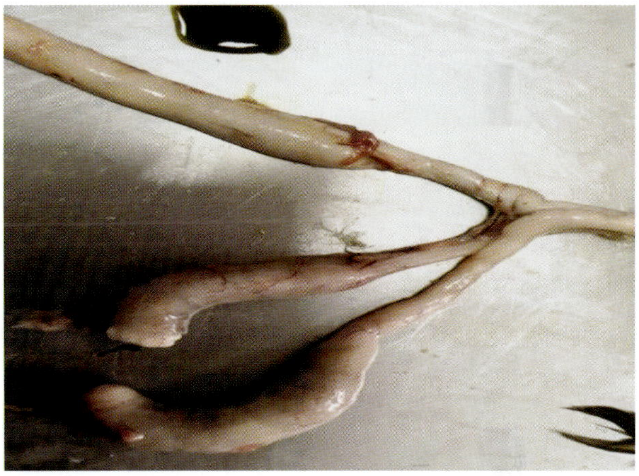

盲肠干酪样栓塞

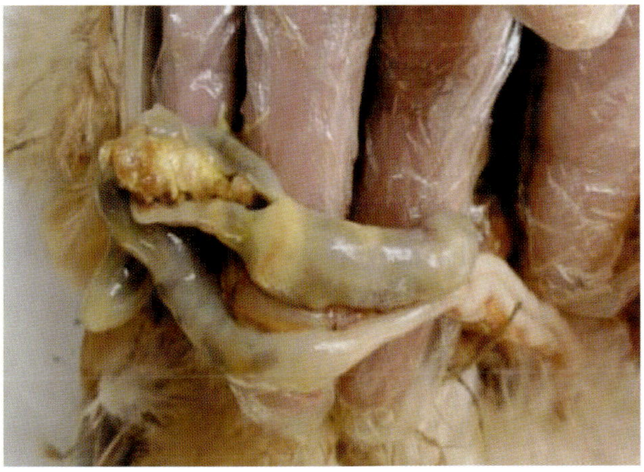

切开盲肠，可见干酪样栓塞

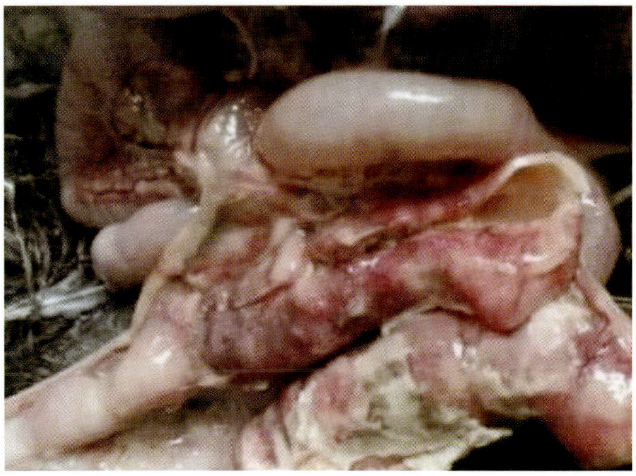

盲肠溃疡、血样栓塞

【诊断要点】

1. 临床特征

鸡头黑紫，粪便暗黄。

2. 剖检变化

肝脏坏死灶，盲肠栓塞。

【防控措施】

1. 驱虫

加强环境卫生和消毒工作。建议采用笼养方式，用驱虫净或伊维菌素定期驱除异刺线虫。

2. 治疗

发病鸡群用 0.1% 地美硝唑拌料，连用 5~7 天；或中药煮水饮用。驱除异刺线虫，可在饲料中添加左旋咪唑或者丙硫苯咪唑，25~30 毫克 / 千克体重。同时给予病鸡补充葡萄糖、维生素、鱼肝油等，以促进恢复。

三、住白细胞原虫病

鸡住白细胞原虫病，又称鸡白冠病，是由卡氏或沙氏住白细胞原虫引起的贫血性疾病。该病对蛋鸡危害严重，应引起足够重视。

【病原】病原是住白细胞虫属中的卡氏住白细胞虫和沙氏住白细胞虫，二者寄生于鸡的红细胞、成红细胞、淋巴细胞、白细胞中而发病。卡氏住白细胞虫致病力强，危害严重。该病是由吸血昆虫传播的，库蠓传播卡氏住白细胞虫病，蚋传播沙氏住白细胞虫病。

【流行病学】该病是在有库蠓和蚋的地区及其活动时期发生，有着明显的区域性和季节性。气温在 25℃以上流行严重，南方 4~10 月多发，北方 7~9 月多发，靠近水源地区或雨水多时发病率高，中大鸡较雏鸡易感，雏鸡较成鸡发病率高。

【临床症状】雏鸡和青年鸡症状明显，死亡率高。病鸡初期发热，食欲不振，精神沉郁；流口涎，下痢，粪便呈绿色；贫血，鸡冠和肉垂苍白，生长发育迟缓。病鸡感染 12~14 天，突然因咯血、出血、呼吸困难而死亡。鸡死前口流鲜血，是卡氏住白细胞虫病的特异性症状。

中鸡和成年鸡感染后病情较轻，死亡率也较低。病鸡鸡冠苍白，贫血严重，消瘦，排水样、白色或绿色稀粪，中鸡发育受阻，成年鸡产蛋率下降，甚至停止产蛋。病鸡后期出现行走困难，甚至瘫痪。

【病理变化】白冠，嗉囊积血，口角流血，皮下胶冻样物质浸润，全身性皮下出血，肌肉（尤其是胸肌、腿肌、心肌）有大小不等的出血点；各内脏器官出血，肺脏出血黑紫，腺胃出血松弛，肌胃肌肉出血。肉鸡睾丸出血。肾脏出血，胰腺出血水肿，肝脏肿大出血、黄染等。

【诊断要点】

1. 临床特征

夏季多发，冠髯苍白，黄绿稀便，产蛋率下降，中大鸡死亡。

2. 剖检变化

病鸡各器官出血，皮下水肿，口流鲜血，多器官出血和黄染。

3. 实验室诊断

取鸡外周血一滴，涂片，姬氏或瑞士液染色，在高倍显微镜下有虫体出现。

【防控措施】

1. 预防

搞好环境卫生，注重鸡舍环境消毒。夏秋季节鸡舍应安装纱门、纱窗，严防蚊、蝇、虫侵扰。因为住白细胞原虫在细胞内需 21~28 天的成熟期，因此，北方鸡场自 6 月初蚊蝇活动频繁至 10 月，每个月都应给鸡群饲喂中药，预防白冠病。

2. 治疗

产蛋鸡发病后，应用化学药物和中药。根据原虫从感染到发病约需 23 天，建议 20 日龄雏鸡连续用药 3~4 天，30 日龄鸡再连续用药 3~4 天。建议应用磺胺间甲氧、地克珠利、海南霉素等，并添加维生素 K_3 粉和维生素 B_{12} 等。

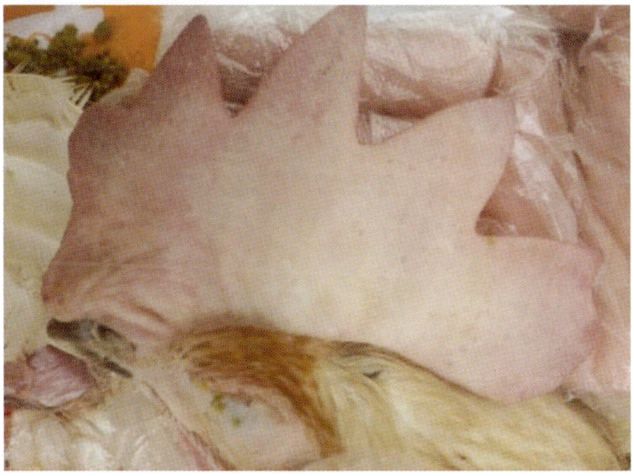

鸡冠冠髯贫血、苍白

大群鸡中的冠髯苍白鸡

排黄绿色粪便

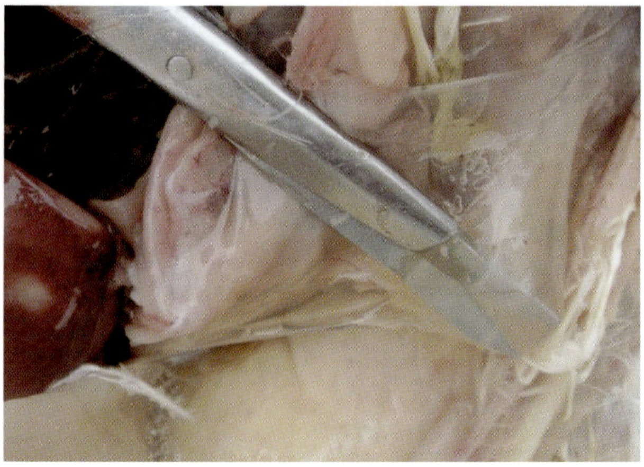

皮下严重水肿，有胶冻样渗出物

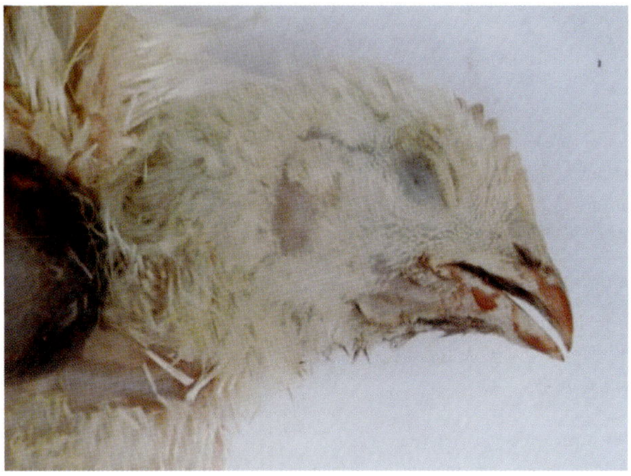

嗉囊积血，口角流血

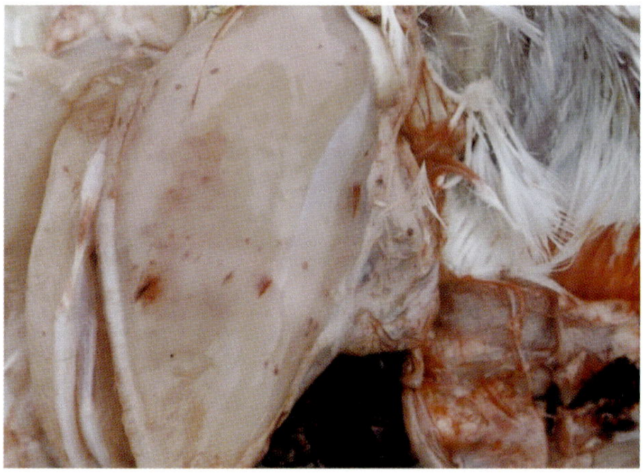

肌肉轻度出血

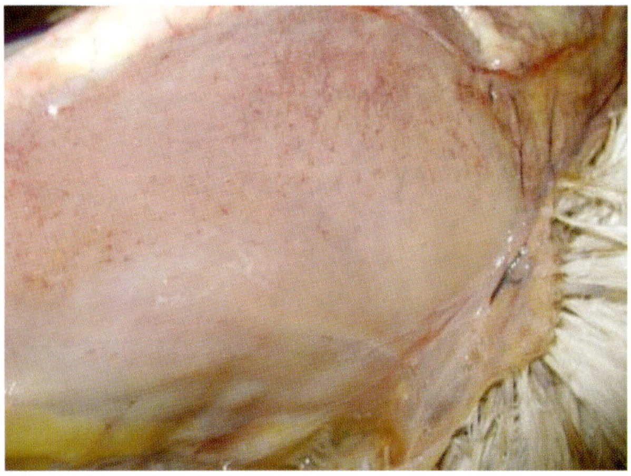

胸肌出血明显

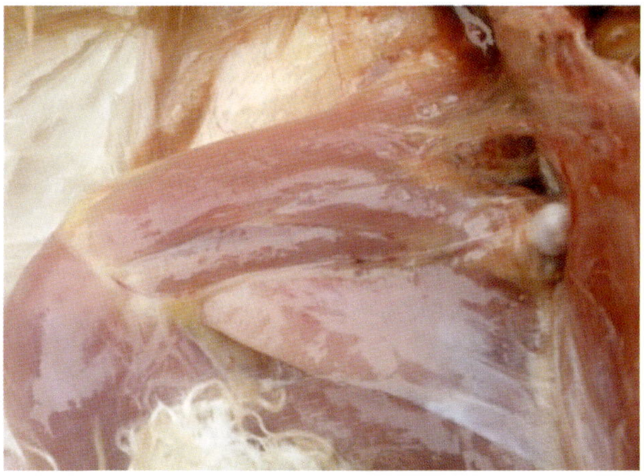

腿肌轻微出血，有胶冻样渗出物

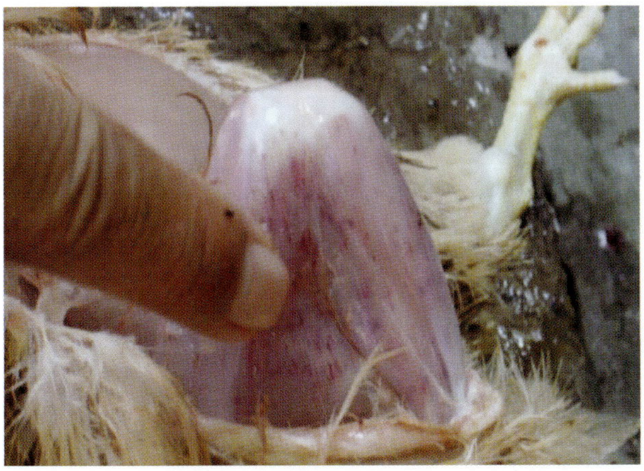

腿肌明显出血

脂肪明显出血

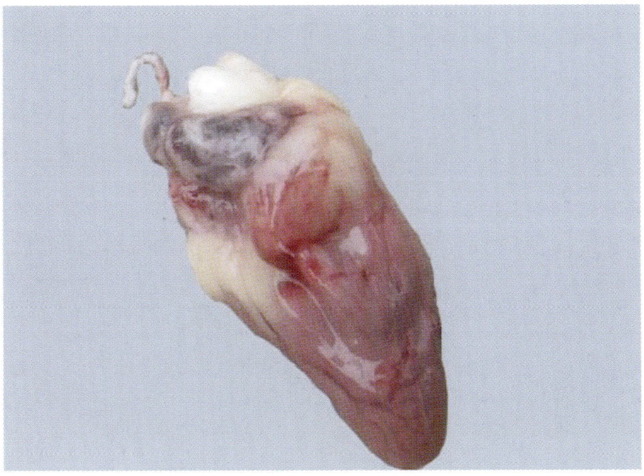

心肌外膜明显出血

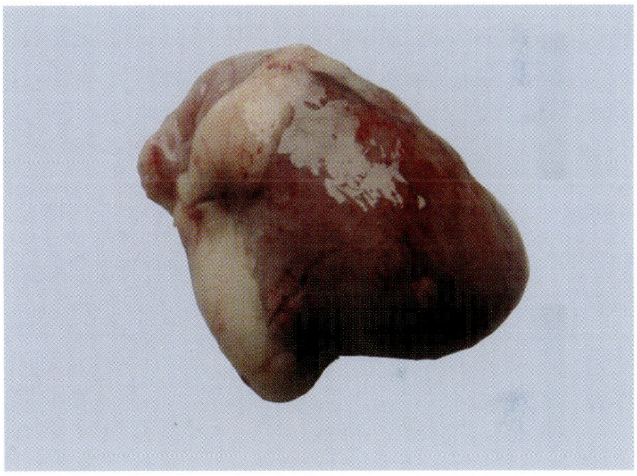

心冠及心肌出血

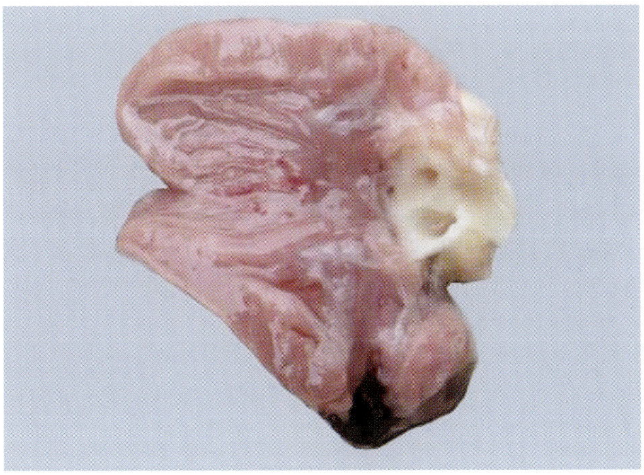

心肌内膜出血

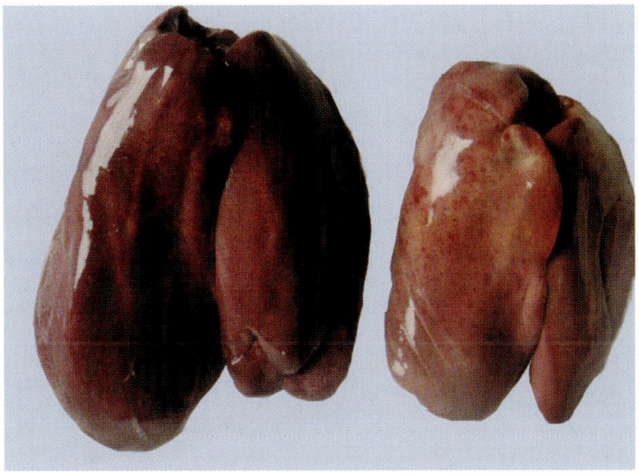

肝脏肿胀、黄染、出血

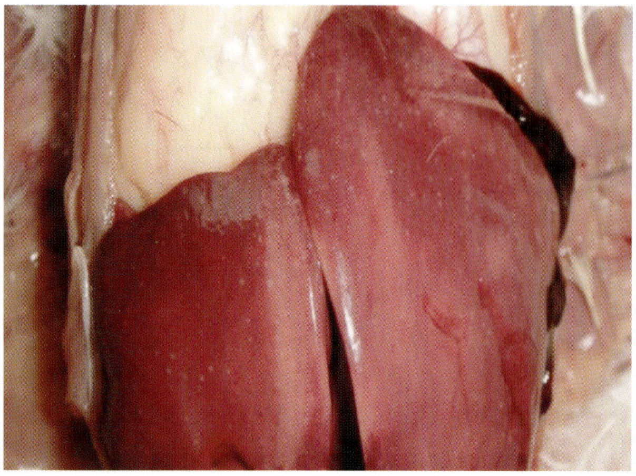

裂殖体在肝内增殖，形成粟粒状白色结节

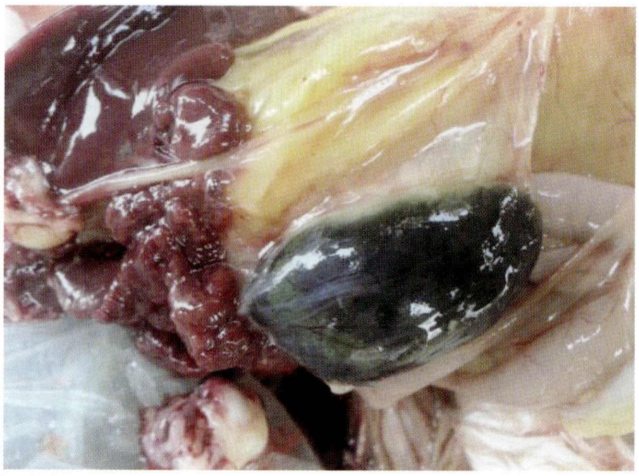

胆囊肿胀，充满胆汁

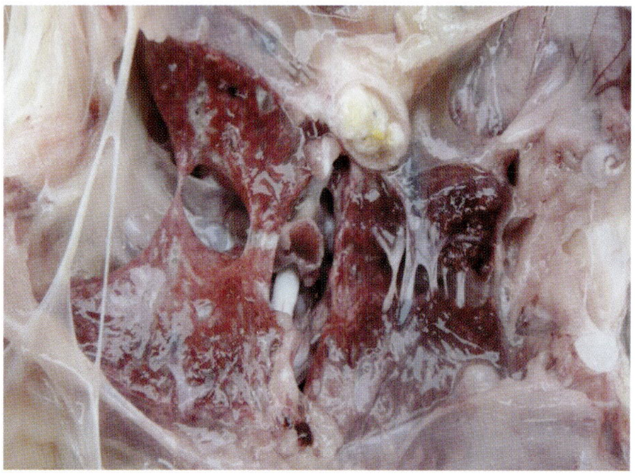

肺脏出血

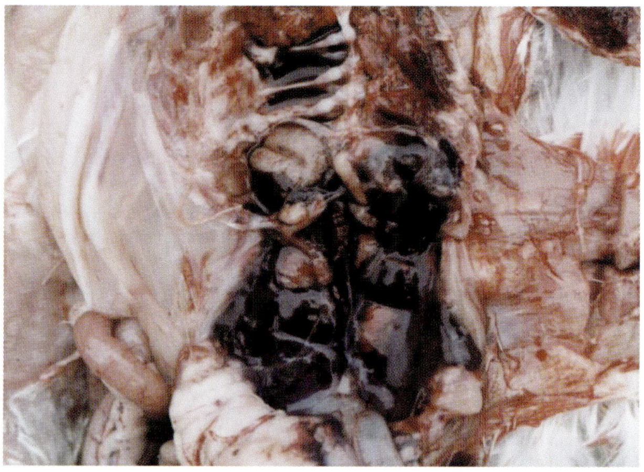

肾脏严重出血，凝集成块

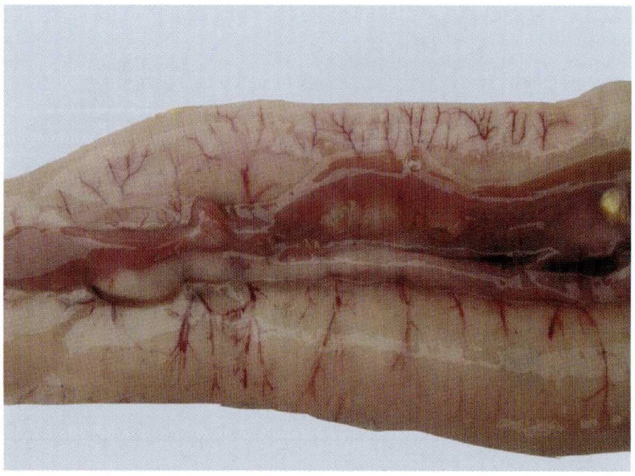

胰腺出血，呈溶解样

胰腺有明显出血点

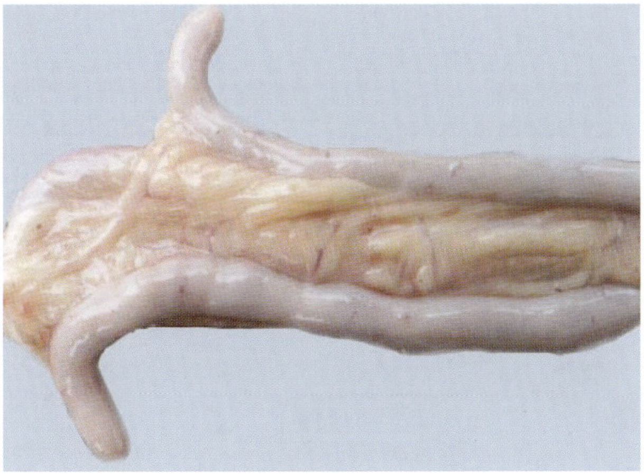

盲肠浆膜有出血点

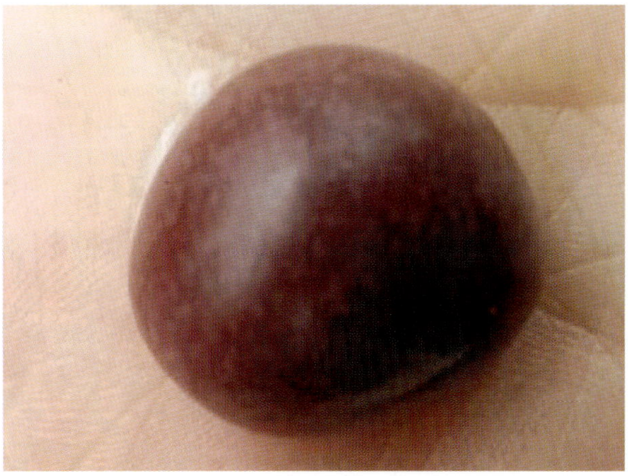

脾脏白色坏死灶

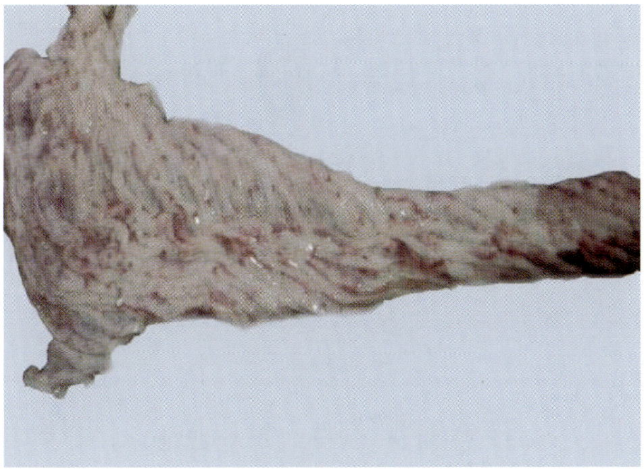

输卵管子宫内膜出血明显

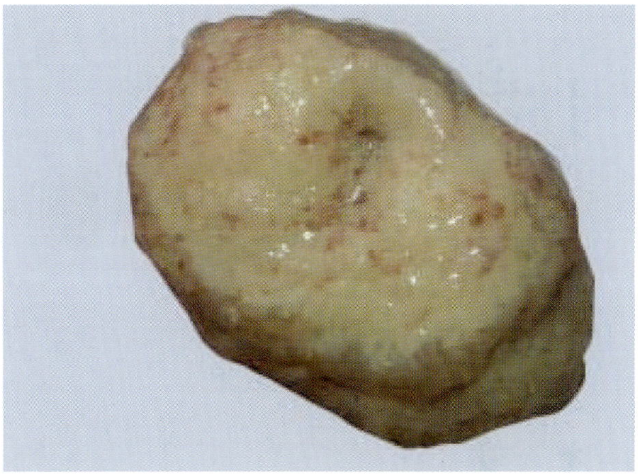

泄殖腔黏膜出血

四、蛔虫病

【病原】鸡蛔虫病是由禽蛔科鸡蛔虫引起的。蛔虫呈淡黄色或黄白色，雌虫长度为60~110 毫米，雄虫长度为 50~76 毫米，虫卵呈椭圆形。鸡蛔虫产卵量很大，一条雌虫一天可产生 7.2 万个虫卵，对环境污染严重。虫卵具有非常强的抵抗外界环境和消毒药物的能力，通常感染性虫卵能够在土壤中生存长达 6 个月。

鸡蛔虫卵随粪便排出体外，在适当的温度下开始发育，具有感染力；污染饲料被鸡吞食，卵在鸡的消化道中孵出幼虫，钻进肠黏膜内，破坏分泌腺。经 1 周后幼虫又从黏膜内逸出，在十二指肠后部的肠腔中发育为成虫。成虫主要寄生于鸡小肠中，感染严重时在嗉囊、肌胃、盲肠和直肠亦有寄生。

【流行特点】10 月龄内鸡群容易发病；3 月龄鸡群易发病且严重；1 年以上的成年鸡感染后往往成为带虫者，而不表现任何病状。

【临床症状】病鸡冠髯苍白，黏膜贫血；行动迟缓；食欲减退，下痢，有时稀粪中带有血液；产蛋率下降，逐渐衰竭死亡。

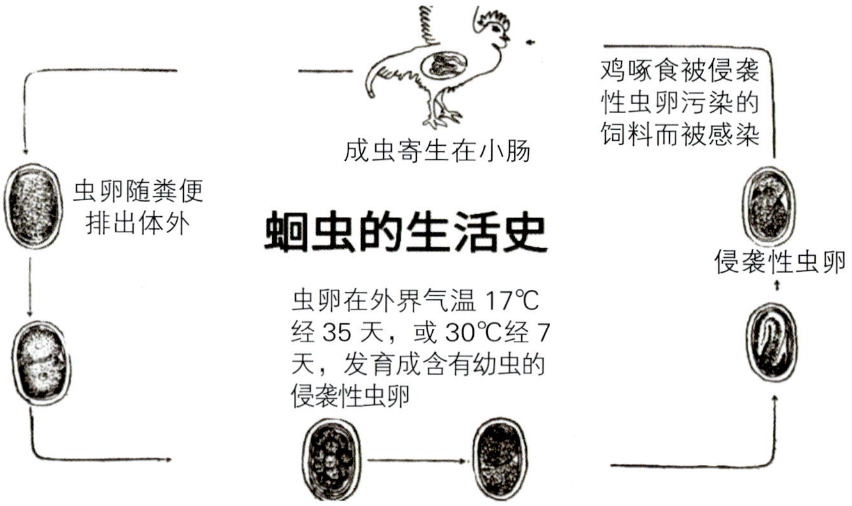

蛔虫生活史图解（引自郭明昊）

【病理变化】肝脏淤血，呈暗紫色；小肠扩张，肠壁肿胀变硬，有出血点；虫体在肠腔中，大量虫体会引起肠阻塞。

【诊断要点】

1. 临床特征

鸡群贫血、消瘦、腹泻。

2. 剖检变化

肠腔内有虫体。

【防控措施】定期清洁和消毒禽舍，对鸡粪堆积发酵。保持舍内清洁干燥，防止饲料、饮水污染。春、秋两季驱虫，左旋咪唑 20~30 毫克 / 千克体重喂服，丙硫苯咪唑 10~20 毫克 / 千克体重喂服，芬苯达唑 20 毫克 / 千克体重喂服，伊维菌素 0.1 毫克 / 千克体重喂服。以上药物可任选一种，傍晚喂服。次日清早将粪便清理、堆积发酵，间隔 5 天再用药一次。

十二指肠段蛔虫

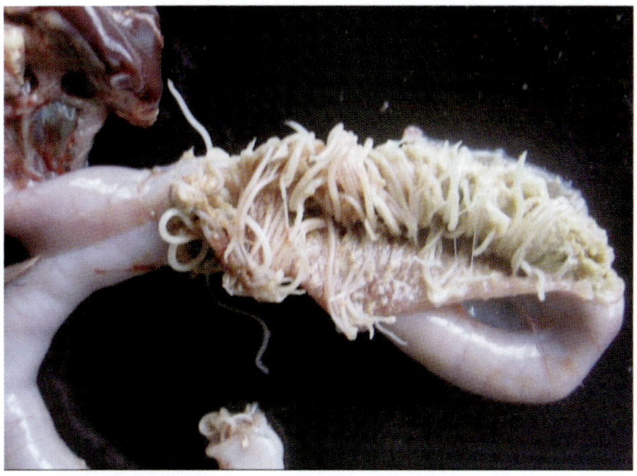

空肠段蛔虫造成梗阻

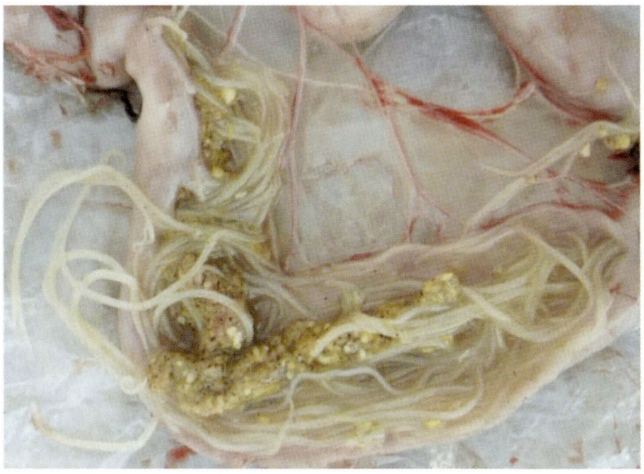

空肠内有大量成虫，导致肠腔扩张

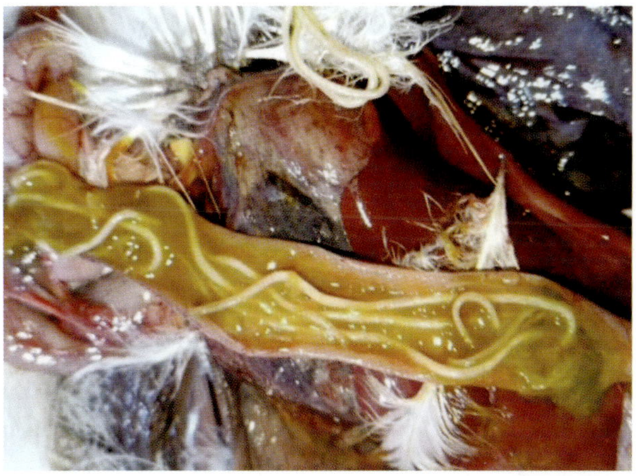

小肠段蛔虫

粪便中的蛔虫

肝脏淤血黑紫

五、绦虫病

绦虫寄生于鸡的小肠，主要在小肠前段。病鸡贫血、消瘦、下痢，产蛋率下降，甚至停止产蛋。

【病原】 绦虫呈扁平带状，多为乳白色，虫体分为头节、颈节和体节。头节吸附于鸡的肠道，颈节长出体节，体节发育为幼节、成节和孕节（孕卵节片）。常见有赖沟赖利绦虫、四角赖利绦虫、有轮赖利绦虫、漏斗带绦虫、节片戴文绦虫等。

肠道的成虫随粪便排出孕节，被中间宿主吞食后，经 2~4 周发育为似囊尾蚴。带有似囊尾蚴的中间宿主被鸡吞食后，最快在小肠经 13~14 天发育为成虫，并排出成熟节片。绦虫病生活史较复杂，需要 1~2 个中间宿主，主要是蚂蚁、甲克虫、苍蝇、螺蛳等。

鸡通过吞食带有绦虫的中间宿主等而感染。笼养蛋鸡能接触到的主要是苍蝇，所以临床以赖利绦虫和漏斗带绦虫多发。由于接触不到螺蛳，所以不会感染戴文绦虫，但散养黄鸡、跑山鸡却会发生戴文绦虫病。

【流行病学】 本病一年四季均可发生，以 6~11 月多发。不同日龄鸡均可感染，以小鸡易感性最强。绦虫通过被病鸡粪便污染的土壤、饲料、饮水等传播。

【临床症状】 病鸡消瘦，羽毛松乱且无光泽，鸡冠发白、倒冠；产蛋率下降，蛋重轻，畸形蛋增多，蛋壳变浅白色，占正常鸡蛋的 10%~30%；采食量正常，但饮水增加；粪便稀薄，随粪便排出白色、米粒大小、长方形绦虫孕节片。

【病理变化】 病变在小肠，小肠内有大量虫体。虫体乳白色，体长在 6~25 厘米；肠黏膜肥厚，有出血点，肠腔内有大量黏液；因虫体数量过多，有的鸡发生肠梗阻而死亡。其他脏器无明显变化。

【诊断要点】

1. 临床特征

病鸡消瘦，腹泻，虫卵随粪便排出。

2. 剖检变化

肠道内发现绦虫虫体。

【防控措施】

1. 预防

加强管理，定期消毒，及时清理粪便。门窗安装纱网，防止苍蝇入内。笼养蛋鸡接触的是苍蝇，感染的是鸡绦虫，没有苍蝇的鸡舍基本上不会发生绦虫病。散养鸡和蛋鸡粪便要集中堆积发酵，经生物热处理后用作肥料。

2. 药物驱虫

常用盐酸左旋咪唑、丙硫苯咪唑、吡喹酮等。吡喹酮驱虫效果较佳，20 毫克 / 千克体重拌料，集中一次投服，5 天后再用一次。中药槟榔煎剂饮水，效果也很好。应用驱虫药时，要连续应用电解多维水，或每吨饲料添加鱼肝油 500 克，连用 5 天。吡喹酮第二次驱虫后，产蛋率 20 天后恢复正常。

随粪便排出大量虫卵与孕节

虫卵附着于粪便表面

绦虫引起的红粪

粪便中出现成熟绦虫

粪便含有大量成熟绦虫

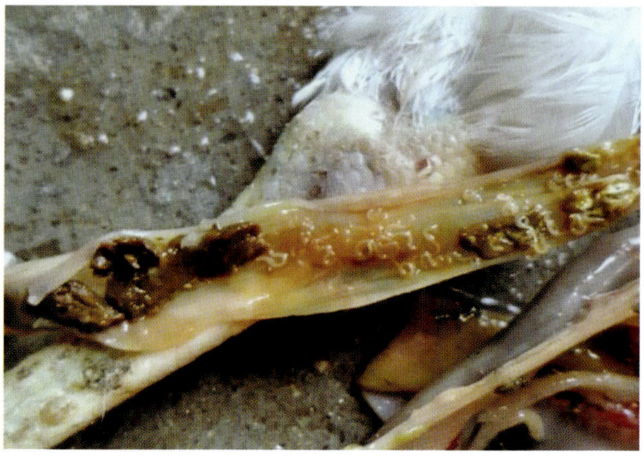

空肠内有幼小绦虫虫体

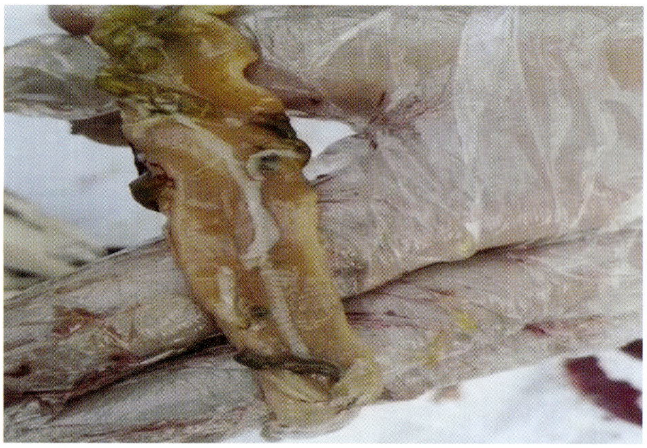

空肠内有较大绦虫虫体

六、前置吸虫病

蛋鸡或种鸡前殖吸虫病是由前置属的多种吸虫所引起。吸虫多在鸡的直肠、泄殖腔、法氏囊和输卵管内寄生，偶见于蛋内；常引起输卵管发炎，使卵的形成和产卵功能发生紊乱。病鸡产无壳蛋和软壳蛋，有时继发腹膜炎而死亡。本病常呈地方性流行，全国各地均有发生，对蛋鸡养殖业造成一定损失。

【病原】前置吸虫呈扁平梨形，鲜红色，长 5 毫米、宽 2 毫米，内部器官透明清晰可见。虫卵比较小，椭圆形，棕褐色，内含一毛蚴。前置吸虫需要两个中间宿主，第一中间宿主为淡水螺，第二中间宿主为蜻蜓。鸡啄食含有囊蚴的蜻蜓幼虫或成虫而感染。囊蚴在消化道内脱囊发育为童虫，经肠进入泄殖腔，再转入输卵管或法氏囊，经1~2周发育为成虫。不同日龄鸡均可感染，春、夏两季多发病，鸭、鹅也可感染。

【临床症状】病鸡初期食欲减退，产蛋正常，但蛋壳软薄易破；继而产蛋率下降，产出薄壳蛋，小蛋增多，有时仅排出卵黄或少量蛋白。随着病程发展，病鸡进行性消瘦，羽毛粗乱、脱落，产蛋停止。有时从泄殖腔排出卵壳碎片或流出石灰水样的液体。有些病鸡腹部膨胀，泄殖腔突出，肛门潮红，重症鸡死亡。

【病理变化】主要病变在输卵管，输卵管黏膜出血、肥厚，黏液增多，管内有异物结块；在管壁上可见到虫体。肝脏肿胀黄染，卵泡萎缩；发生腹膜炎时，在腹腔内有大量黄色浑浊的渗出液。

【诊断要点】

1. 临床特征

病鸡消瘦，石灰水样腹泻，产畸形蛋。

2. 剖检变化

输卵管黏膜上检出虫体。

【防控措施】加强管理，净化鸡舍，门窗安装纱网，防止蜻蜓飞入。及时清理粪便，并堆积发酵。每年春、秋两季进行预防性驱虫。

常用驱虫药物有盐酸左旋咪唑、丙硫苯咪唑、吡喹酮等。丙硫苯咪唑100毫克/千克饲料，混入饲料中，一次口服。吡喹酮60毫克/千克饲料，混入饲料中，一次口服。驱虫在傍晚进行，清晨将粪便清扫干净，堆积发酵或其他生物方式处理。

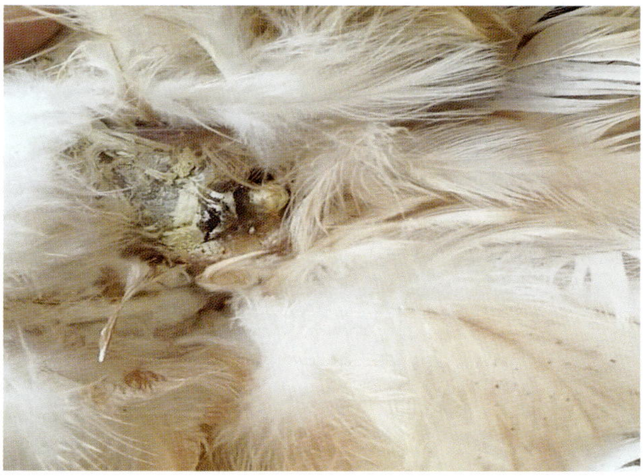

泄殖腔流出石灰水样污秽液体

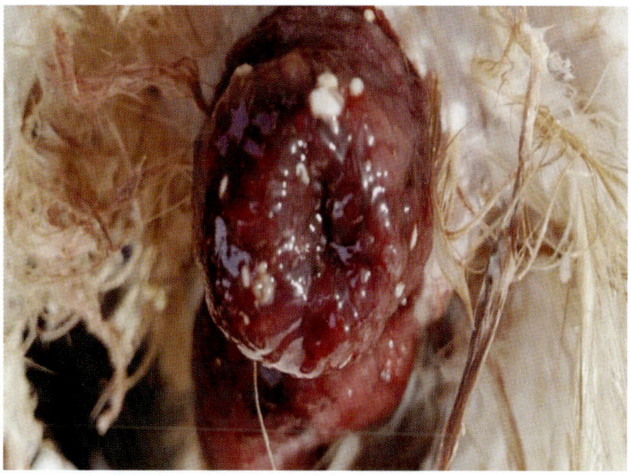

泄殖腔努责、外翻，有虫体

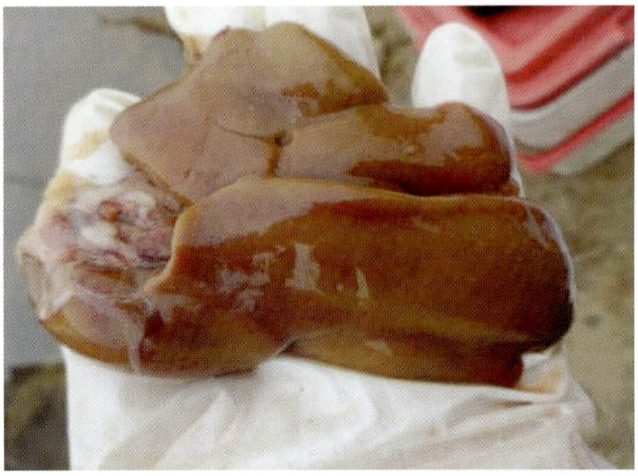

肝脏肿胀、黄染

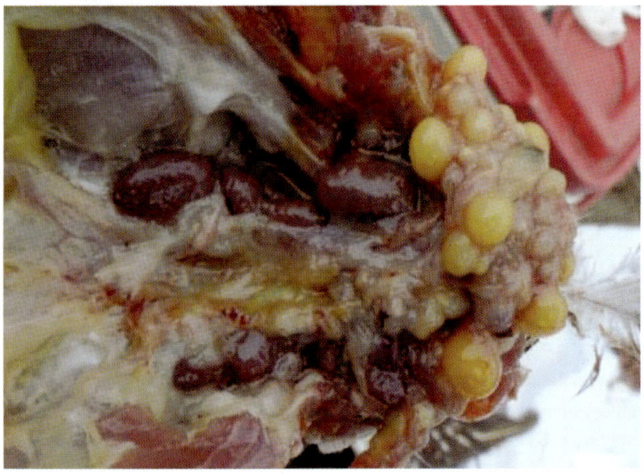

卵泡萎缩

输卵管有小的异物结块

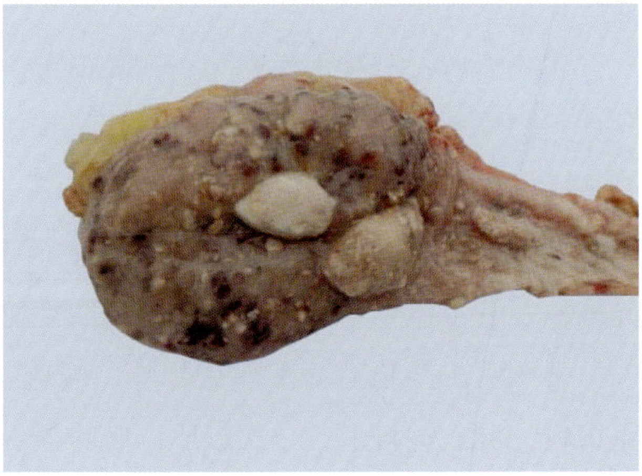

输卵管有较大结块和虫体

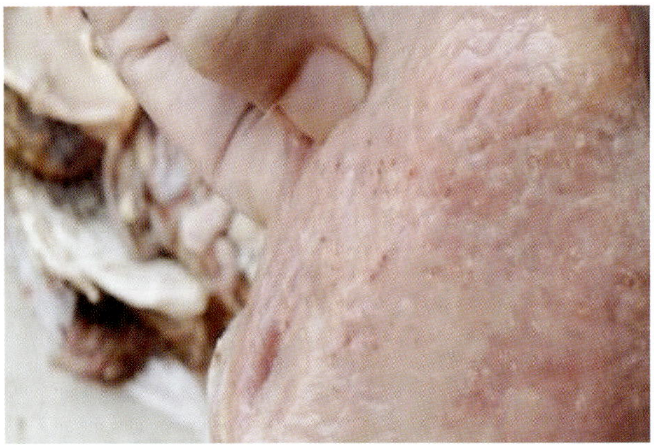

输卵管黏膜出血

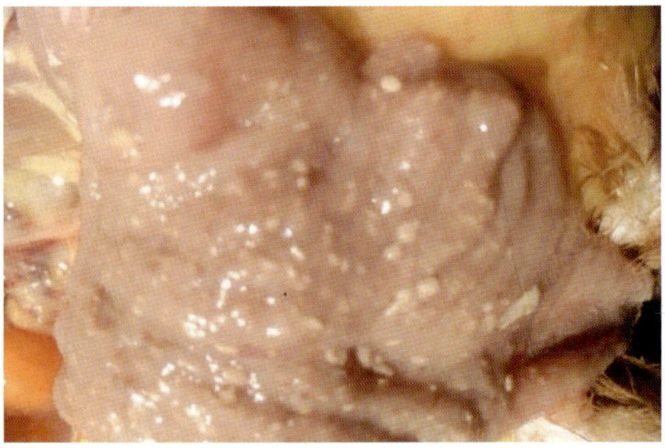

输卵管黏膜上附着大量虫体

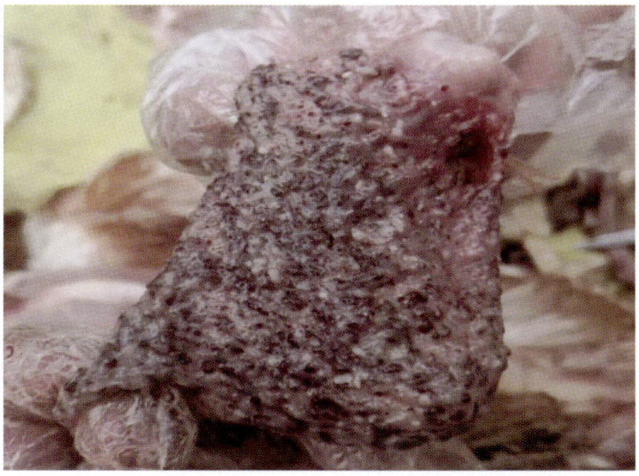

输卵管陈旧性出血，有白色虫体

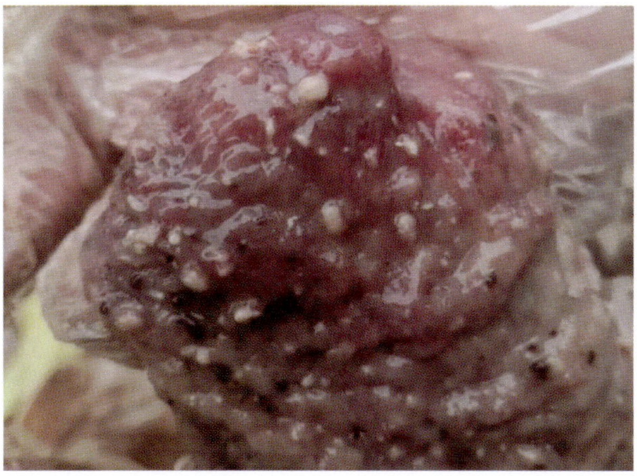

输卵管有虫体，子宫黏膜水肿，有黏液

虫体呈棕红色和白色透明状

七、羽 虱

羽虱主要靠咬食鸡的羽毛、皮屑和吸食血液而生存。病鸡表现羽毛断落，皮肤损伤，发痒，消瘦贫血，生长发育受阻，产蛋率下降，免疫力下降。羽虱主要寄生在鸡、珍珠鸡、鸭等的羽轴上，常使鸡群不得安宁，休息不好，发育停止，对鸡群健康和生产性能影响较大。

【病原及传播途径】羽虱属于节肢动物门、昆虫纲。羽虱长 0.5~5.0 毫米，无翅膀，呈淡黄色或淡灰色。鸡羽虱已发现有 40 多种，不同种类鸡羽虱的寄生部位不同，圆羽虱寄生于鸡背部、臀部羽毛上，翅长羽虱寄生于鸡翅膀下面，广幅长羽虱寄生于鸡头、颈部等。

鸡羽虱发育周期为3~4周，气温超过25℃时，每6天即可繁殖一代。雌羽虱产卵时分泌黏液，将虫卵粘附于羽毛基部，虫卵5~10天孵化成幼虫。幼虫2~3周经3~5次蜕变为成虫。成虫在鸡体上能存活几个月，但离开机体只能活5~7天。成虫比较耐饥饿，不吸血也能存活82~113天。

本病一年四季常发，冬季多发；接触性传播，病鸡接触的用具、垫料等均可传播。鸡舍环境越差，越容易传播本病。

【临床症状】病鸡进行性消瘦、贫血，奇痒不安，自啄羽毛和皮肤，导致羽毛折断或脱落、皮肤损伤，甚至出血，形成皮炎，生长受阻，生产性能下降。在鸡的体表各处，均能发现明显密集的羽虱。

【诊断要点】病鸡皮肤和羽毛可见明显虫体或者虫卵，即可确诊。

【防控措施】加强卫生管理，搞好场地消毒，保持鸡舍清洁，加强通风。注意鸡舍内用具的消毒。蛋鸡、黄鸡常用20%菊酯类药物喷雾，密闭鸡舍2~3小时，杀灭鸡身上的虫体。每间隔5天再喷雾第二次、第三次。鸡的产蛋率逐步恢复。散养鸡可采用药浴疗法、沙浴疗法等驱虫。

病鸡眼圈及耳廓部羽毛羽虱密集

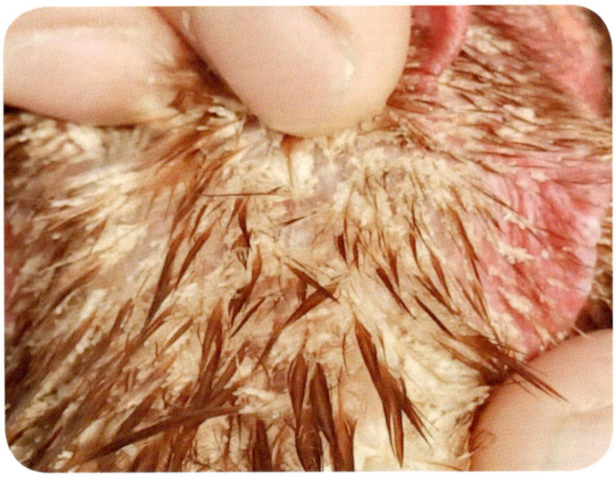

颈部羽虱

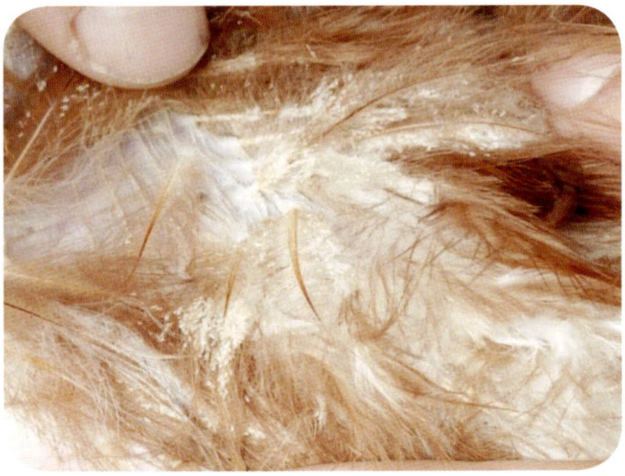

胸部羽虱

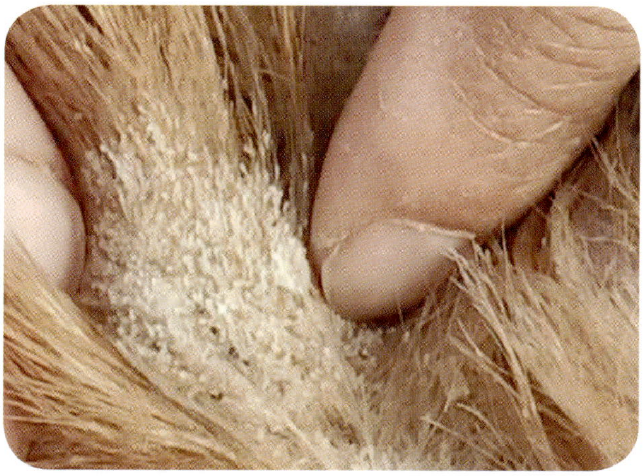

背部大量附着羽虱群

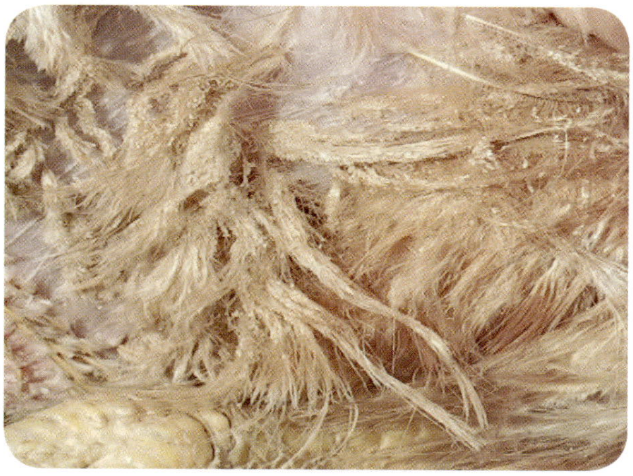

腹部羽虱群凝集成块

第四章 营养代谢性疾病

一、脂肪肝

脂肪肝是产蛋鸡的一种脂肪代谢障碍性疾病，以肝脏肿大、脂肪过度沉积为特征。特别是在产蛋高峰后期多发，此病常使鸡群产蛋率下降，死亡率增高。肉鸡脂肪肝主要发生于3~5周，表现为发病急，腿麻痹，肝肾肿大苍白，脂肪浸润，血糖降低，迅速死亡。饲料中生物素利用率低或生物素供给不足是发病诱因。

【病因】 脂肪肝主要受遗传、营养、环境、管理、激素、毒物等因素的影响。鸡临床表现为生长迟缓，细菌感染的机会增加，肾损伤，心肌收缩能力降低，肝毛细血管脆弱，肝脏和心脏的ATP合成减少。

1. 遗传因素

不同品种鸡对脂肪肝的敏感性不同，肉用种鸡比蛋鸡具有更高的发病率，有遗传的原因。高产蛋鸡与高雌激素活性有关，高强度的产蛋使雌激素代谢增强，而雌激素可刺激肝脏中的脂肪合成。

2. 营养因素

蛋鸡发生脂肪肝多由于高能低蛋白、低能高蛋白、饲料发霉变质、氯化胆碱（维生素 B_4）缺乏，一定有肝脏肿、肝脏黄、肝脏油、肝破裂、腹部脂肪厚的特征。

肉鸡脂肪肝主要是营养代谢紊乱引起的，生物素缺乏也是一个诱因，体内酶活性降低、肝脏醣异生作用障碍，血浆游离脂肪酸水平升高，肾脏脂肪代谢障碍，致使大量脂肪堆积，肝肾肿大，功能减退乃至丧失。

3. 环境因素

捕捉、雷鸣、惊吓、噪音等应激因素，是脂肪肝发生的诱因；运动不足，致使过多的能量转化为脂肪，在肝脏过度沉积，形成脂肪肝；高温天气新陈代谢旺盛，血管充分膨胀，导致鸡肝脏破裂出血，并引起大量死亡。

4. 激素影响

各种激素通过改变能量代谢来源，增加游离脂肪酸，抑制脂肪酸氧化，减少膜磷脂组成等，导致鸡脂肪过度沉积。

5. 其他因素

包括抗生素的使用、其他疾病、性别等。日粮中添加抗生素，能使发病率增加。

【临床症状】病鸡外观体况良好，但过度肥胖，体重比正常鸡高出25%~30%。个别鸡突然死亡，死亡鸡冠髯苍白。

【病理变化】剖检病鸡，可见皮下脂肪沉积，腹腔和肠系膜均有过量的脂肪沉积；肝肿大，边缘钝圆，呈黄色、油腻状，质脆，易碎如泥，肝脏周围有广泛的血凝块。肝脏肿大，胞浆充满大小不等的脂肪滴而呈蜂窝状，肝小叶内可见大小不等的出血灶；脾脏被膜增厚，红髓淤血，细胞成分减少，内有少量铁黄素沉着；肺脏毛细血管管壁增厚，毛细血管充血、出血，间质内有少量淋巴细胞、异嗜性粒细胞浸润；肾脏肾小管上皮细胞肿胀，空泡变性，肾小管之间毛细血管充血、出血；肾小球轻度肿胀。病鸡血钙含量高于健康鸡，肝酶检测天门冬氨酸氨基转移酶、氨酸氨基转移酶活性明显升高，脂蛋白脂肪酶活性降低。

【诊断要点】

1. 临床特征

病鸡体型肥胖，冠髯贫血。

2. 剖检变化

腹脂堆积，肝脏肿大、黄染、出血、油腻。

【防控措施】

1. 科学配制日粮

高能量、低蛋白是引起脂肪肝的主要原因。根据不同的鸡品种、要求的产蛋率等因素科学配制日粮。产蛋率高于80%时，日粮蛋能比以60 ∶ 1（11 550千焦 / 千克体重，16.5%）为宜；产蛋率65%~85%时，以54 ∶ 1（11 550千焦 / 千克体重，15%）为宜；产蛋率小于65%时，取51 ∶ 1（11 550千焦 / 千克体重，14%）。

饲料中应添加维生素E、生物素、胆碱、维生素B族、蛋氨酸等嗜脂因子，防止脂肪在肝脏沉积。蛋鸡需要在每千克饲料中，添加蛋氨酸8克、氯化胆碱1克、维生素E 20国际单位、维生素B_{12}0.012毫克和生物素0.1~0.5毫克，能有效预防脂肪肝的发生。

日粮中严禁使用大量的杂粕，严禁使用霉变和酸败的饲料。

2. 加强饲养管理

尽量减少鸡的应激反应，使用营养全价的饲料。鸡群发病后消除发病诱因，如采取去掉杂粕、降低能量等措施。

3. 治疗

鸡群投喂维生素 K_3，拌料 6 天；0.2% 氯化胆碱，连续添加 6 天；水溶性多维素，饮水 10 天；优质保肝药，连饮 5 天。

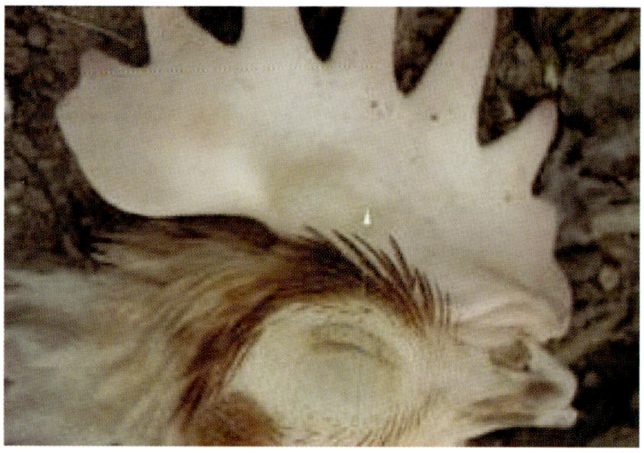

蛋鸡冠色苍白、贫血

肝脏油腻、黄染、出血，有大量凝血块

肝脏肿大、变性、出血

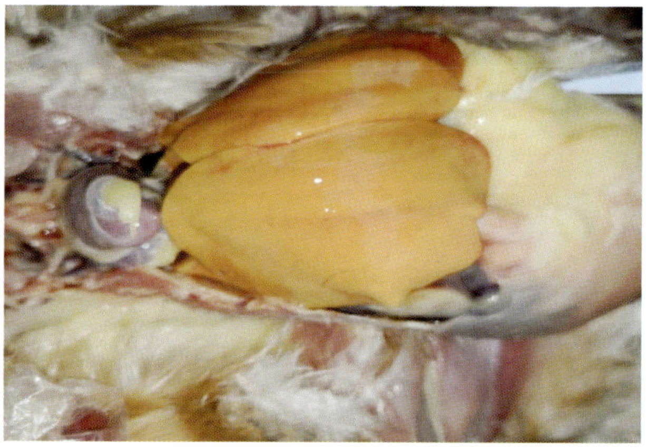

肝脏蜡黄、油腻、腹脂增厚

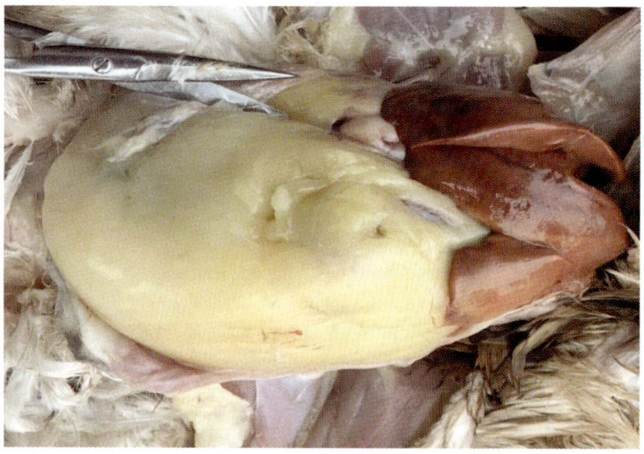

腹部脂肪堆积，明显变厚

蛋鸡肝脏出血、黄染

二、啄癖症

啄癖症是家禽对除饲料以外的物质有异常的啄食嗜好。在集约化鸡场，处于应激状态下的产蛋鸡群和肉鸡群易发生啄癖症，缺乏某些营养元素的散养鸡群发病率更高。发生啄癖症的鸡群，产蛋率下降，生长迟缓，时有死亡，还易继发细菌感染。

【病因】啄癖症大多是由营养、环境、管理、疾病等因素引起的。

1. 营养元素缺乏

钙磷缺乏或比例不当，会导致鸡啄蛋、啄羽；缺乏氯和钠离子易形成啄食癖，蛋重下降；缺硫易导致啄羽症。氨基酸不平衡时，会出现鸡啄蛋并自己喝掉蛋清和蛋黄，啄肛，甚至叨啄内脏；饲料霉变易发生啄癖。

2. 环境应激因素

通风不良，养殖密度过大，光照过强，食槽、水槽面积不足等，都会诱发啄癖症。

3. 寄生虫

羽虱可引起皮炎、断羽，造成鸡啄羽，甚至脱羽。前置吸虫病致肛门外翻，鸡易发生啄肛。

4. 激素增加

鸡群即将开产时，血液中雌激素和孕酮含量升高，可导致啄癖。早开产母鸡易发生脱肛，加之断喙不好，易造成啄肛。

5. 生殖道疾病

新城疫、传染性支气管炎、大肠杆菌病、衣原体病等常引起鸡生殖道疾病，可出现脱肛及啄肛。

【临床症状】

1. 啄羽癖

产蛋鸡群和散养鸡群多发，鸡只相互啄食羽毛，部分鸡背部、腰部、尾尖等的羽毛处被啄秃，鸡群的产蛋率显著下降。

2. 啄肛癖

见于初产蛋鸡和高产蛋鸡，因增光不合理导致产大蛋或双黄蛋，使子宫脱垂或肛门翻出，被叨啄而撕裂、出血，甚者整个腹腔内容物全部被啄空。

3. 啄蛋癖

常因管理不当造成啄蛋癖。如集蛋不及时，破损蛋长时间留在蛋网上，鸡啄食后形成啄癖。钙磷不足或不平衡，亦会导致啄蛋癖发生。有时鸡刚产下蛋，鸡群就一拥而去啄食，有的鸡也啄食自己产的蛋。

4. 啄趾癖

雏鸡和青年鸡多发。喂料不及时或缺料，导致鸡因寻找食物而误啄脚趾。

5. 异食癖

鸡只叨啄塑料布、饲料袋、线绳、食槽水槽、粪便等。

【诊断要点】鸡啄羽、啄肛、啄蛋、异食。

【防控措施】

1. 加强管理措施

严格按照饲养管理规程控制光照强度，光照过强会使啄癖增多。养殖密度要适宜，为鸡只提供足够的空间，可减少啄癖发生。

蛋鸡在 7~10 日龄及时断喙，开产前再修喙一次。及时、成功断喙，既可以防止啄癖，又可以减少饲料的浪费。饲养周期长的黄鸡也应该断喙。

2. 平衡营养成分

提供全价营养的平衡日粮，特别要注意氨基酸的平衡，避免饲料单一，会收到良好效果。在日粮中添加 0.2%蛋氨酸，能减少啄癖的发生。

3. 防治啄癖症

及时移走互啄倾向较强的鸡只，单独饲养；隔离被啄鸡只，在被啄的部位涂以龙胆紫。

缺硫鸡群每天补充 0.5~3.0 克生石膏粉，啄羽癖会很快消失；缺盐引起的啄癖，可在日粮中添加 1.5%食盐，连续添加 3~4 天即可，不能长期饲喂，以免食盐中毒。按日粮 0.5%掺入河沙。

已形成啄癖的鸡群，可将舍内光线调暗或遮挡窗户，也可将瓜藤、块茎类和青菜等放在舍内，任其啄食，既可补充纤维素，又可分散注意力。

蛋鸡尾根处羽毛被啄

互啄严重，尾根处已涂药

黄鸡背部羽毛被啄

颈部羽毛已被啄秃

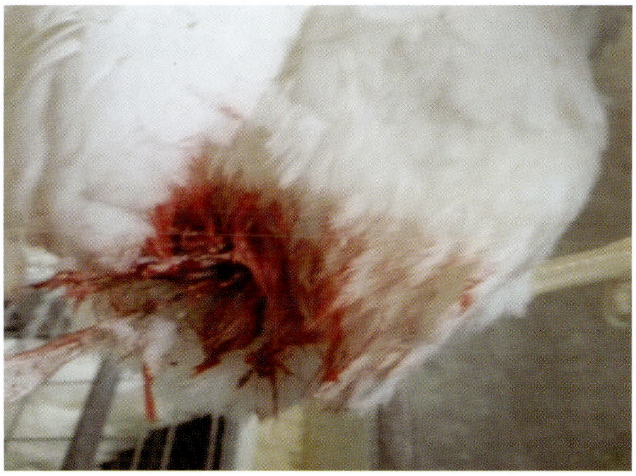

蛋鸡肛门被啄出血

肉鸡群体发生互啄

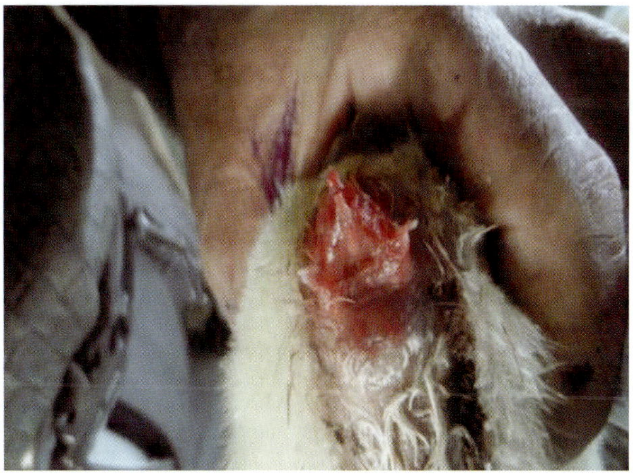

雏鸡尾尖及肛门被啄出血

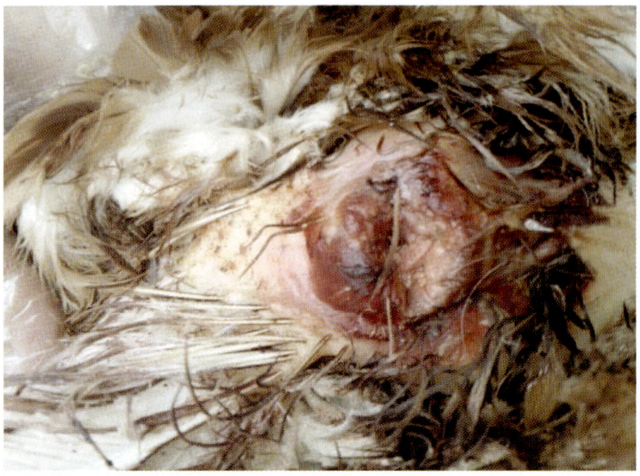

蛋鸡肛门被啄红肿、外翻

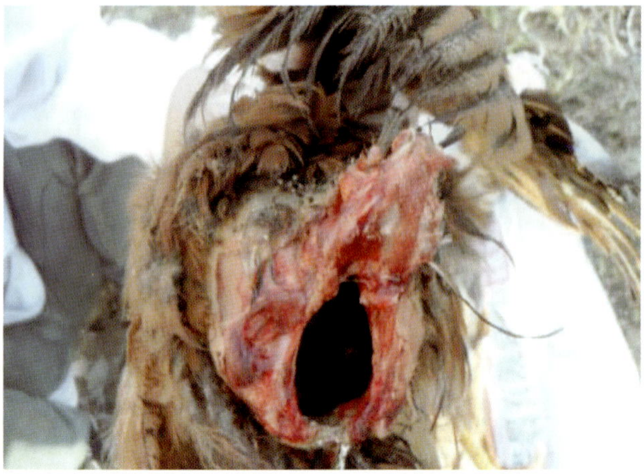

黄鸡腹腔内脏已被啄空

鸡啄蛋，蛋清、蛋黄流于地面

啄蛋情况严重，地面散落蛋皮

鸡从食槽下钻出，伺机啄蛋

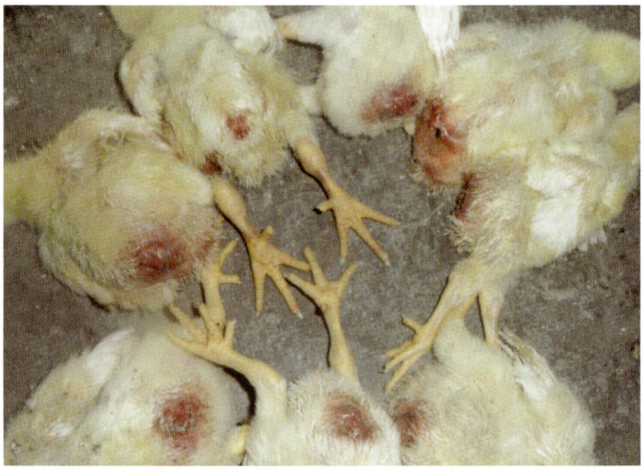

肉雏鸡因光线太强，诱发群体啄肛

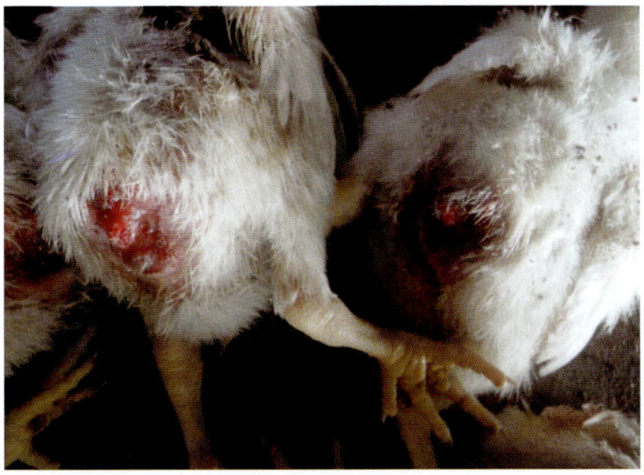

白羽肉鸡严重啄肛

肉鸡异食，叨啄塑料绳

三、维生素 A 缺乏症

缺乏维生素 A 的鸡只抗病力差，非特异性免疫力受损，可造成胸腺萎缩和法氏囊过早消失，淋巴细胞减少，间质结缔组织增生。维生素 A 缺乏对鸡免疫器官的损害程度，依次为法氏囊>胸腺>脾脏>盲肠扁桃体。缺乏维生素 A 的鸡表现分泌上皮和角膜、结膜、气管、食管、输卵管黏膜等角质化，进而发生夜盲症、干眼病，生长停滞，产蛋异常。病鸡生长缓慢，衰弱，羽毛蓬乱和步态蹒跚，产蛋率和孵化率较低，容易感染呼吸道疾病。

【病因】鸡体不能合成维生素 A，必须从饲料中采食维生素 A 或类胡萝卜素。不同生理阶段的鸡对维生素 A 的需要量不同，应分别供给质量较好的成品料，否则，就会引起缺乏症。维生素 A 性质不稳定，非常容易失活，在饲料加工工艺条件不当时损失很大。饲料存放时间过长、饲料发霉、烈日暴晒等，皆可造成维生素 A 和类胡萝卜素损坏，脂肪酸败变质也能加速其氧化分解过程。日粮中蛋白质和脂肪不足，不能合成足够的视黄醛，结合蛋白质去运送维生素 A。脂肪不足，会影响维生素 A 类物质在肠中的溶解和吸收。鸡胃肠道吸收障碍，发生腹泻或肝胆疾病，影响饲料维生素 A 的吸收、利用及贮藏。维生素 A 缺乏时，公鸡精子数量减少，活力下降，直接影响受精率和孵化率。

【临床症状】雏鸡和初开产鸡常易发生维生素 A 缺乏症。一般 1~7 周龄雏鸡易发病，1 周龄雏鸡发病与母鸡缺乏维生素 A 有关。临床症状为厌食，生长停滞，消瘦，倦睡，衰弱，羽毛松乱，运动失调，瘫痪，不能站立。黄色鸡种胫、喙的色素消褪，冠和肉垂苍白。病程超过 1 周仍存活的鸡，眼睑发炎或粘连，鼻孔和眼睛流出黏性分泌物；眼睑肿胀，蓄积有干酪样渗出物；角膜浑浊不透明，严重者角膜软化或穿孔失明。口黏膜有白色小结节或覆盖一层白色、豆腐渣样薄膜，但剥离后黏膜完整，无出血溃疡现象。食道黏膜上皮增生和角质化。

成年鸡通常在 2~5 个月出现症状，一般呈慢性经过。轻度缺乏维生素 A，鸡的生长、产蛋率、种蛋孵化率及抗病力受到一定影响，往往不易被察觉。病鸡食欲不振，消瘦，精神沉郁，鼻孔和眼睛常有水样液体排出，眼睑常常粘合在一起，严重时可见眼内乳白干酪样物质（眼屎），角膜发生软化和穿孔，最后失明。病鸡鼻孔流出大量黏稠鼻液，出现呼吸困难。鸡群呼吸道和消化道黏膜抵抗力降低，易诱发传染病。继发或并发家禽痛风病或骨骼发育障碍，两腿瘫痪，偶有神经症状。鸡冠白，有皱褶，爪、喙色淡。母鸡产蛋率和孵化率降低，公鸡繁殖力下降，精液品质退化，受精率低。

【病理变化】剖检病鸡，可见口腔、咽、食管黏膜上皮角质化脱落，黏膜有小脓包样病变，破溃后形成小溃疡。支气管黏膜覆盖一层假膜。结膜囊或鼻窦肿胀，内有黏性干酪样渗出物。严重时肾脏呈灰白色，有尿酸盐沉积。小脑肿胀，脑膜水肿，有微小出血点。

【诊断要点】眼内干酪样物质，黏膜结节，肾尿酸盐沉积。照蛋检查，第一周死胚多，出壳前闷死多。

【防控措施】必须保证添加有足够的维生素 A 预混剂。全价饲料中添加合成抗氧化剂，防止维生素 A 贮存期间氧化损失；防止饲料贮存过久，不要预先将脂溶性维生素 A 掺入到饲料或存放于油脂中。改善饲料加工、调制、保存条件，尽可能缩短加热调制时间，加工和保存饲料时避免暴露于空气、阳光、高湿、高温和酸败的环境。

对病鸡添加治疗剂量的维生素 A 饲料，可按正常需要量的 3~4 倍混料喂，连喂约 2 周后恢复正常。

蛋鸡运动失调、瘫痪

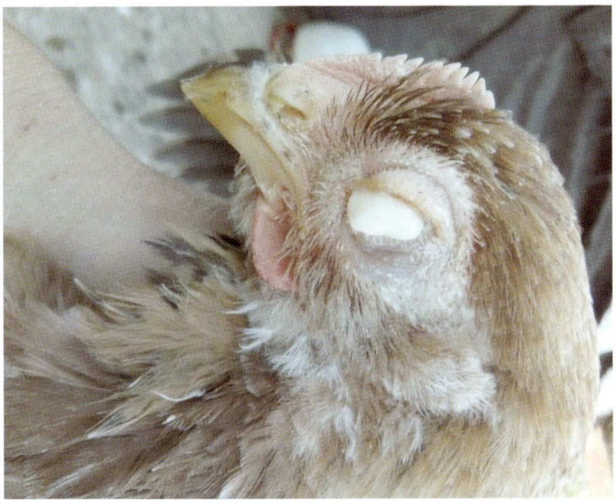

蛋鸡眼睛有干酪样渗出物

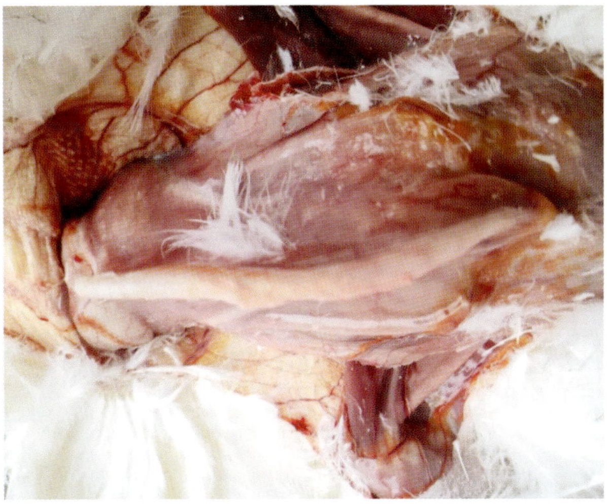

蛋鸡生长停滞、消瘦

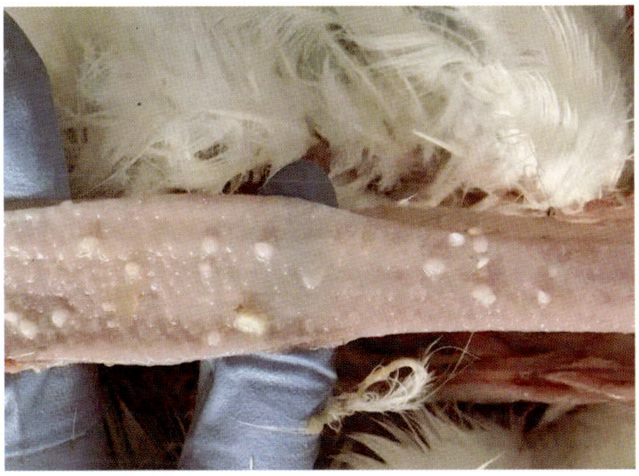

肉种鸡食道黏膜长有结节

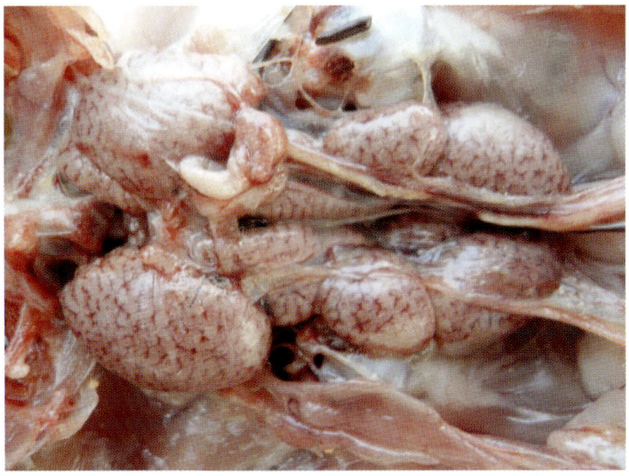

肉鸡易患花斑肾，尿酸盐沉积

孵化期间胚胎第一周死亡增多

毛蛋胚胎发育迟缓，极度虚弱，在出壳前闷死

四、维生素 D 缺乏症

维生素 D 缺乏症是鸡的钙、磷吸收和代谢障碍，骨骼、蛋壳形成等受阻，以雏鸡佝偻病和缺钙症状为特征。维生素 D 缺乏，可造成巨噬细胞吞噬杀伤作用减弱，免疫因子活性被抑制，抗原递呈功能受影响。病鸡骨骼、喙软化，如同橡胶一样，生长缓慢，不能正常站立；产蛋率下降，蛋壳质量变差，孵化胚胎发育不完全。

【病因】鸡得不到充分阳光照射和饲料中维生素 D 含量不足。机体消化吸收功能障碍，患有肾肝疾病的鸡群也会发生。

【临床症状】维生素 D 缺乏症的病变主要见于骨骼和甲状旁腺。骨骼生长发育受阻，质地变软，龙骨变形；肋骨头肿大，肋骨向下向后弯曲；皮质骨增厚且骨髓腔狭窄，胫骨或股骨钙化不全，弯曲或骨折。

【诊断要点】骨骼变形变软，肋骨近端肿大，薄壳蛋和软壳蛋增加。

【防控措施】在正常情况下，饲料中维生素 D 含量最少为 200 单位 / 千克体重，还应加上 10%~30% 余量。饲料中添加量太多会影响维生素 D 的吸收，一般保持维生素 A ∶ D=5 ∶ 1。调节饲料中的钙、磷含量比例，一般钙∶磷为 2 ∶ 1。常在饮水添加鱼肝油。增加鸡的日照、光照时间，散养鸡不易发生缺乏症。

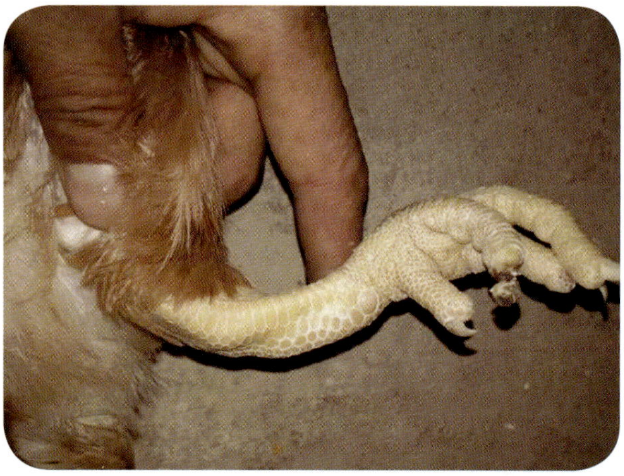

蛋鸡腿骨柔软，严重弯曲

种鸡产蛋率下降，薄壳蛋和软壳蛋增多

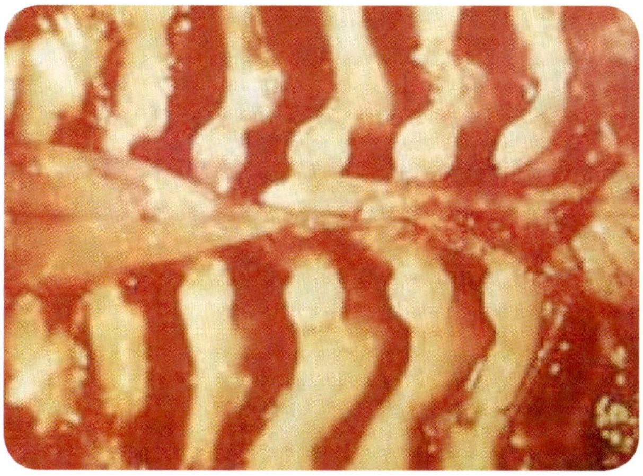

土鸡肋骨头肿胀，呈珠状

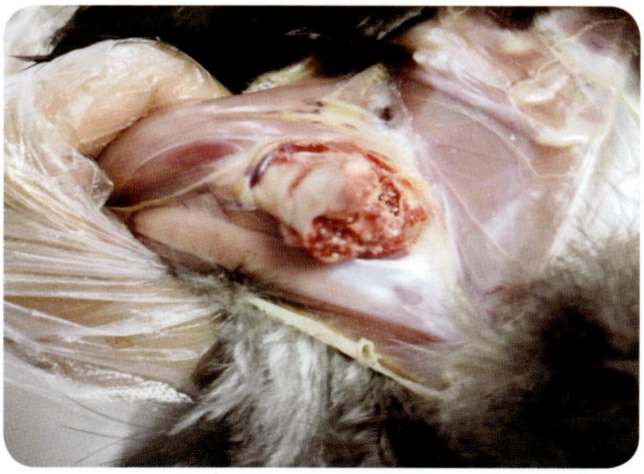

股骨易骨折

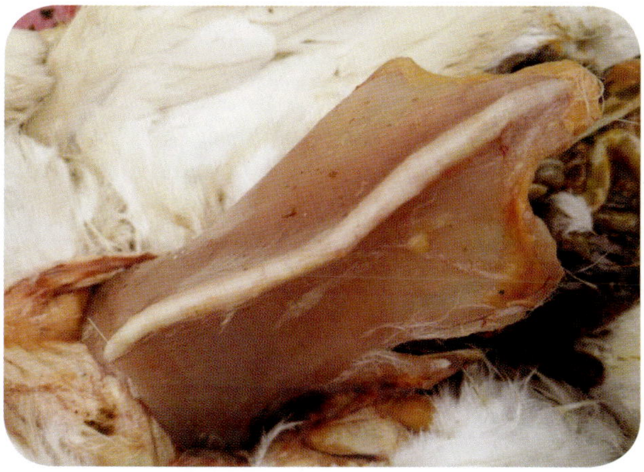

蛋鸡龙骨轻度弯曲、变形

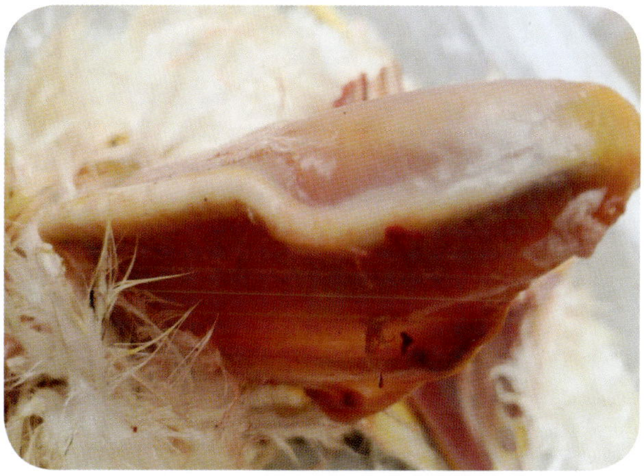

蛋鸡龙骨重度弯曲、变形

五、B 族维生素缺乏症

B 族维生素是一组很复杂的维生素群，生产中常用的维生素 B 有 12 种以上。B 族维生素主要参与鸡体内物质代谢，是各种生物酶的重要组成成分。各种维生素 B 之间相互协调作用，一旦缺乏某一种，就会引起一种机能发生障碍，表现综合征。

【病因】维生素 B 族来源广泛，除玉米缺乏维生素 B_5（烟酸）外，一般饲料中都很齐全，但易被氧化破坏，从而出现缺乏症。肠道正常微生物群可制造维生素 B，在病鸡高热、不食和拉稀的情况下，B 族维生素会大量消耗或合成障碍而引发缺乏症。长期饲喂缺乏维生素 B 的饲料，患肠道疾病（如球虫病、肠毒症等）妨碍其吸收时，均会出现 B 族维生素缺乏症状。B 族维生素是推动体内代谢，把糖、脂肪、蛋白质等转化成热量时不可缺少的物质。B 族维生素都是水溶性的，多余的 B 族维生素不会贮藏于体内，而会完全排出体外。所以，B 族维生素必须每天补充，缺乏则出现病理变化。

【临床症状与病理变化】鸡 B 族维生素缺乏症的共同症状是消化机能障碍，腹泻，消瘦；毛乱无光泽，少毛，脱毛；皮炎，瘫痪，有神经症状或运动机能失调；雏鸡生长缓慢，蛋鸡产蛋率降低。

1. 维生素 B_1 缺乏症

维生素 B_1 又称硫胺素，雏鸡对硫胺素缺乏十分敏感，缺乏 10 天即可出现症状。如头向背后极度弯曲，呈角弓反张状，出现“观星”姿势。病鸡腿麻痹不能站立，以跗关节和尾部着地。

2. 维生素 B_2 缺乏症

维生素 B_2 又称核黄素，雏鸡缺乏核黄素 10 天即发生腹泻，表现生长缓慢。特征性症状是足趾向内蜷曲，不能行走；以跗关节着地，两腿发生瘫痪、劈叉，展开翅膀以维持身体的平衡，呈“观星”状。育成鸡缺乏则发生瘫痪。母鸡的产蛋率下降，蛋白稀薄，蛋孵化率降低。

核黄素是胚胎正常发育和孵化所必需的物质。孵化蛋内的核黄素用完，鸡胚就会死亡。

3. 维生素 B_3 缺乏症

维生素 B_3 又称泛酸，是辅酶 A 的成分，而辅酶 A 在许多生物化学过程中起重要作用，与碳水化合物、脂肪和蛋白质代谢有关。雏鸡泛酸缺乏，表现生长受阻，羽毛粗糙，皮炎，口角有局限性痂块；脚趾痂皮，以致行走困难；肌胃黏膜溃疡。母鸡所产蛋孵化时，胚胎多在孵化期最后 2~3 天死亡。

4. 维生素 B_4 缺乏症

维生素 B_4 又称胆碱，蛋鸡胆碱缺乏时患脂肪肝综合征，是蛋鸡常见的营养代谢性疾病。脂肪在肝细胞内过分堆积，从而影响肝脏的正常功能，甚至引起肝细胞破裂，肝内出血而死亡。患脂肪肝的鸡群很难出现产蛋高峰，一般产蛋率上升到 85% 左右，就逐渐下降。笼养蛋鸡普遍发病，发病率 5% 左右，甚至高达 30%，死亡率很高，给蛋鸡业带来重大经济损失。

病死鸡腹腔内脂肪大量沉积，特别是腹部，肌胃和腺胃的外周都有一层厚厚的脂肪存在；肝脏肿大、出血、质脆，并有油腻感。

5. 维生素 B_5 缺乏症

维生素 B_5 又称烟酸，性质稳定，不易被热、氧、光和碱所破坏。维生素 B_5 参与体内酶代谢，当鸡体缺乏时会引起新陈代谢障碍。病鸡食欲减退，生长迟缓，羽毛蓬松，关节肿大，皮炎龟裂，腿骨弯曲。

6. 维生素 B_6 缺乏症

维生素 B_6 又称吡哆醇，缺乏时雏鸡食欲下降，生长不良，表现贫血和特征性神经症状。病鸡双脚神经性颤动，强烈痉挛抽搐而死亡。

7. 维生素 B_{11} 缺乏症

维生素 B_{11} 又称叶酸，雏鸡叶酸缺乏时生长不良，羽毛不正常，表现血和骨短粗症，特征性症状是头颈抬不起来，呈“软脖子”状。若叶酸与维生素 B_{12} 同时缺乏时，可使核蛋白的代谢发生紊乱，导致营养性贫血。

8. 维生素 B_{12} 缺乏症

维生素 B_{12} 又称谷氨酸，是一种广泛存在于绿色蔬菜中的 B 族维生素，可防止恶性贫血症。它参与甲基的合成，而血红素的合成必须有甲基参与，如果缺乏谷氨酸，鸡就会产生造血肌能障碍，从而发生恶性贫血症。雏鸡生长缓慢，食欲降低，贫血，肌胃糜烂，无特征性表现。

蛋鸡典型的“观星”姿势

雏鸡歪脖的神经症状

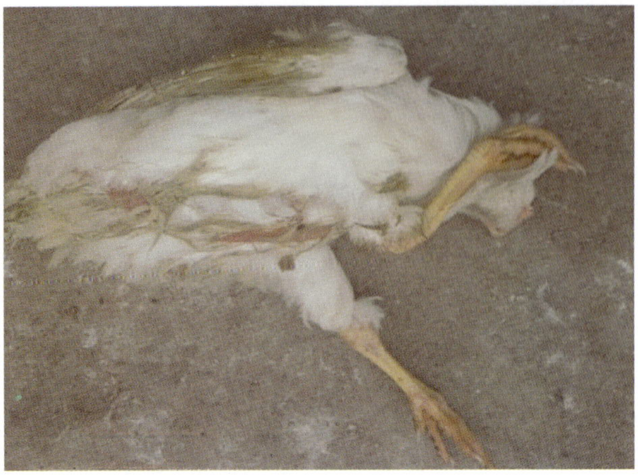

肉鸡维生素 B_2 缺乏，腿叉开

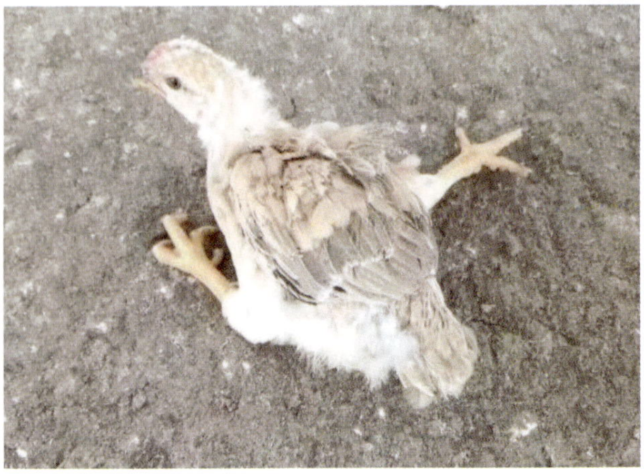

黄鸡腿劈叉，爪呈“攥拳状”

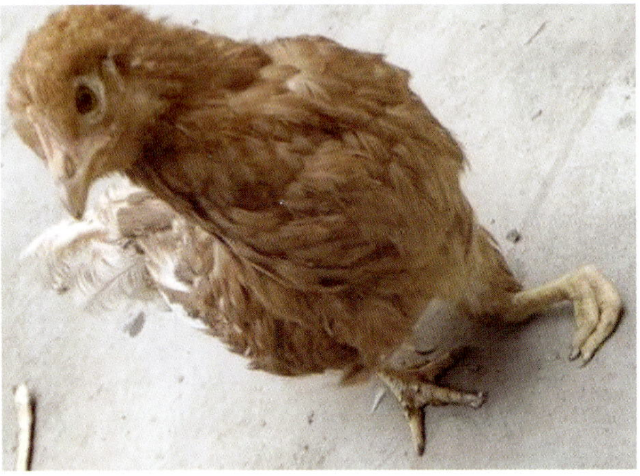

蛋鸡维生素 B_2 缺乏，爪弯曲呈钩状

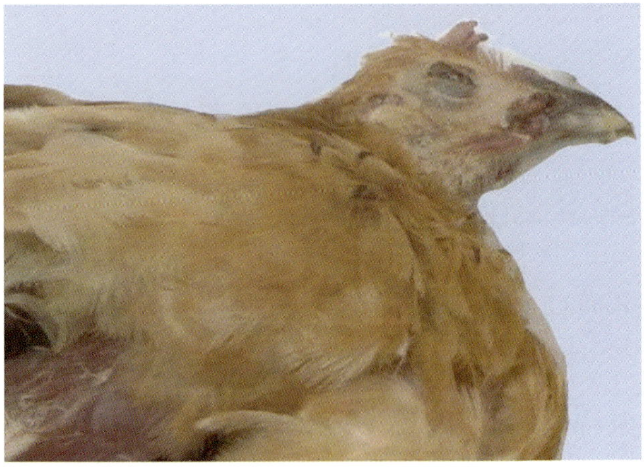

蛋鸡维生素 B_3 缺乏，口角结痂

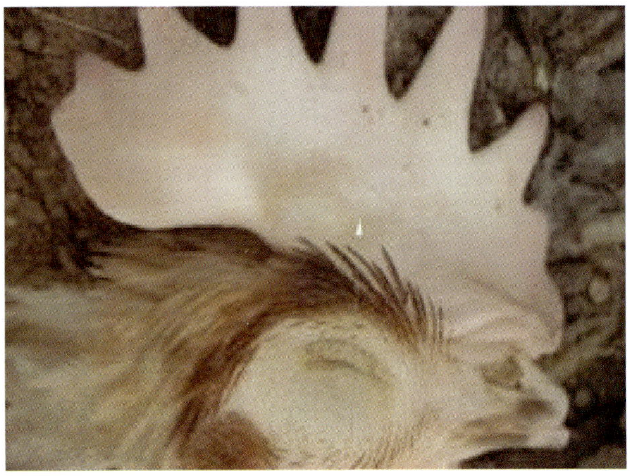

鸡冠苍白贫血

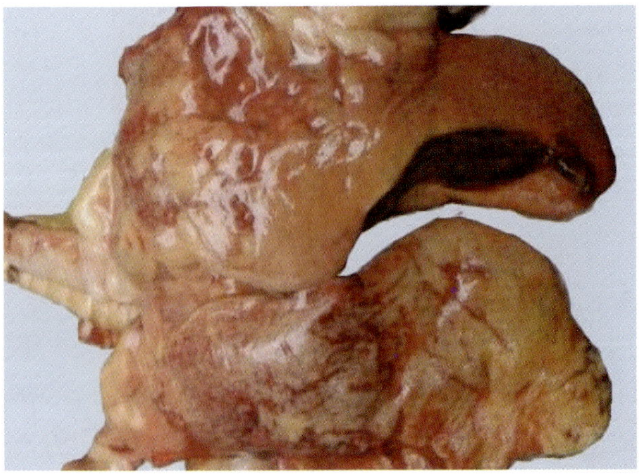

黄鸡肝脏脂肪变性，极油腻

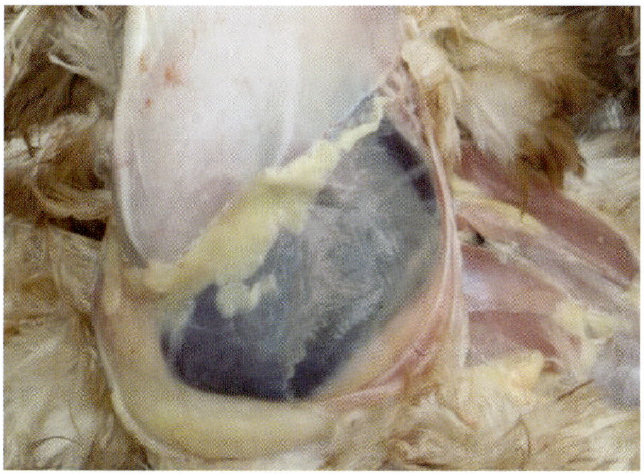

蛋鸡腹腔内有血液

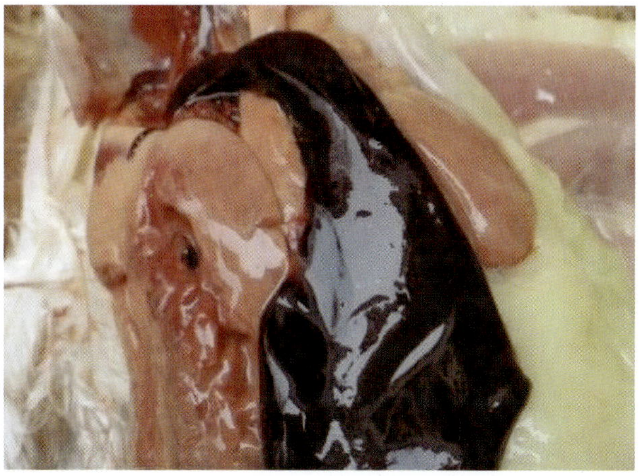

蛋鸡肝脏破裂

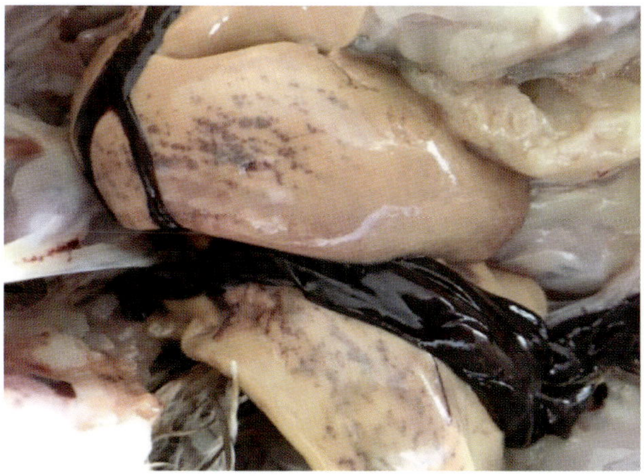

蛋鸡肝脏黄染、破裂，有血凝块

鸡维生素 B_5 缺乏，易造成趾部皮炎龟裂

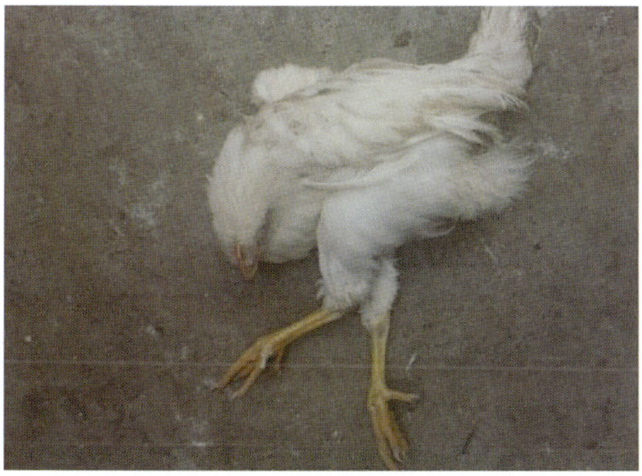

鸡维生素 B_6 缺乏，致痉挛抽搐

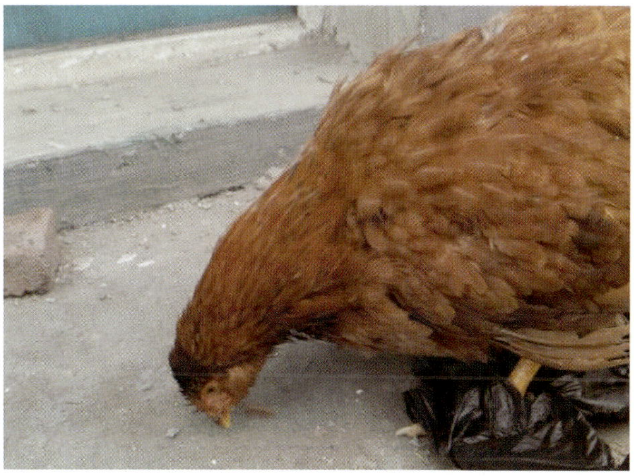

鸡叶酸缺乏，致头部抬起困难，呈“软脖子”

【诊断要点】

1. 临床特征

根据缺乏维生素 B 族的特征性表现，即可确诊。

2. 剖检变化

胆碱缺乏，易造成肝破裂。

【防控措施】

1. 保证饲料营养平衡

给蛋鸡饲喂全价饲料，保证营养平衡和含有充足的 B 族维生素。

乌鸡因叶酸缺乏，致“软脖子”

2. 补充益生菌

肠道双歧杆菌在增殖过程中，能够产生维生素 B_1、B_2、B_3、B_5、B_6、B_{11}、B_{12} 等，因此，饲喂补充益生菌是有益的。

3. 酌情补充胆汁酸

胆汁酸可帮助脂肪的消化和吸收，调节肠道菌群，有效预防脂肪肝，可予以补充。

4. 药物推荐

维生素 B_1 缺乏症：硫胺素，按每千克饲料加 10~20 毫克，连用 1~2 周。重者肌注，雏鸡 1 毫克，成鸡 5 毫克，每日 1~2 次，连用 5 日。饲料中提高多种维生素和麸皮的比例。

维生素 B_2 缺乏症：核黄素，雏鸡 2 毫克 / 只，育成鸡 5~6 毫克 / 只，成鸡 10 毫克 / 只。

维生素 B_3 缺乏症：给雏鸡长期饲喂以玉米饲料且未补给泛酸，可引起泛酸缺乏症。

发病鸡：泛酸钙 8 毫克 / 只；病鸡群用泛酸钙，20~30 毫克 / 千克饲料，连用 2 周。

维生素 B_4 缺乏症：每吨饲料添加 50% 氯化胆碱 3 千克，维生素 E 1 万国际单位，维生素 B_{12} 12 毫克，连续治疗两周。

维生素 B_5 缺乏症：饲料使用富含烟酸的色氨酸、啤酒酵母、米糠、麸皮、豆类、鱼粉等。病鸡口服烟酸 30~40 毫克 / 只，鸡群烟酸需要量为：雏鸡 26 毫克 / 千克饲料，生长鸡 11 毫克 / 千克饲料，蛋鸡为每天 1 毫克。

维生素 B_6 缺乏症：雏鸡 6.2~8.2 毫克 / 千克体重，成鸡 4.5 毫克 / 千克体重。

维生素 B_{11} 缺乏症：治疗病鸡，最好肌肉注射纯叶酸制剂 50~100 微克，在 1 周内恢复正常；口服叶酸，则每 100 克饲料中加入 500 微克叶酸，效果较佳。若配合应用维生素 B_{12}、维生素 C 进行治疗，效果更好。经验证明，紧急应用味精 1 千克水加味精 1 克，给病鸡灌服后，几个小时即可恢复。

维生素 B_{12} 缺乏症：每吨饲料添加维生素 B_{12} 12 毫克，连续应用 1 周。

B 族维生素之间有协同作用，即一次摄取全部 B 族的维生素，要比分别摄取效果更好。因此，在防治蛋鸡维生素缺乏症时，除针对性应用维生素外，应全面添加复合维生素 B。

六、维生素 E- 硒缺乏症

鸡维生素 E- 硒缺乏症，以骨骼发育不良、脑软化症、渗出性素质、白肌病和繁殖障碍为特征。维生素 E 和硒是动物体内不可缺少的抗氧化物，二者具有协同作用，可共同抗击氧化物对组织的损伤。20~50 日龄仔鸡多发病，成鸡表现白肌病和繁殖障碍。

【病因】 日粮中含有易酸败的不饱和脂肪酸时，鸡就会发生脑软化症。硒与维生素 E 可以抵抗脑软化，3~6 周龄雏鸡多发。成鸡主要为生殖能力的损害，母鸡产蛋率和种蛋孵化率降低；公鸡精子形成不全，繁殖力下降，授精率低等。雏鸡维生素 E 和硒缺乏时，会表现渗出性素质，翅膀、颈、胸、腹等部位水肿，皮下血肿，叉腿站立。维生素 E 和含硫氨基酸同时缺乏，病鸡则表现为白肌病症状，如胸肌和腿肌苍白，有白色条纹，肌肉松弛无力，消化不良，运动失调，贫血等。

【临床症状与病理变化】 维生素 E- 硒缺乏有一定的地区性、季节性，多集中在冬、春两季发生，寒冷多雨是常见发病诱因。

1. 渗出性素质

2~3 周龄雏鸡多发病，到 3~6 周龄时发病率高达 80%~90%，多呈急性经过。病雏鸡躯体低垂，胸腹部皮肤有淡蓝色、水肿样变化，可扩展至全身；排稀便或水样便，最后衰竭死亡。剖检，可见到皮下水肿，有淡黄色、胶冻样渗出物或淡黄绿色、纤维蛋白性凝结物。

2. 白肌病

4 周龄雏鸡易发，表现为全身软弱无力，贫血，腿麻痹而卧地不起，羽毛松乱，翅下垂，衰竭而亡。主要病变在心肌、胸肌、肝脏、胰脏及肌胃肌肉，其次为肾脏和脑。病变部肌肉变性、色淡，煮肉样，呈灰黄色、黄白色的点状、条状、片状纹路。心肌扩张变薄，多在乳头肌内膜有出血点。胰脏变性，体积缩小，有坚实感。

3. 脑软化症

病鸡主要表现为平衡失调、运动障碍和神经紊乱症状，精神沉郁，瘫痪，常侧倒；出壳后弱雏增多，站立不稳；脐带愈合不良及曲颈，有头插向两腿之间等神经症状。剖检，可见小脑软化、水肿，有出血点和坏死灶，呈灰白色斑点。

【诊断要点】脑软化，渗出性素质，肌肉变性。

【防控措施】

1. 预防

饲料配方尽量满足鸡的生长需求，硒含量为 0.25 毫克 / 千克饲料。通常以亚硒酸钠形式添加，同时含有 20 毫克维生素 E。饲料中添加抗氧化剂。防止饲料贮存时间过长或受到无机盐、不饱和脂肪酸所氧化，以及拮抗物质的破坏。

2. 治疗

在临床实践中，脑软化、渗出性素质和白肌病常交织在一起，若不及时治疗可造成急性死亡。通常每千克饲料中加维生素 E 20 单位，连用两周，维生素 E 和硒制剂同时应用。渗出性素质，每只鸡肌注 0.1% 亚硒酸钙生理盐水 0.05 毫升，或添加 0.05 毫克 / 千克硒添加剂。白肌病，每千克饲料再加入亚硒酸钠 0.2 毫克、蛋氨酸 2~3 克，可收到良好疗效。脑软化症可用维生素 E 油或胶囊治疗，每只鸡一次喂 250~350 单位。饮水中添加速溶多维。

植物油中含有丰富的维生素 E，在饲料中混入 0.5% 植物油，也可治疗本病。

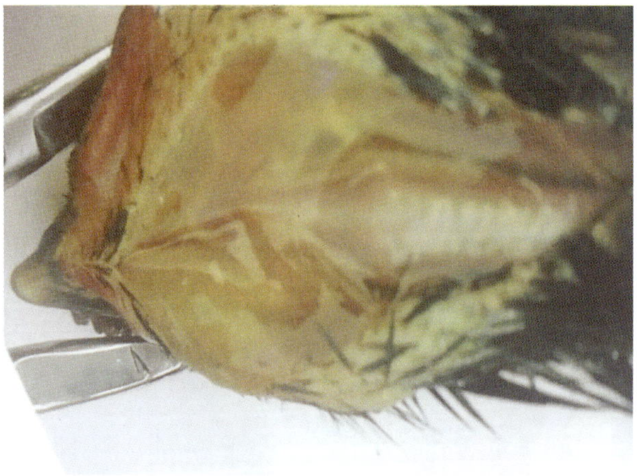

蛋鸡下颌部皮下有黄色纤维素性渗出物

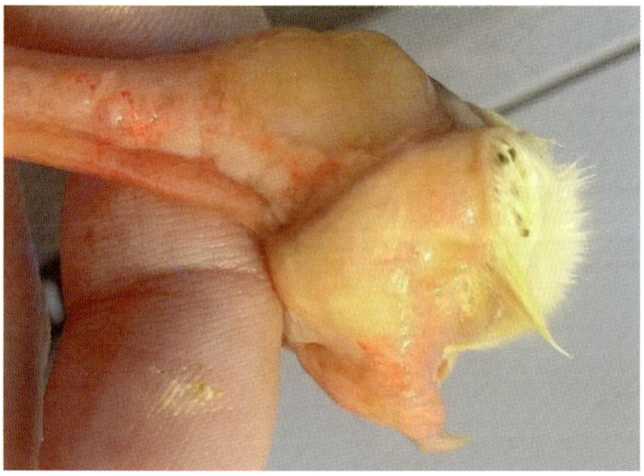

雏鸡头颈部皮下水肿，有胶冻样渗出物

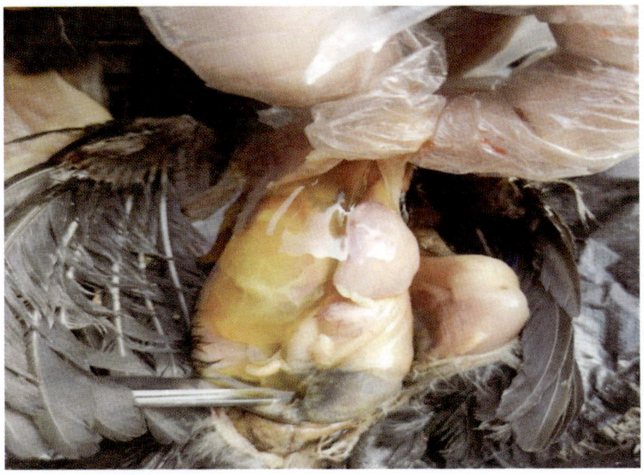

蛋鸡腹腔有淡黄色胶冻样渗出物

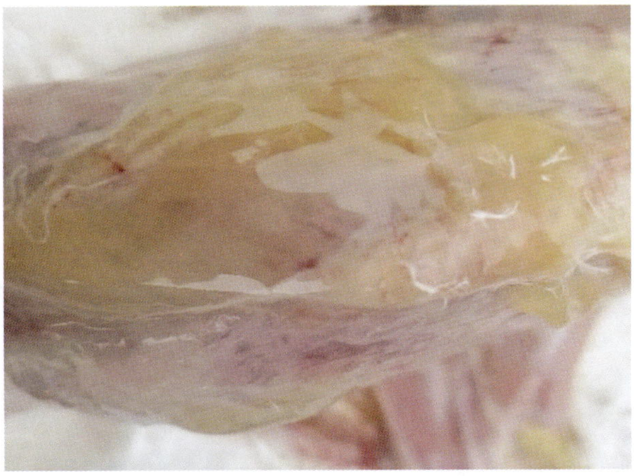

蛋鸡胸腹部皮下有胶冻样渗出物

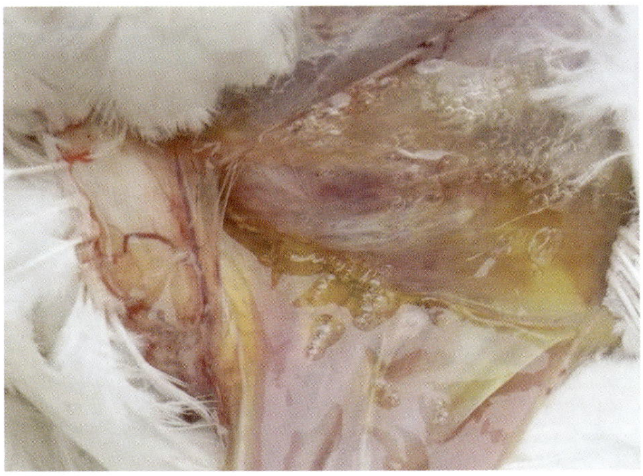

蛋鸡腹股部皮下有胶冻样渗出物

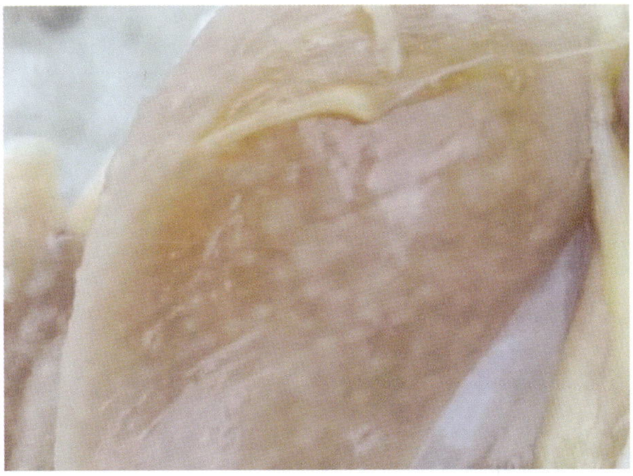

白肌病：胸肌轻度黄白色条状变性

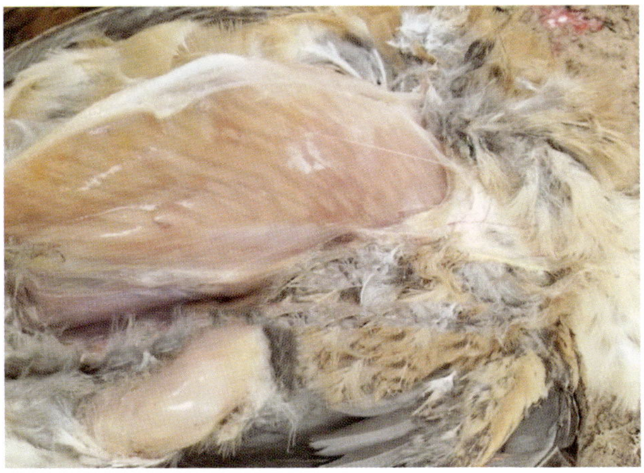

白肌病：胸肌重度黄白色变性

毛蛋：死胚头颈部皮下水肿

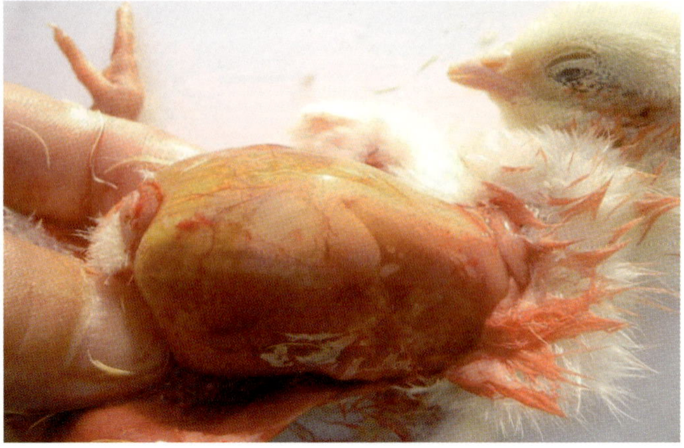

雏鸡腹部皮下水肿，有渗出物

七、微量元素缺乏症

铁、铜、锰、硒、碘、锌、钼等占动物体重万分之一以下的元素，称为微量元素。这些微量元素作为多种酶的组成成分、活性中心和激活剂，参与物质代谢；维持渗透压和酸碱平衡；维持肌肉正常兴奋性；作为某些激素和消化液的成分而发挥作用；提高家禽生产性能和免疫力（表 1）。

表 1 微量元素的作用和影响

微量元素	作用	缺乏与过量的影响
铁	提高组织呼吸能力； 提高血液中氧的运输能力； 促进血红素生成，预防贫血症； 打通毛细血管，改善微循环； 抗应激	造成贫血症、腹水症，羽毛褪色、暗淡无光；易发生球虫病；雏鸡卵黄吸收不好
铜	是酶的组成成分； 促进铁的吸收和血红蛋白的形成； 改善神经系统； 分解过氧化物、自由基	造成贫血；影响骨骼发育，引起骨质疏松，出现腿病；食欲不振、异食癖；运动失调和神经症状
锌	是多种酶的组分； 参与蛋白质的合成与代谢； 提高免疫应答； 促进激素分泌； 促进细胞生长	造成免疫抑制；足皮炎；孵化率低；产软壳蛋；脱水

（续表）

微量元素	作用	缺乏与过量的影响
锰	改善造血机能； 促进骨骼发育； 增强繁殖力； 帮助伤口愈合； 分解过氧化物、自由基； 提高疫苗效价	雏鸡骨骼发育不良，生长受阻；易患溜腱症、骨短粗症；产蛋率下降、薄壳蛋和无壳蛋增加；种蛋孵化率降低，胚胎在后期死亡
氟	直接参与骨骼代谢； 维持正常的钙磷平衡； 影响造血功能及多种酶活性	氟中毒胫骨变粗变短；胸肌色淡、苍白，有出血斑；肝脏肿大、质脆，呈土黄色
钼	以酶的形式参与体内氧化还原反应，发挥营养作用； 促进动物正常生长发育； 提高生产性能	缺乏：羽毛结节状，交叉喙，眼病多，发育迟缓，死亡率高 过量：对酶和激素合成、性腺和免疫器官机能、营养物质代谢都有影响

【诊断】包括饲养管理条件的调查，症状识别，实验室诊断，日粮成分分析测定。

【防控措施】饲喂全价日粮，定期对日粮检测。保肝润肠，提高鸡只对营养物质的消化吸收利用率。确诊为微量元素缺乏症后，更换饲料或者及时补充微量元素。

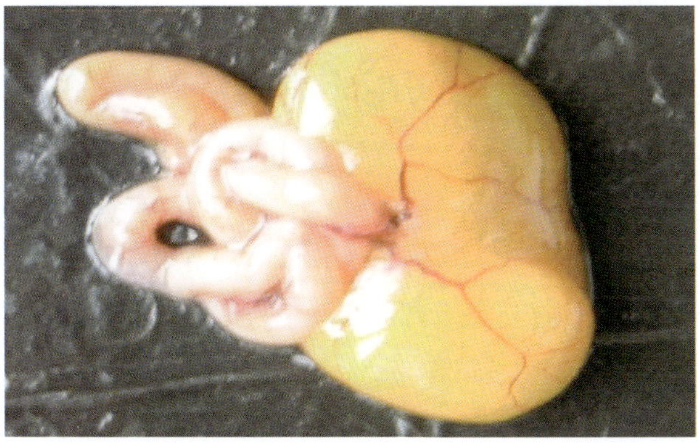

雏鸡铁缺乏，导致卵黄吸收不良

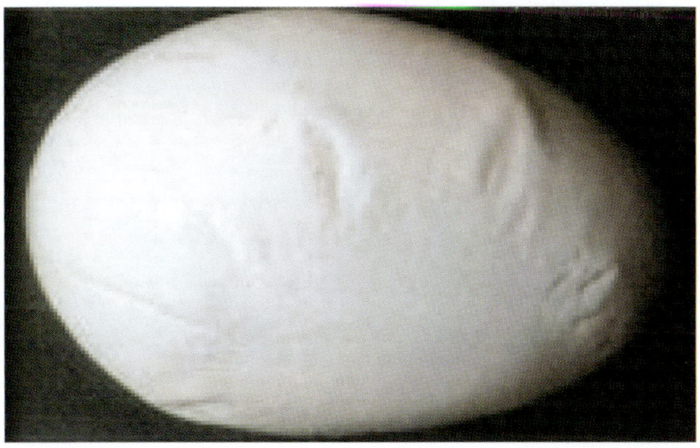

铜缺乏：蛋壳常出现皱褶

铜过量：雏鸡出现运动失调和神经症状

铜过量：雏鸡引起肌胃糜烂

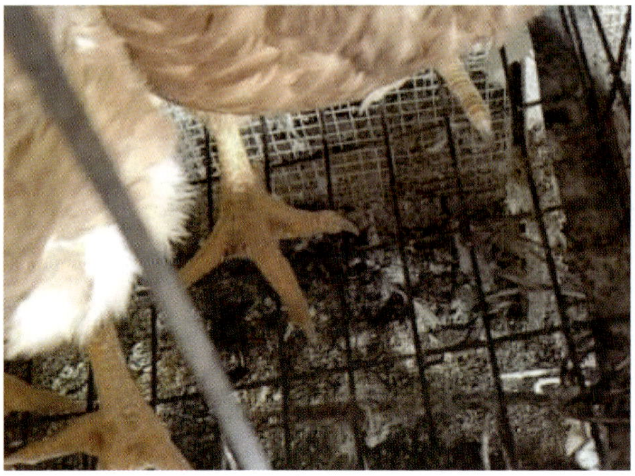

锌缺乏：引发蛋鸡足皮炎

锰缺乏：产软壳蛋，蛋壳无光泽，易碎

锰缺乏：肉鸡骨短粗，易患腱滑脱症

氟中毒：肉鸡胸肌色淡，有出血斑（选自崔恒敏）

钼缺乏：肉雏鸡交叉喙，眼病多

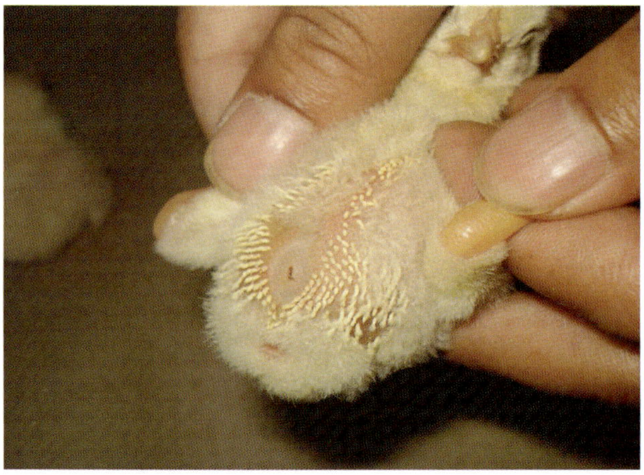

钼缺乏：肉鸡羽毛结节状

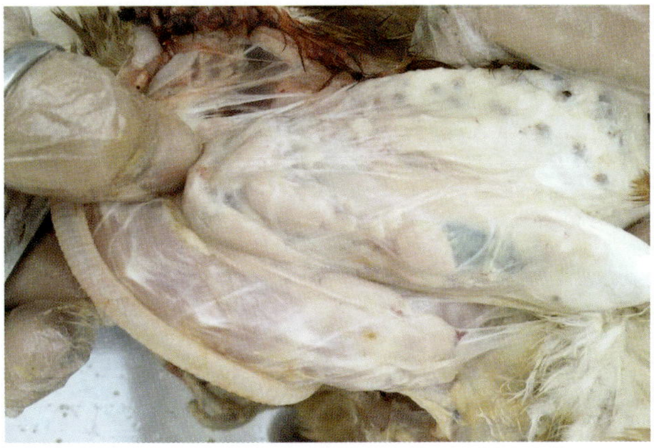

钼中毒：100 日龄蛋鸡胸腺萎缩、贫血

八、痛风病

鸡痛风病是因蛋白质代谢障碍或药物中毒等导致肾脏损伤，无法将尿酸盐正常排出，进而使尿酸盐大量沉积于肾脏、各脏器浆膜层和其他间质组织中的一种代谢性疾病。近年来，此病呈上升趋势，经济损失惨重。

【病因】尿酸盐产生太多，肾脏功能受损，导致尿酸盐排出障碍。在排除传染性因素外，还有营养不均衡，药物、霉菌毒素中毒等多种可能。

饲料中蛋白质尤其是核蛋白含量过高时，就会大量分解为黄嘌呤，以尿酸盐形式从肾脏排出体外。如大量尿酸盐形成，超出鸡的肾脏排出能力，多余的尿酸盐就会沉积在内脏和关节中，形成“痛风”。

凡使肾功能受损的因素都会形成尿酸盐沉积，如维生素 A 缺乏，饮水不足，药物和霉菌毒素中毒，H9 型禽流感、肾型传染性支气管炎、传染性法氏囊病、雏鸡白痢等，都会直接或间接损伤肾脏，影响尿酸盐代谢。

【临床症状】病鸡精神沉郁，呼吸急迫；腿爪干瘪无光泽；采食量下降，饮水量增加，排白色石灰渣样稀便；关节痛风时关节肿大，运动困难。每次清除鸡粪后，地面上覆盖一层白色石灰样物。

【病理变化】血液循环越旺盛的组织、器官，痛风病变也越显严重。心、肝肿大，尿酸盐沉积；肾脏呈花斑状，输尿管内有白色石灰样物充盈，心脏表面及心包覆盖一层石灰样物。浆膜层沉积尿酸盐，关节腔尿酸盐沉积。

【诊断要点】

1. 临床特征

机体脱水，腿爪干瘪，排石灰渣奶油样稀便。

2. 剖检变化

各脏器白色粉状尿酸盐沉积，肾脏病变明显。

【防控措施】

1. 预防

（1）平衡饲料中的蛋白质和核蛋白含量，发生痛风症后要降低饲料中的蛋白质含量，以减轻肾脏负担，并适当控制饲料中钙磷比例。

（2）供给充足的饮水，停用、缓用各种抗生素，以利于尿酸盐的排出。在饮水中添加优质电解多维水，饲料中添加维生素 E、鱼肝油等。

（3）严防各种传染性疾病，治疗时一定要考虑到是否损害肾脏功能。

（4）肉鸡饲养过程中，应用优质保肝、护肾药物至少要 3~4 次。

2. 治疗

选用葡萄糖、小苏打、离子成分药物及中药制剂等，调节肾脏功能，促进尿酸盐的代谢和排出，力争“消炎解肾肿、排盐少腹泻”。在肾脏肿、肾花斑、肾和输尿管尿酸盐沉积时，查明病因，针对性治疗，消炎解肾肿尤为重要。

化学药物要少用，大分子药物要少用，复方联合用药要少用。小肽制剂、转移因子类药物可用，经典药方“五皮饮”效果好；0.3%~0.5% 小苏打全天饮水，临床效果十分明显。

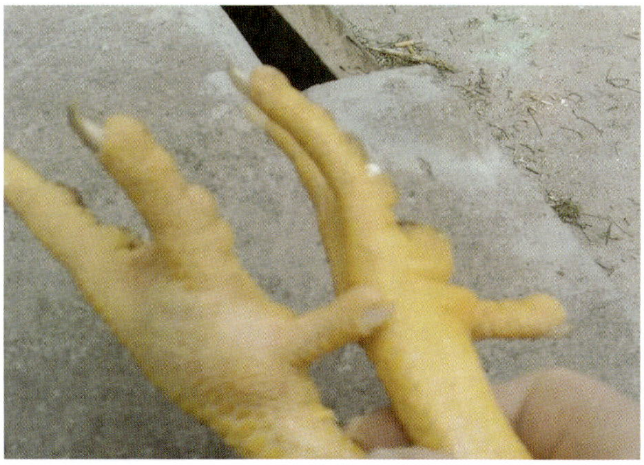

蛋鸡趾关节肿胀

肉鸡白色下痢

蛋鸡奶油样粪便，附着尿酸盐

排石灰水样、白色稀便

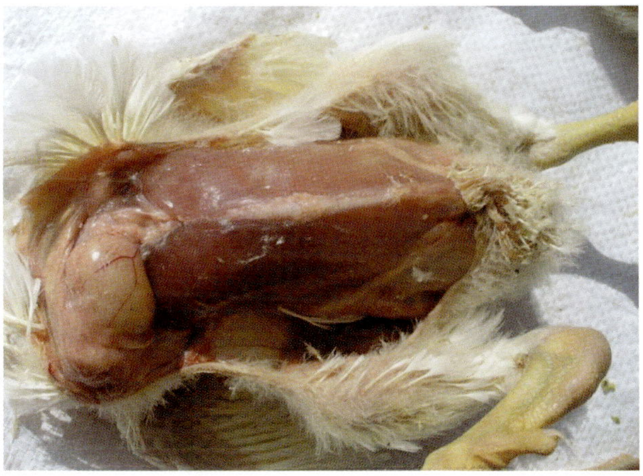

肉鸡肌肉干燥，严重脱水

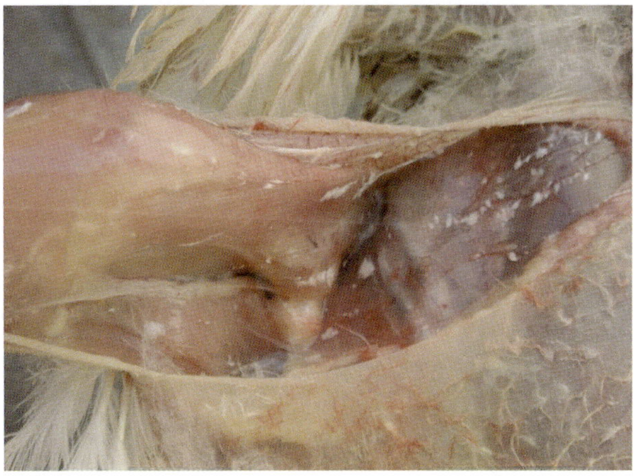

肉鸡皮下肌肉尿酸盐析出

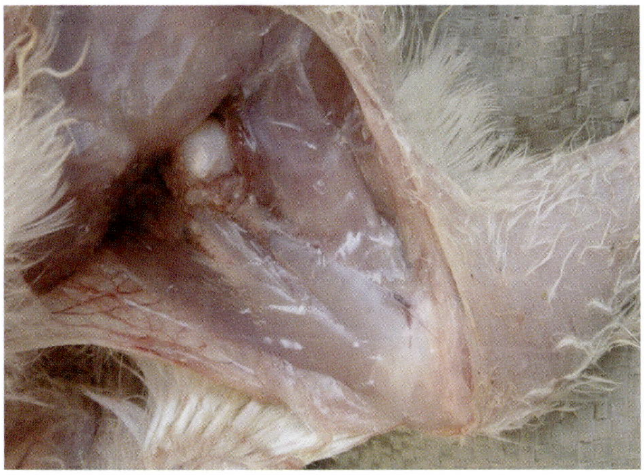

肉鸡股内侧肌肉与肌间尿酸盐沉积

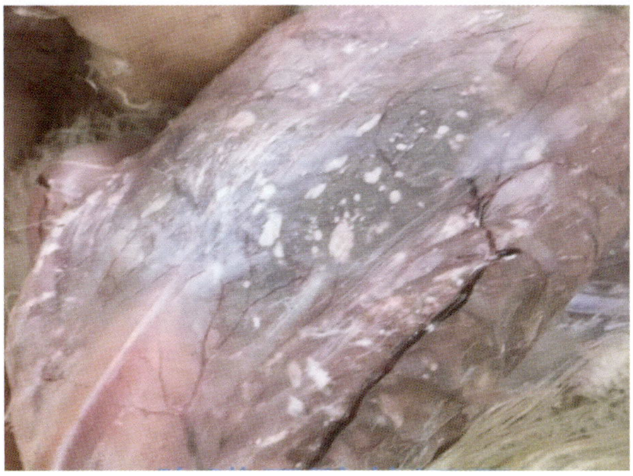

肉鸡腹膜有大量尿酸盐沉积

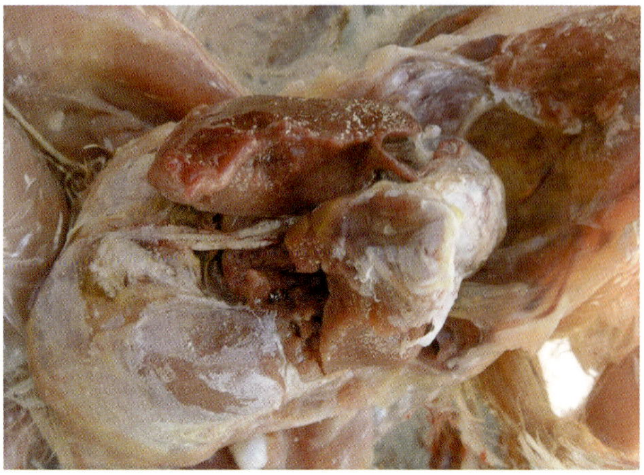

肉鸡腹膜和浆膜尿酸盐沉积

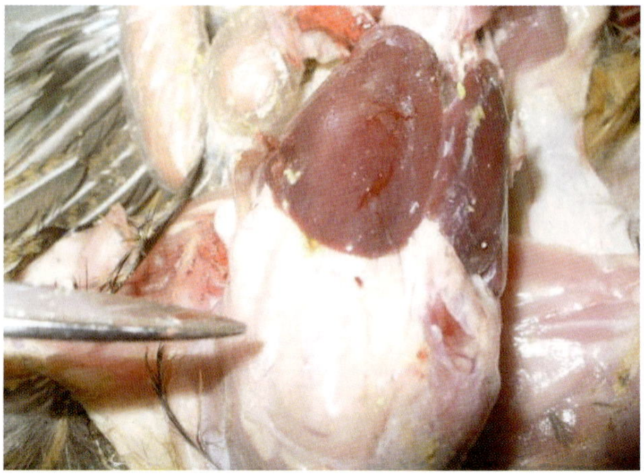

黄鸡肝脏尿酸盐沉积

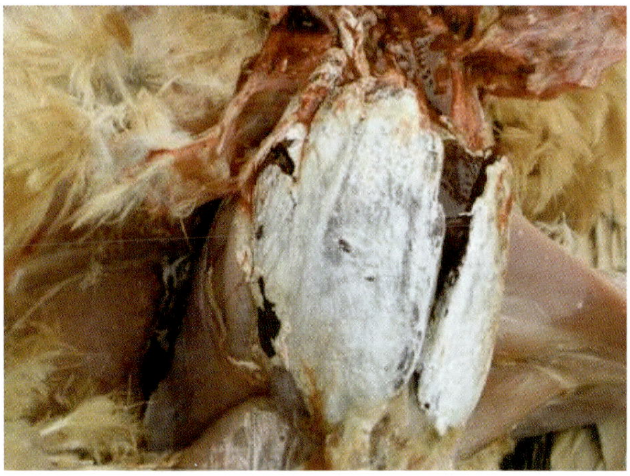

蛋鸡肝脏严重沉积尿酸盐，似面粉状

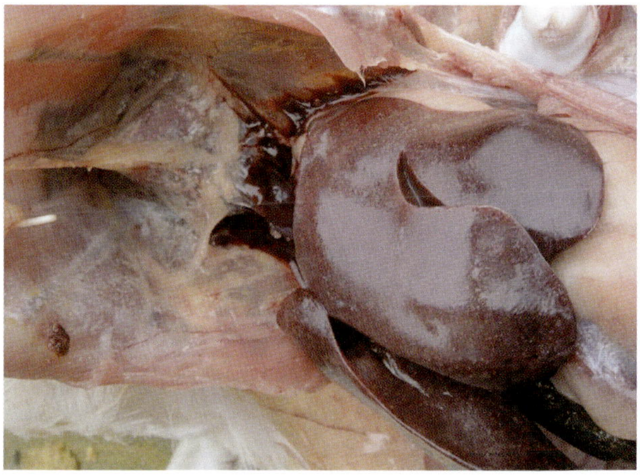

肉鸡气囊尿酸盐沉积

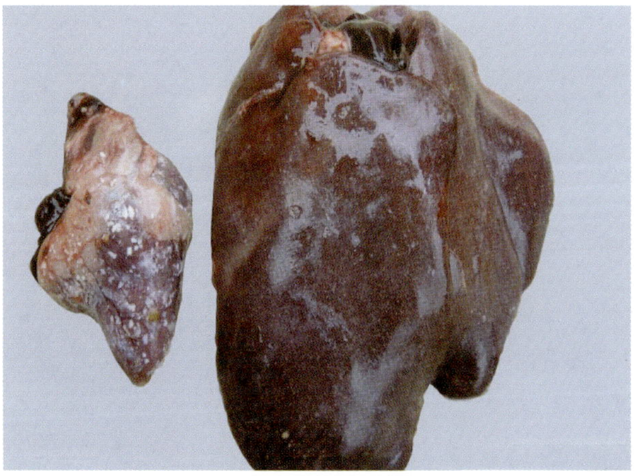

肉鸡肝脏和心肌尿酸盐沉积

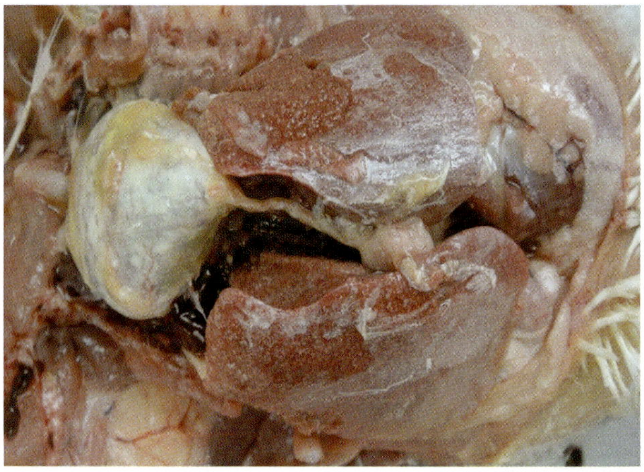

肉鸡心包、肝脏、腹膜尿酸盐沉积

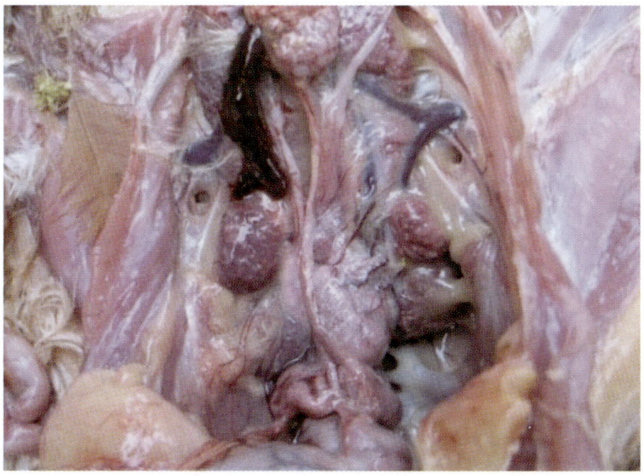

蛋鸡肾脏尿酸盐沉积，呈花斑状

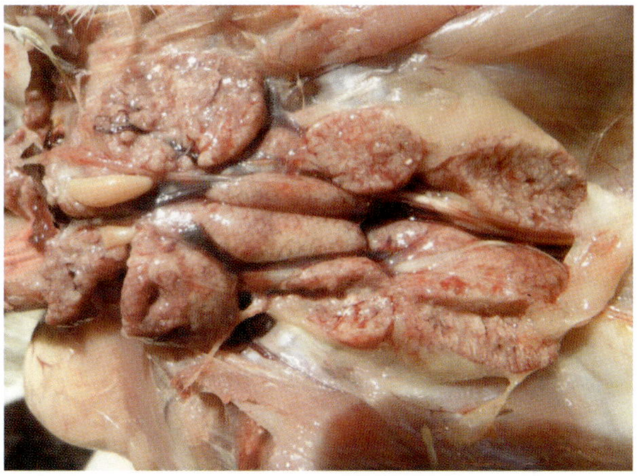

切开肾，可见尿酸盐

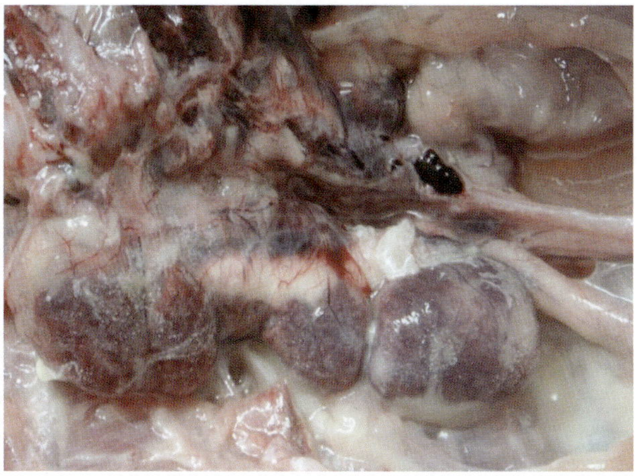

肾脏出血，尿酸盐析出

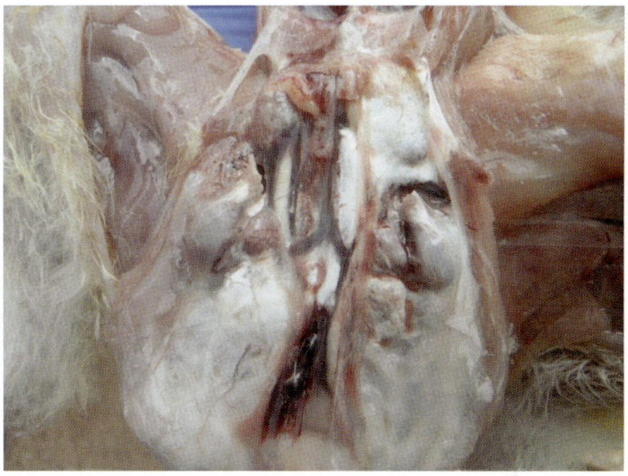

肉鸡输尿管、肾脏尿酸盐严重沉积

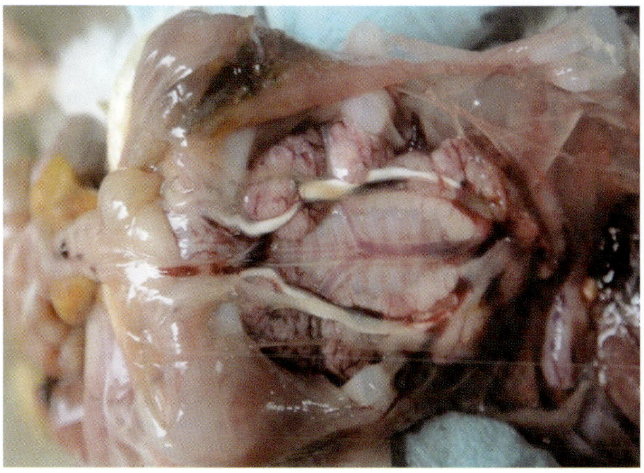

雏鸡白痢，引发输尿管尿酸盐沉积

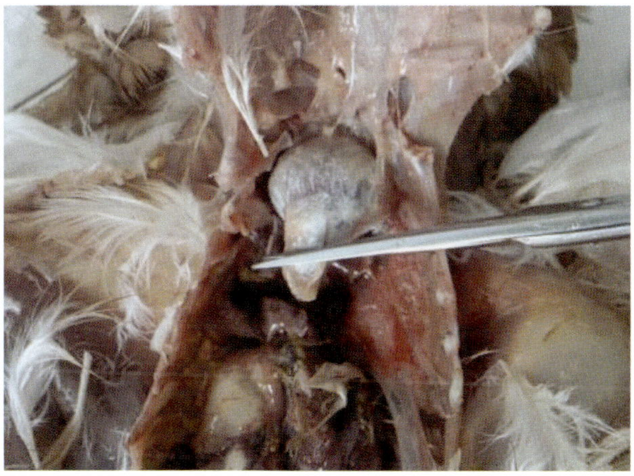

蛋鸡心包轻度尿酸盐沉积

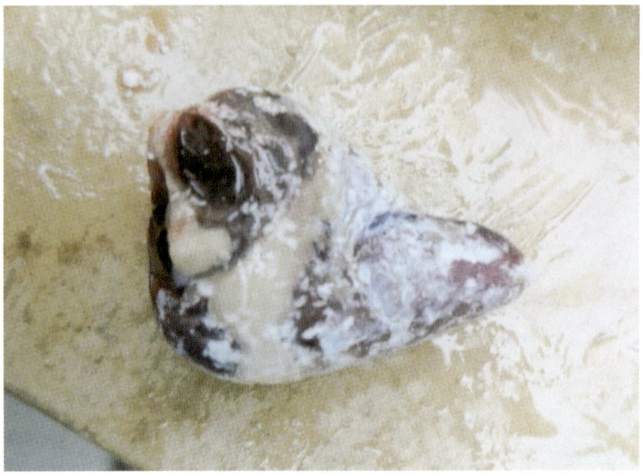

蛋鸡心包重度尿酸盐沉积

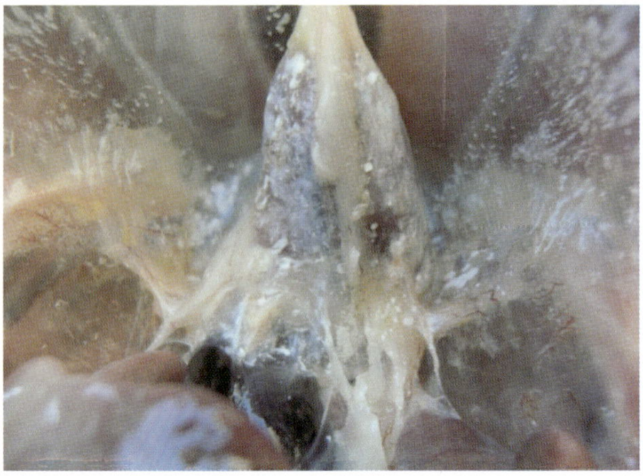

肉鸡心脏表面尿酸盐沉积

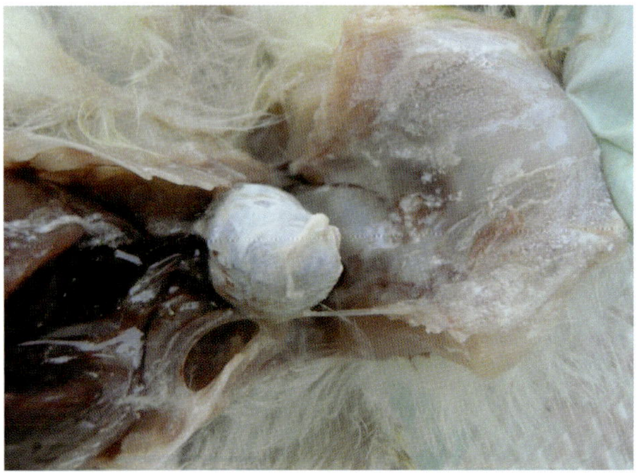

肉鸡心包及胸骨内侧尿酸盐沉积

肉鸡心包尿酸盐沉积

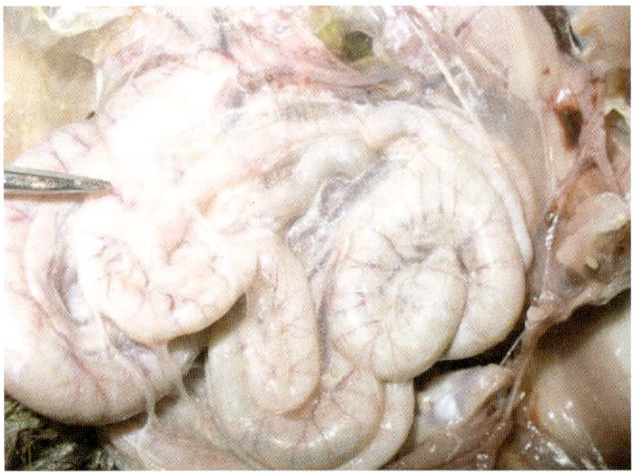

蛋鸡肠管浆膜层尿酸盐沉积

蛋鸡肠系膜尿酸盐沉积

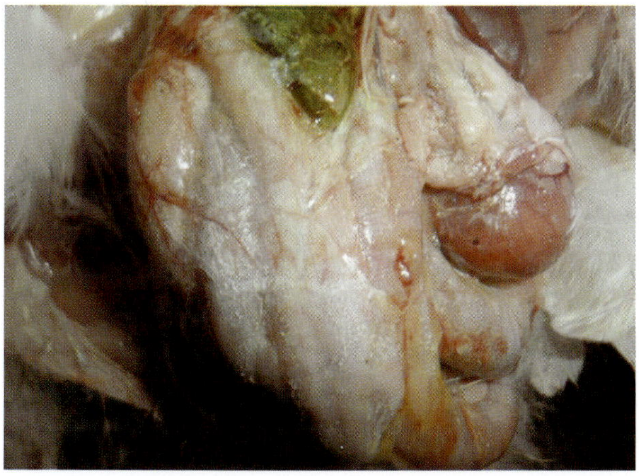

肉鸡肠管、腹膜尿酸盐沉积

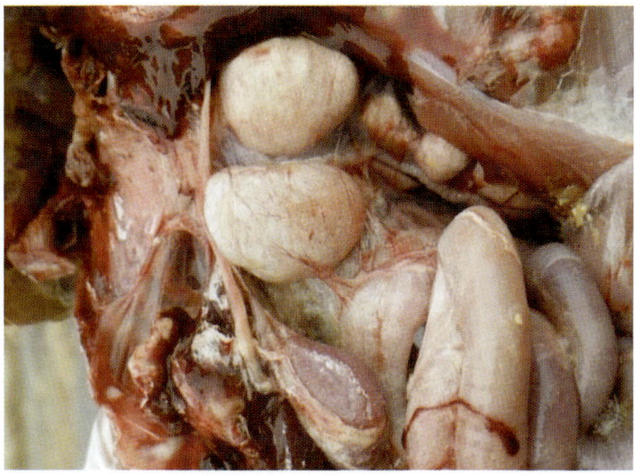

蛋种鸡睾丸尿酸盐沉积

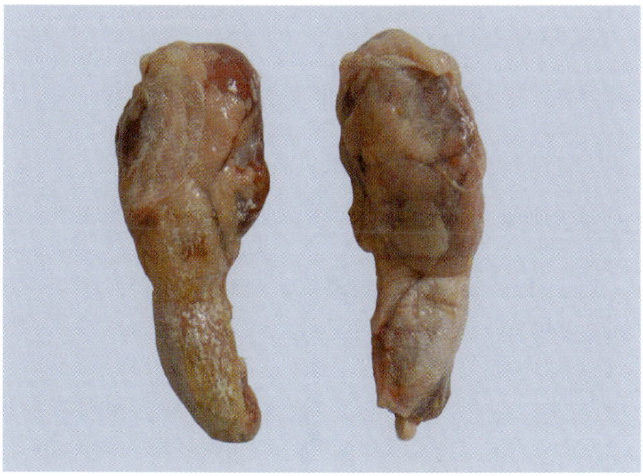

肉鸡腺胃、肌胃浆膜层尿酸盐沉积

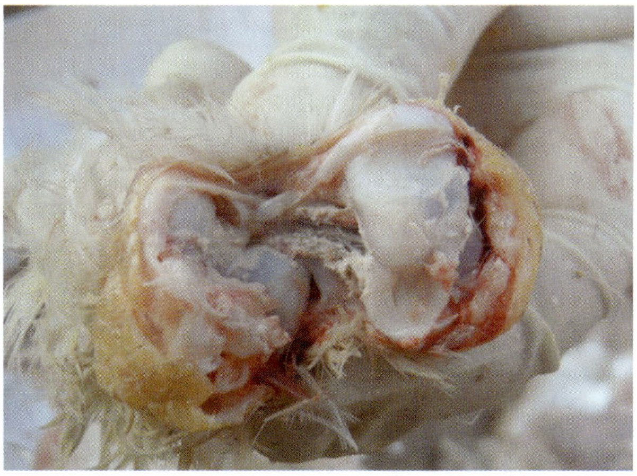

肉鸡跗关节少量尿酸盐沉积

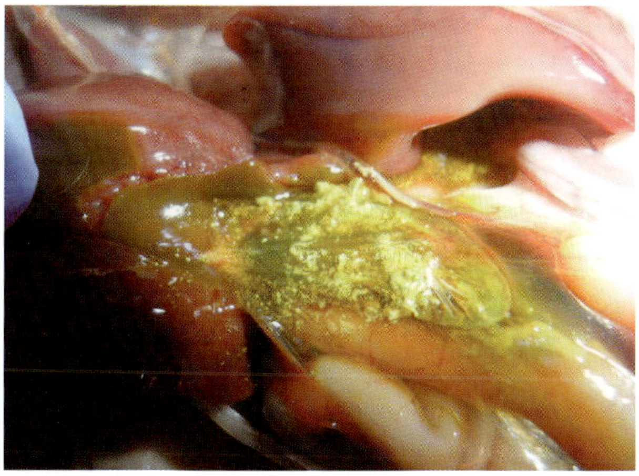

肉鸡胆囊尿酸盐沉积

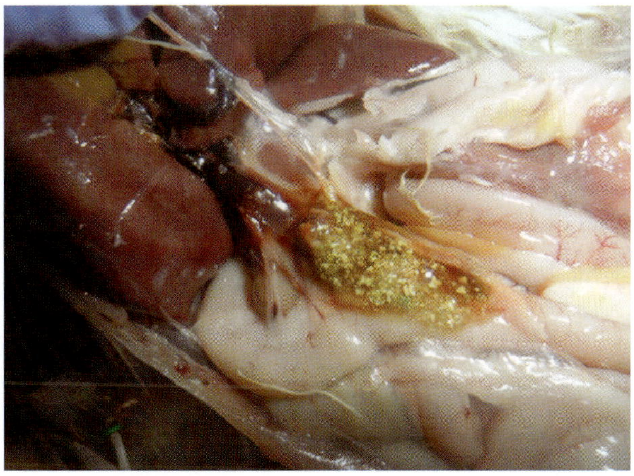

肉鸡胆囊石灰渣样尿酸盐沉积

第五章 普通病

一、口 炎

鸡口炎是口腔黏膜炎症的总称，多由白色念球菌、霉菌及毒素、维生素 B 缺乏等引起，以口腔和上消化道黏膜产生白色假膜与溃疡为特征。本病能给鸡带来严重的免疫抑制，造成免疫应答水平低下，进食少、体质弱、抗病力差，易引发呼吸道病、大肠杆菌病、病毒病。肉鸡瘦弱，蛋鸡产蛋率下降，造成巨大经济损失。

【病原】白色念珠菌为常见病原，在自然界中广泛存在，可在健康鸡的口腔、上呼吸道和肠道等处自然寄居，一旦条件有利时，便会对宿主形成危害。

【发病规律】雏鸡易感性最强，2 周内死亡率可达 30%~50%。夏秋炎热多雨季节多发口炎。病鸡和带菌鸡是主要传染来源。病原通过分泌物、排泄物污染饲料、饮水，经消化道感染。

【临床症状与病理变化】雏鸡、成年鸡均可发病。病鸡精神不振，采食减少或停食，消瘦，羽毛松乱；嗉囊胀满，但明显松软，挤压时有痛感，口中有酸臭气体。有的病鸡下痢，粪便呈灰白色。一般 1 周左右鸡死亡。

典型特征是在口腔、嗉囊、食道出现大小不一的溃疡灶或结节；有的鸡在眼睑、口角出现痂皮样病变；嗉囊皱褶变粗，黏膜明显增厚，被覆一层灰白色斑块状假膜，呈典型“毛巾样”，易刮落。假膜下可见坏死和溃疡。

【防控措施】鸡场应注意防止饲料霉变，搞好鸡舍和饮水的卫生消毒工作，不同日龄的鸡只不要混养。一旦本病发生，单纯的治疗效果往往不佳。在治疗的同时改善饲养管理条件，加强生物安全措施，可望收到满意效果。

用 1∶2 000~1∶3 000 硫酸铜溶液或在饮水中添加 0.07% 硫酸铜，饮水 3~5 天，对大群鸡防治口炎有一定效果。祛除口腔干酪样物，局部涂布龙胆紫有效。制霉菌素按 50~100 毫克 / 千克饲料（预防量减半）连用 1 周，或每只鸡每次 20 毫克，每天 2 次连喂 7 天。应用复合维生素 B，对维生素 B 缺乏症及口腔溃疡有较好的治疗效果。

鸡上颌因炎症致喙无法闭合

蛋鸡维生素 B_2 缺乏时，上颚右侧有白色溃疡

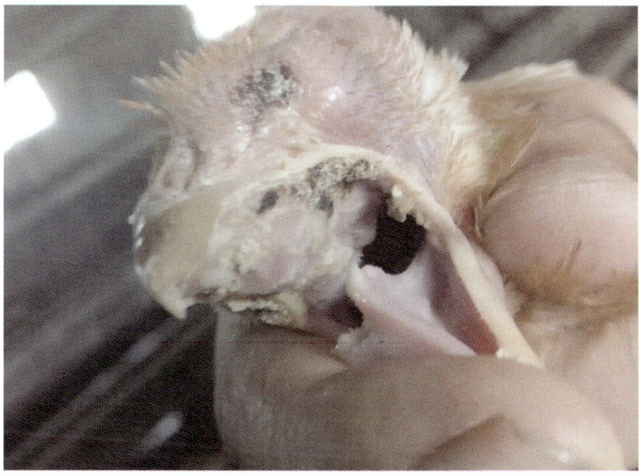

全上颌肿胀、溃疡

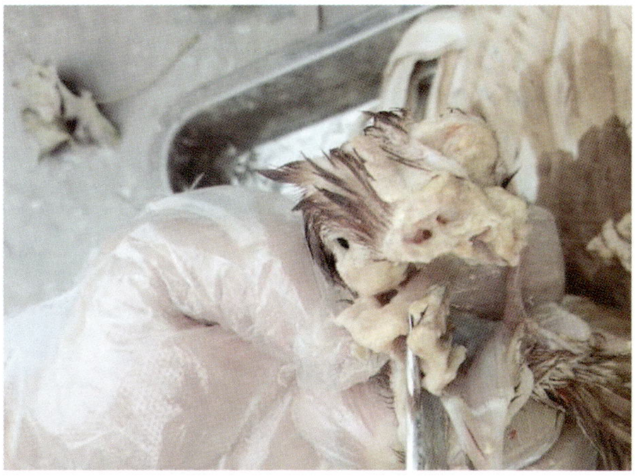

口炎：口腔内大量干酪样物质

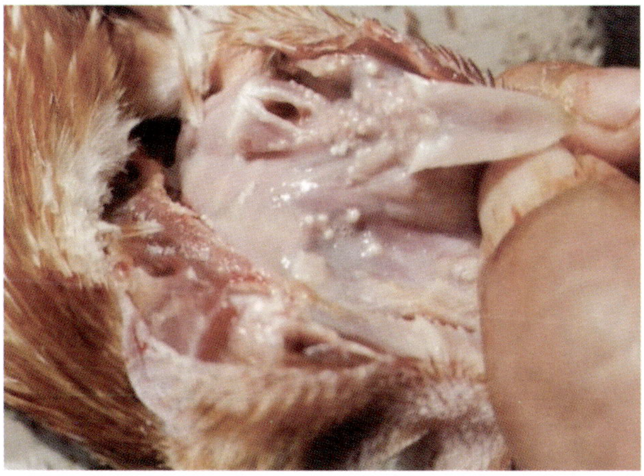

咽喉部白色念珠菌结节

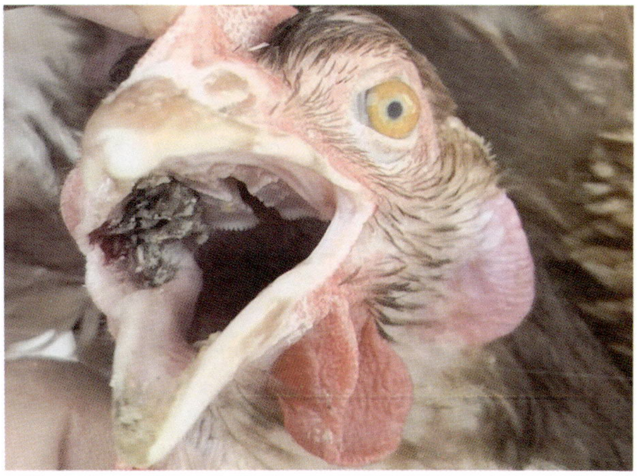

口炎：口腔黏膜坏死

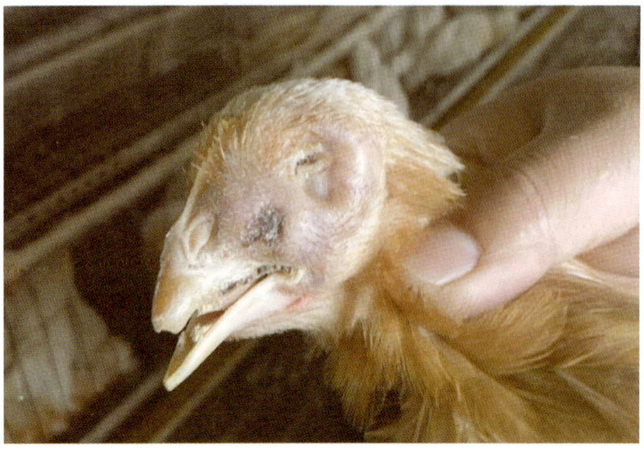

口炎：眼窦部肿胀

嗉囊黏膜有白色假膜，似毛巾样

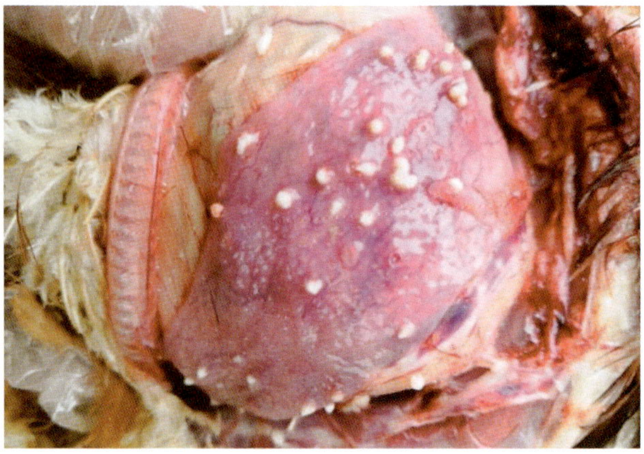

食道有白色结节

二、嗉囊炎

嗉囊炎是家禽嗉囊黏膜表层的炎症，可发生于各种家禽，主要见于鸡，特别是雏鸡。

【病原】该病主要是因平时饲养管理不当而引起。如舍温经常过低或忽高忽低，突然更换饲料，使家禽难以适应；吃了发霉变质或容易发霉的饲料，以及其他异物（如烂布团、细绳、毛发、塑料碎片、污水和硬韧杂草等），在嗉囊中不能被软化，停留时间过长，则腐败和发酵产生多量气体，使嗉囊胀满，引起本病。

某些慢性疾病和传染病，也可诱发本病。

【临床症状与病理变化】病鸡反复伸颈，频频张嘴，吞咽困难。常摇头，由鼻孔、口腔排出恶臭的内容物。嗉囊显著膨大、下垂突出。内部充满黄白色液体，触之有波动感。压迫嗉囊，可由口腔流出灰黄色或乳白色含气的黏液，发出腐臭气味。将鸡只倒提时，口中流出有臭味的液体，称为“水胀”。有的病鸡嗉囊中充满气体，称为 " 气胀 "。本病除嗉囊有明显症状外，还会表现出食欲减退或废绝，羽毛蓬松，精神委顿，不愿行动，行走和叫声虚弱无力，甚至呕吐、狂饮。

嗉囊黏膜充血、出血、溃烂，有结节。嗉囊积液黄绿色、浑浊，有糊状或膏状内容物。

【防控措施】禁喂腐败变质的饲料。轻者，将病鸡提起，头朝下，用手指轻捏嗉囊，将内容物排出。然后用 1% 盐酸或 0.1% 水杨酸溶液饮水，绝食 1~2 天后，再喂少量饲料。重者，用注射器将 0.01% 高锰酸钾溶液注入嗉囊内，随即抽出，如此推注抽出 3 次，将内容物排干净；最后注入 1.5% 碳酸氢钠溶液 5~10 毫升。用 1 ： 2000 硫酸铜溶液饮水 3~5 天。

雏鸡嗉囊膨气

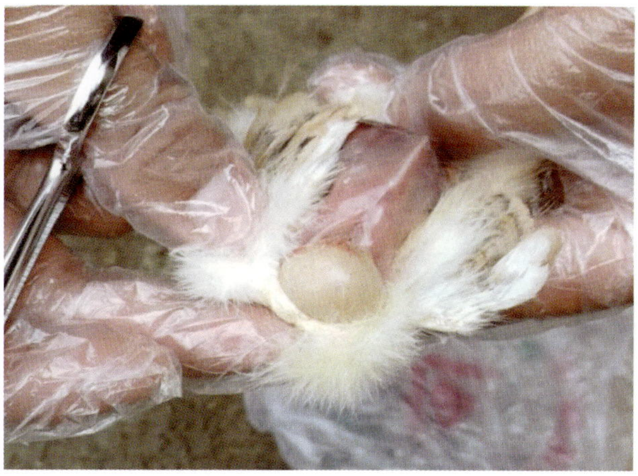

嗉囊内充满气体

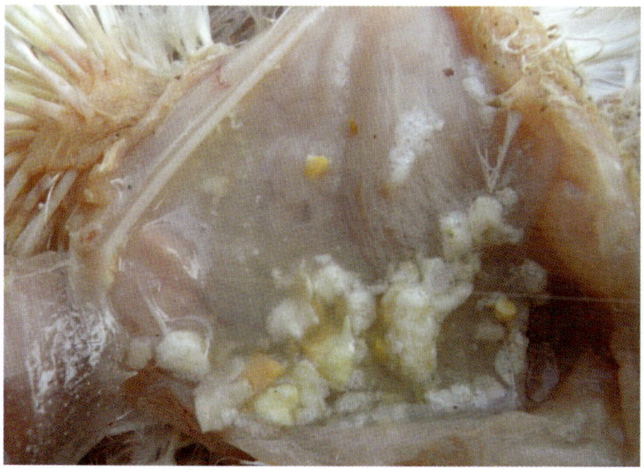

嗉囊积液，有豆腐脑样膏状物

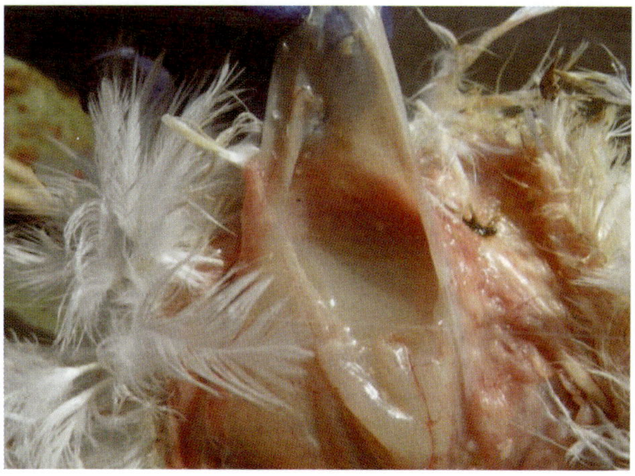

嗉囊积液浑浊

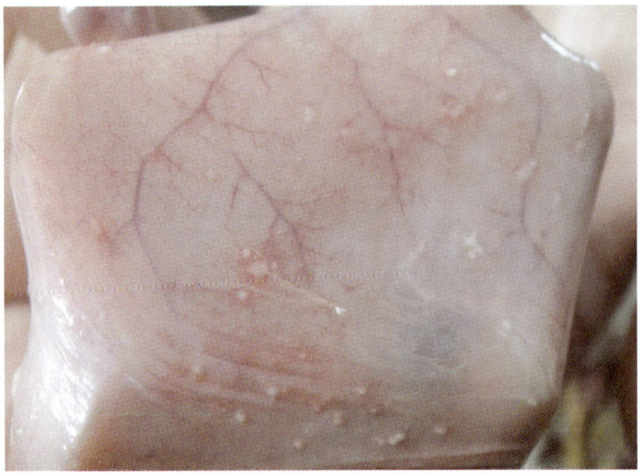

嗉囊黏膜上结节

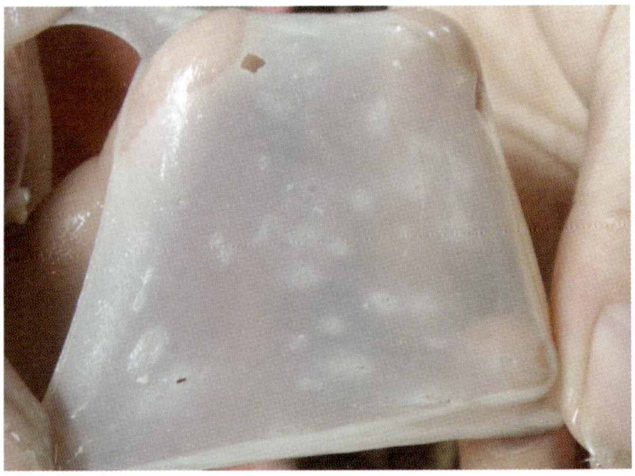

嗉囊黏膜上白色云雾状霉斑

三、腺胃炎

腺胃炎即腺胃黏膜的炎症，有时炎症侵害腺胃壁全层。近年来，鸡腺胃炎有逐年增多的趋势，危害性越来越大。一是发病日龄提前，雏鸡出壳后即腺胃肿胀；二是发病率提高，可高达35%以上；三是病因越来越复杂，不是单一病因，而是多病因协同，难以正确诊断；四是多器官损伤，不仅仅是腺胃发生炎症，而且波及肌胃、肠道、肝脏、脾脏和其他免疫器官，难以治疗；五是全年发生，损失惨重，病死率达30%以上，而且混合感染居多。此病已成为肉鸡、蛋鸡、黄鸡养殖生产中的常发疾病之一。

【病因】病因极其复杂，既有管理因素（如通风不良、湿度过高、脂肪酸败、营养成分缺乏等），又有传染因素（如H9型流感、呼肠孤病毒病、腺病毒病、腺胃型传染性支气管炎等）。既有垂直传播的疾病因素（如传染性贫血、网状内皮细胞增生症等），又有水平传播（霉菌及霉菌毒素中毒）所致。

【发生规律】本病可侵害蛋鸡、肉鸡、肉杂鸡以及黄羽肉鸡；一年四季均有发生，夏季严重；肉鸡1~44日龄都有发病，一般病程为2周左右；本病垂直传播和水平传播兼有。临床发现，鸡痘流行季节也促进了腺胃炎的发生；霉菌及霉菌毒素的破坏作用极大；本病造成早期免疫抑制，中期采食抑制，后期生长抑制，导致养殖效益低下。

【临床症状】病鸡初期羽毛蓬乱，精神倦怠，翅膀下垂；随后采食量减少，相差2~5天的料，粪便黄白色；呼吸困难，有的出现神经症状。后期则出现死亡，大群鸡生长不均匀、增重慢；有的白腿、白爪，严重贫血。多数鸡群混合感染其他疾病。

眼炎：肿眼，流泪

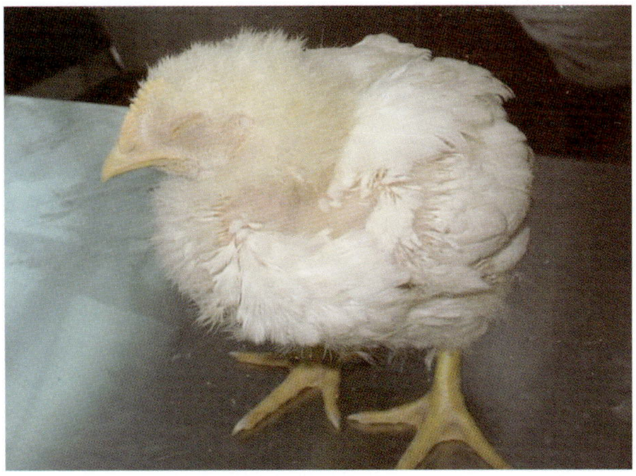

眼炎：眼睑粘连闭合

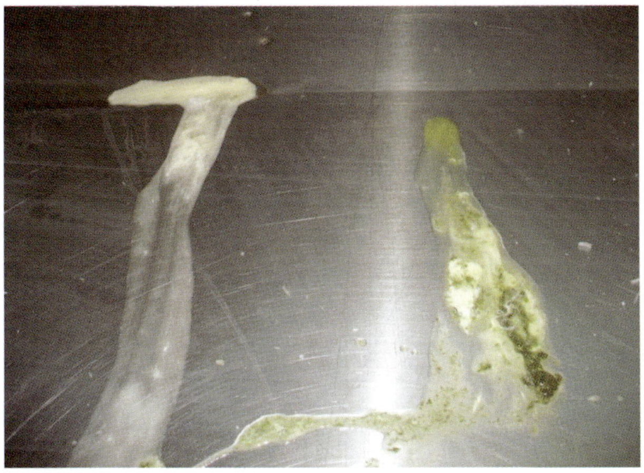

粪便呈黄白色、黄绿色

洗澡鸡：育雏舍过度干燥，雏鸡洗澡易引发腺胃炎

雏鸡呼吸困难

雏鸡出现神经症状

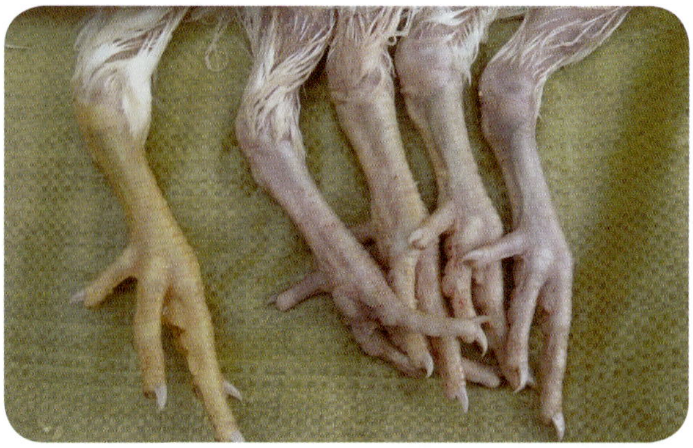

贫血：霉菌毒素造成白腿、白爪

【剖检变化】剖检病鸡，可见明显的腺胃肿胀，腺胃壁水肿增厚，腺胃壁外翻，腺胃黏膜糜烂，肌胃黏膜溃疡，肝脏肿胀；胸腺、脾脏、法氏囊萎缩；肌胃变小；肠道黏膜出血等。近年来，发现“腺胃肿是腺胃炎，腺胃不肿也有腺胃炎”。

【诊断要点】

1. 临床特征

缩脖戗毛，采食减少，粪便变化，生长不匀，严重贫血。

2. 剖检变化

腺胃肿胀，腺胃松弛，腺胃糜烂，胸腺、脾脏、法氏囊萎缩。

【防控措施】

1. 预防

种鸡防疫要全面，效果要确实；必要时要净化。管理上要调节好温、湿度和保持良好通风；饲养上可间隔限饲。饲料营养要全面均衡，特别注意维生素 A、B、E 是否充足。雏鸡进舍后前 5 天，要用小肽、转移因子或多糖类饮水，以促进免疫器官的健康发育。防止饲料脂类物质过度氧化，检测霉菌和霉菌毒素的含量，切忌饲喂霉变超标的饲料。

2. 治疗

由于病因复杂，尚无特异性治疗办法，但从临床分析看，霉菌和霉菌毒素为主要病因，另有病毒感染，特别是造成免疫抑制。因此，在治疗方向和原则上，要注重解除抑制，抗毒消炎，保肝和保胃，对症治疗。

临床常用肽制剂、转移因子和中药提取物，以解除抑制，提高免疫力；目前腺胃炎药物的研发也是各个兽药厂家的急迫工作；另加抑制胃酸分泌的药、保护胃黏膜药、维生素和脱敏药。必要时要单独应用脱霉剂和饮用 0.075% 硫酸铜溶液或甲紫溶液。用药后只要能达到“消炎、消肿、消食”3 个标准，临床恢复效果就很好。

腺胃肿胀如球

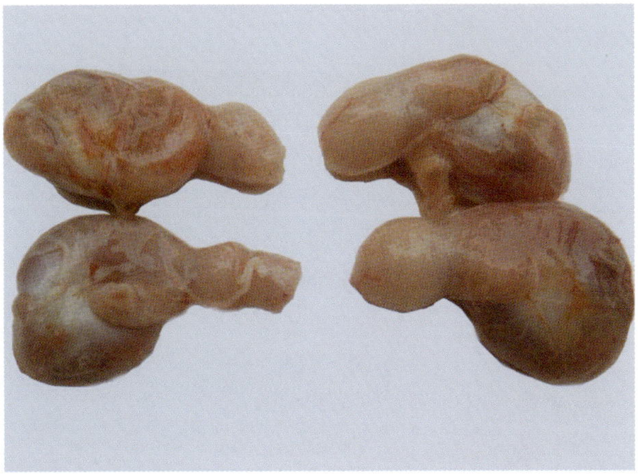

腺胃炎：1 日龄雏鸡腺胃肿胀

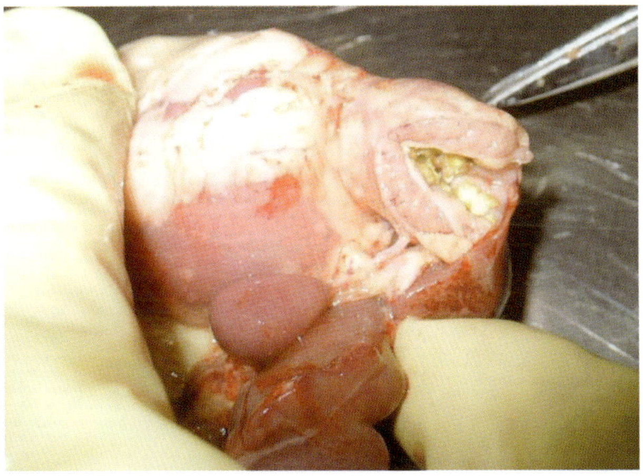

腺胃壁肿胀、增厚

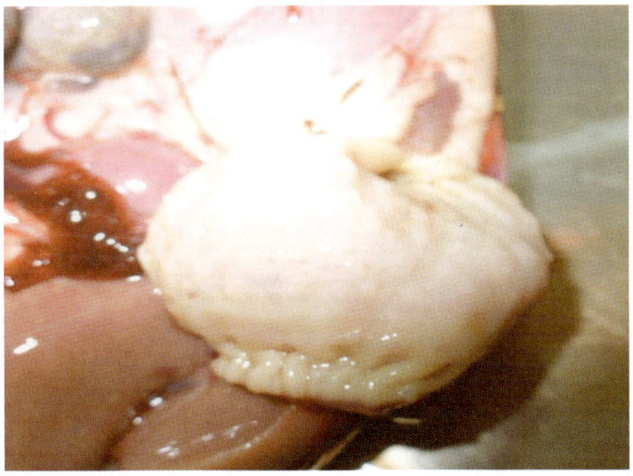

腺胃壁外翻

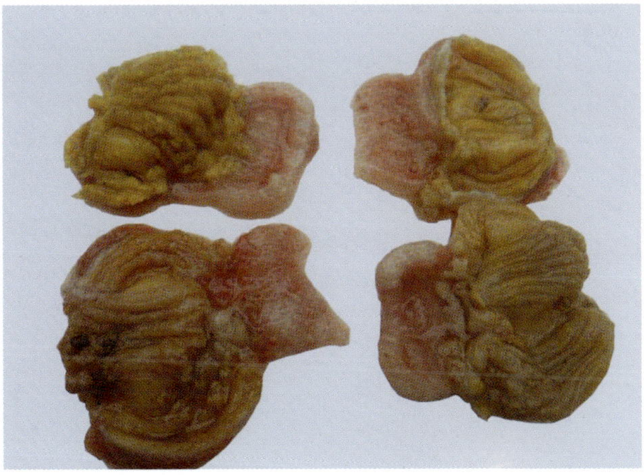

腺胃黏膜出血

腺胃黏膜水肿、出血

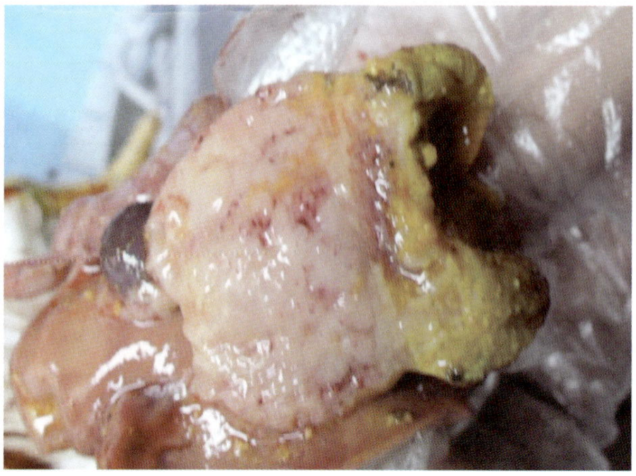

腺胃黏膜高度糜烂、出血

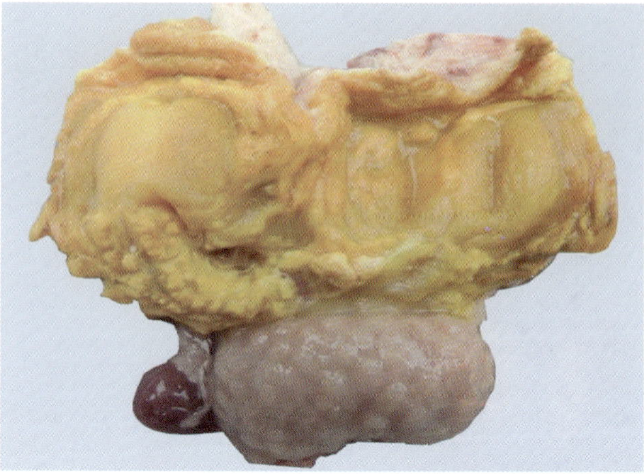

腺胃炎导致肌胃炎，肌胃黏膜崩解

腺胃炎导致肌胃黏膜糜烂、溃疡

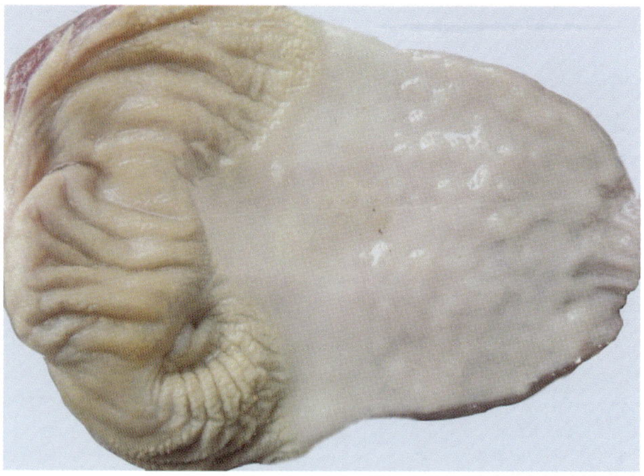

腺胃炎：霉菌毒素导致腺胃壁不仅不肿，反而松弛

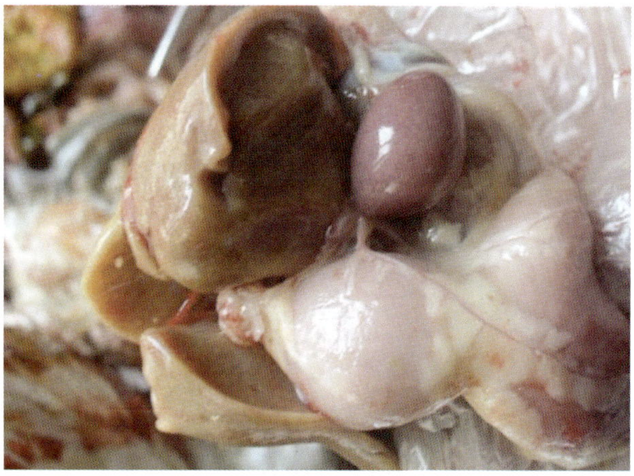

肝脏高度肿胀

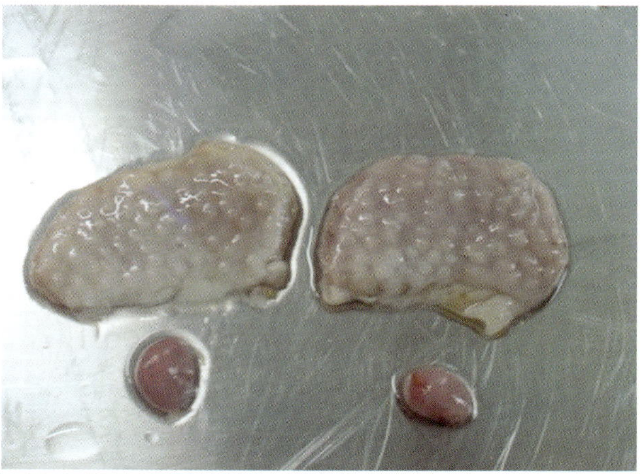

脾脏明显萎缩（同日龄鸡）

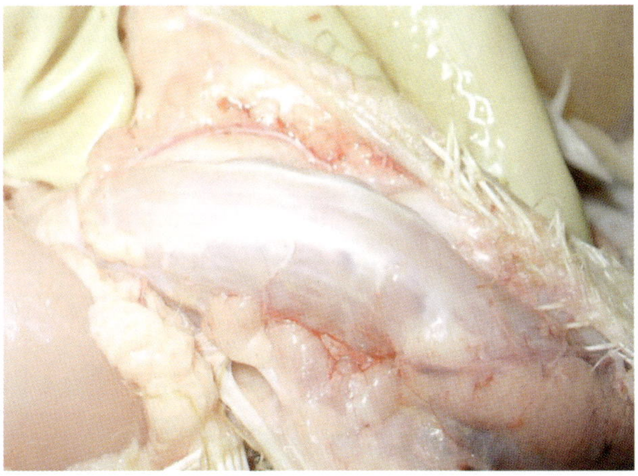

胸腺贫血、苍白、萎缩

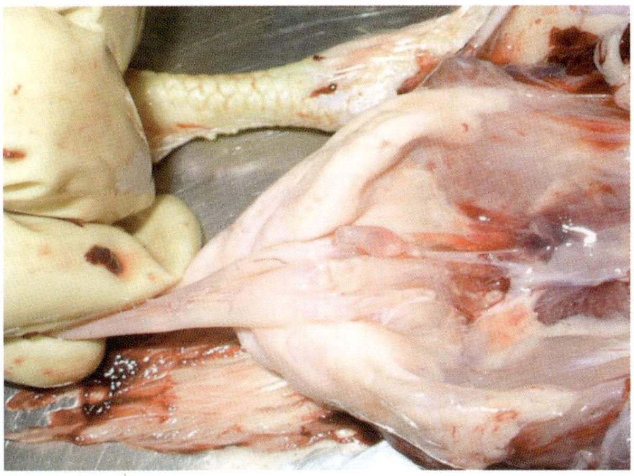

法氏囊萎缩，局部变平，无球状凸起

四、肌胃炎

肌胃炎即为肌胃溃疡，是肌胃角质膜的溃疡性、糜烂性炎症。近年来肌胃炎普遍发生，而且特征明显，致死率、淘汰率非常高，夏季多为发病高峰期。肌胃炎的危害性已经超出了腺胃炎，典型特征为肌胃角质层的龟裂、溃疡、穿孔、脱落，有的则是角质层的糖衣脱色而变淡。

【病因】正常的肌胃黏膜上分泌有一层黄色的糖蛋白，在黏膜表面瞬间硬化，称为塑化剂。塑化剂使肌胃黏膜（中兽医称为“鸡内金”）坚韧硬固，叫作角质层。这一角质层起着机械性压榨、磨碎饲料的作用，是不会轻易发生溃疡的。一旦角质层脱色或完全变白，或发生龟裂、溃疡，就不能碾碎大颗粒饲料。

肌胃溃疡发生的原因非常复杂，有病毒性因素，如传染性贫血、禽流感等；有药物因素，如大量使用退热药、痢菌净、硫酸铜液等；有饲料原料因素，如各种粕类、劣质或假的玉米蛋白粉等；更重要原因是霉菌和霉菌毒素感染。每年的夏季为高发期，说明高温高湿促进了霉菌和霉菌毒素感染，所以搞好环境卫生，处理好饮水和饲料非常重要。

【临床症状与病理变化】病鸡精神沉郁，戗毛缩颈，闭眼嗜睡；采食量急剧下降且专挑碎料吃；粪便中都含有大量未能消化的“完谷”，俗称“料粪”；渐进性消瘦，体重不达标，个体不均匀。

肌胃特征性病变是严重的溃疡、糜烂、脱落、穿孔；有的肌胃角质层未发生糜烂，但黄色消失或变淡，实为胃溃疡；小肠内存有未消化的饲料；易继发梭菌感染。

【诊断要点】

1. 临床表现

病鸡缩脖戗毛，大群减料，料便腹泻，饲料霉变。

2. 病理变化

肌胃特征性溃疡、糜烂。

【防控措施】搞好饲养管理，保持适宜的温、湿度。不要盲目大剂量应用退热药和易造成胃肠溃疡的药物。饲料厂要时刻检控原料的性质，必要时要检测霉菌和霉菌毒素是否超标，眼观检查是不确实的。饲养场进料要少进勤进，不要一次进太多，以免鸡舍高温高湿导致发霉。高度重视水线的定期清洗。

要有针对性治疗病毒病。饲料应用脱霉剂、制霉剂，灭活霉菌，应用中和毒素的优质保肝药物。维生素和抗氧化剂用以治疗肌胃溃疡，确有效果。针对溃烂的肌胃黏膜，要采用“驱霉菌、解毒素、抗氧化、促修复”的治疗原则，用药后要达到“止血、止痛、止裂”的治疗效果，以期快速有效治疗胃溃疡，恢复胃功能。

粪便含有未消化的大颗粒玉米

肌胃功能缺失，鸡群本能地把大颗粒饲料剩在料槽内

1 日龄肉鸡即有肌胃炎

肌胃炎多与腺胃炎并发，腺胃肿胀

一度肌胃炎：溃疡由腺胃移行向肌胃，俗称“一条边”

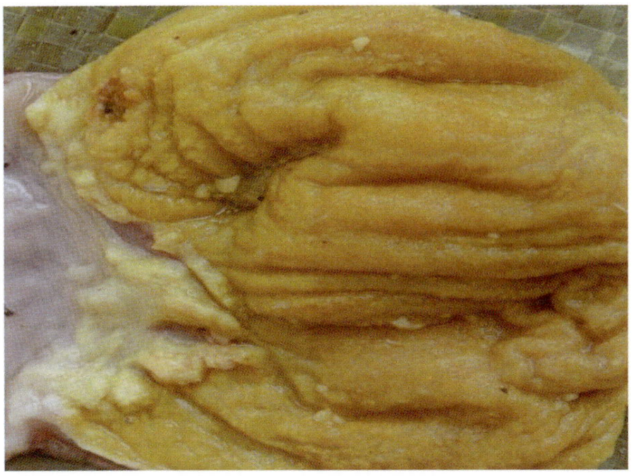

二度肌胃炎：溃疡由腺胃放射状移行向肌胃，俗称“多条线”

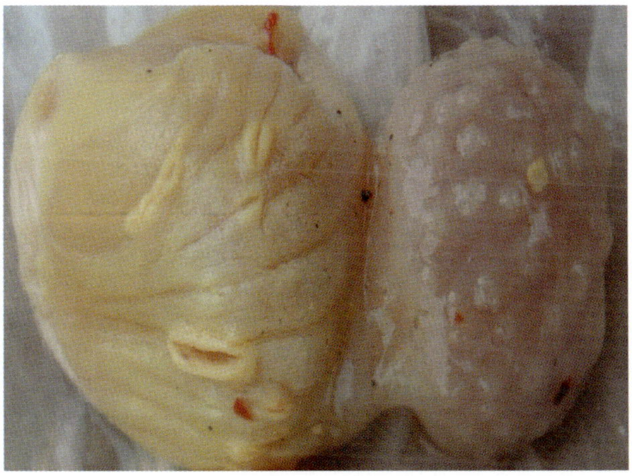

三度肌胃炎：在角质膜上出现较为严重的豆状溃疡，有穿孔趋势，俗称“黄豆圆”

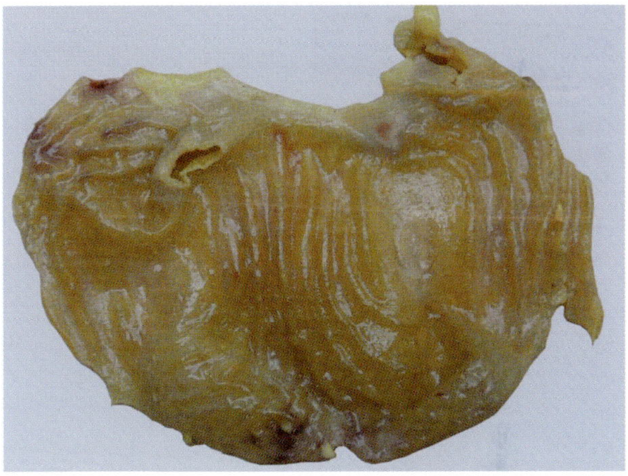

四度肌胃炎：角质膜出现火山口样的穿孔，俗称“火山口”

因硫酸铜液浓度太高，造成的角质层穿孔

角质膜底层完全霉变、溃疡

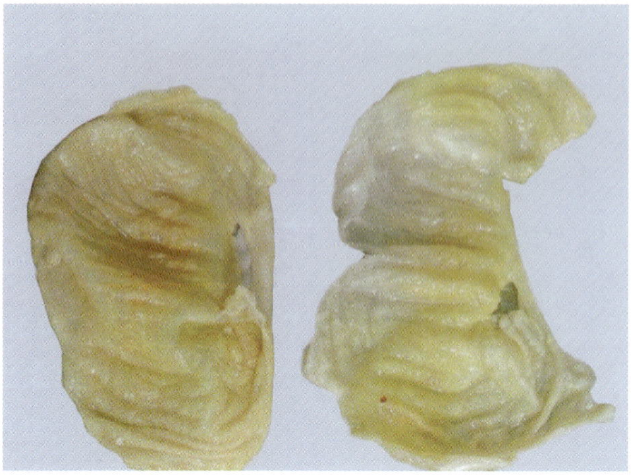

胃溃疡：角质膜的原黄色糖蛋白褪色变白

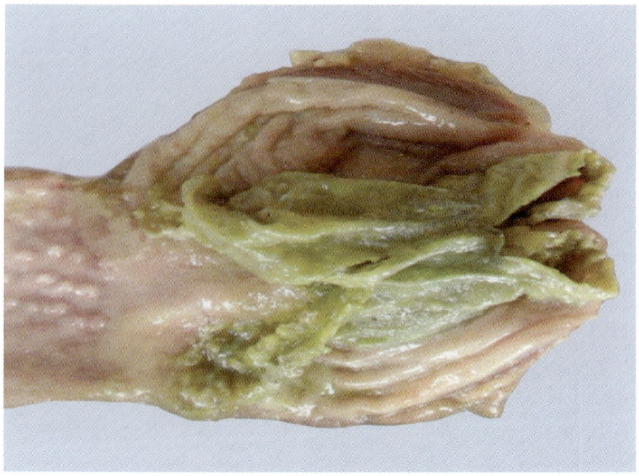

角质膜脱落：肌胃功能完全丧失

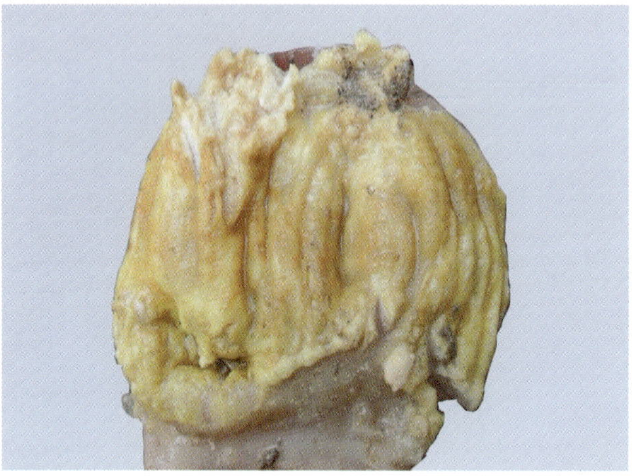

角质膜糜烂

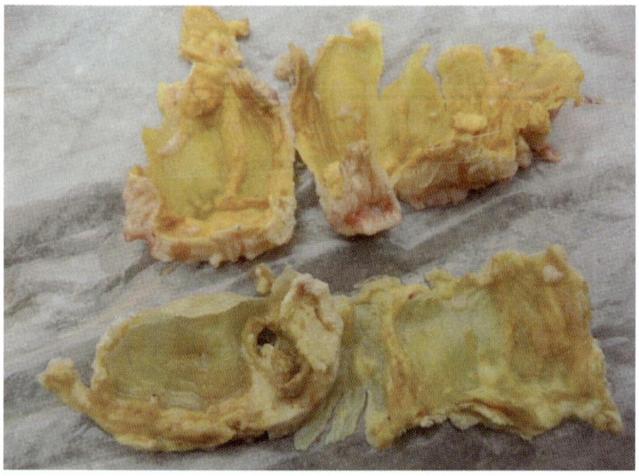

新玉米导致角质膜严重崩解

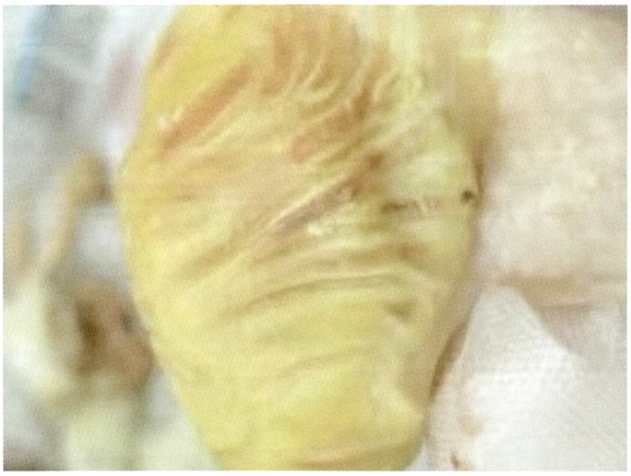

蛋鸡轻度肌胃炎

蛋鸡中度肌胃炎

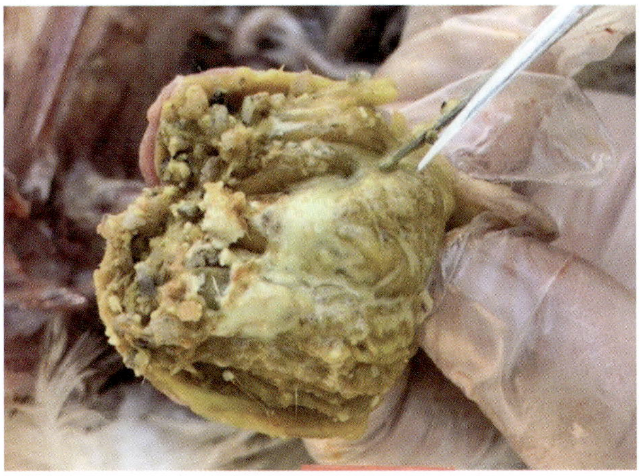

蛋鸡重度肌胃炎

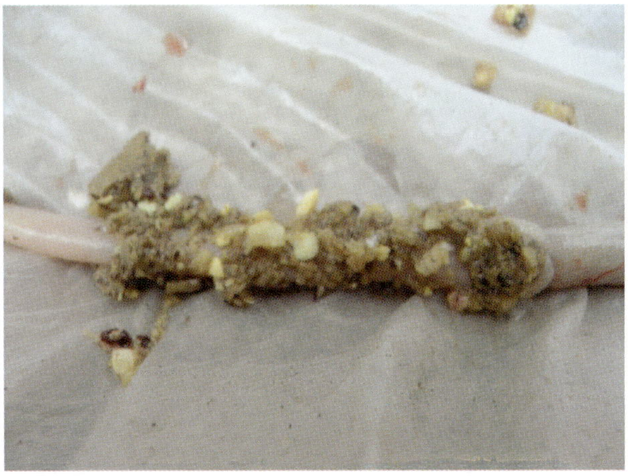

肌胃未消化的饲料进入小肠，并排出

肌胃炎易继发梭菌性肠炎，排棕黄色粪便

五、卵巢-输卵管炎

卵巢炎和输卵管炎是蛋鸡的一种常见病。临床上以卵巢、输卵管、腹膜发炎为特征，重者卵泡变形、充血、出血，呈灰褐色，甚至破裂；破裂于腹腔中的蛋黄液，形成卵黄性腹膜炎；有时卵泡皱缩，无光泽；输卵管出血，有黄白色干酪样物质。

蛋鸡输卵管炎是输卵管黏膜的浆液性、黏液性、纤维素性炎症，有严重的化脓情况。临床常与卵巢炎、腹膜炎并发，对蛋鸡业形成一定威胁。

【病因】该病病因比较复杂。如鸡舍卫生条件太差，泄殖腔被白痢沙门菌、副伤寒杆菌、大肠杆菌等污染而侵入输卵管；产蛋过大或产双黄蛋，蛋壳在输卵管中破裂，损伤输卵管；饲料中缺乏维生素A、D、E等，均可导致输卵管黏膜炎症。鸡群发生病毒病时，也可继发此病。输卵管有寄生虫等。

【临床症状与病理变化】鸡群外观正常，但无产蛋高峰，蛋壳质量差，常见软壳蛋、破壳蛋、沙壳蛋、畸形蛋、血斑蛋等；泄殖腔经常排出黄白色、脓样分泌物，污染肛门周围羽毛，产蛋困难；病鸡呆立，翅下垂，羽毛松乱，腹部隆起，腹腔内有液体或有坚实感。

临床上常以输卵管炎、卵巢炎、腹膜炎混感为特征。卵泡充血、出血，皱缩、形状不整，呈黄褐色或灰褐色，甚至破裂；破裂于腹腔中的蛋黄液，味恶臭，致使肠管粘连，形成腹膜炎。

输卵管内有大量黏液或纤维素渗出物，甚至有黄白色干酪样物质；输卵管壁变薄，内有异形蛋样物，表面不光滑，切面呈轮状；输卵管畸形、积液；输卵管内有异物和寄生虫等。

【诊断要点】

1. 临床特征

肛门红肿，流黄色物，蛋壳畸形，腹部膨大。

2. 剖检变化

卵泡变色，管内黏液，卵管畸形，腹膜炎症。

【防控措施】

1. 加强管理

注意饲养管理，改善鸡舍卫生条件，合理搭配日粮，并适当喂青绿饲料。

2. 预防为主

鸡输卵管炎多由病菌引起，平时注意预防输卵管炎，定期添加益生菌和多维素；为了平衡免疫力，应用有效中药；防止应激等。

3. 正常保健

在限抗、减抗、无抗的大趋势下，更要重视卵巢及输卵管的正常保健。卵巢的保健侧重于稳定激素的分泌，保持激素在一个高水平上，以利延长产蛋高峰期；输卵管的保健重点是子宫，解决子宫黏膜的淤血、缺血、平滑肌痉挛问题，应用中药补气补血、活血祛瘀，松弛子宫平滑肌是关键。

4. 治疗用药

鸡输卵管炎要及时发现，及时诊断，科学合理用药。鸡输卵管炎，根据药敏试验选择有效抗生素，或者中药类、精油类等；若由继发病毒病等引起，在治疗输卵管炎的同时积极治疗原发病；若由寄生虫引发，及时应用驱虫药等。

输卵管炎病鸡愈后，不宜留作种用。

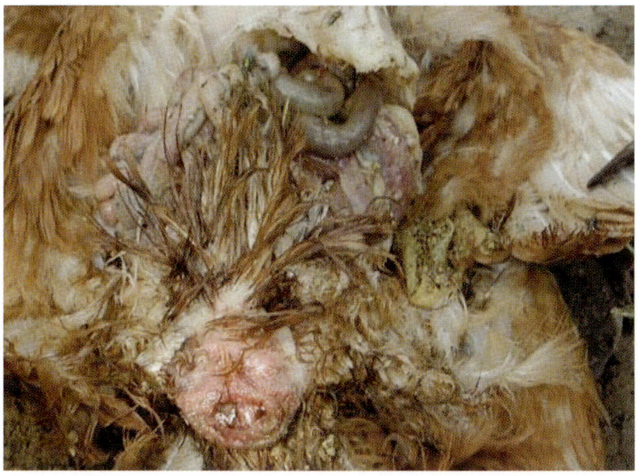

泄殖腔红肿外翻，流出黄白色液体

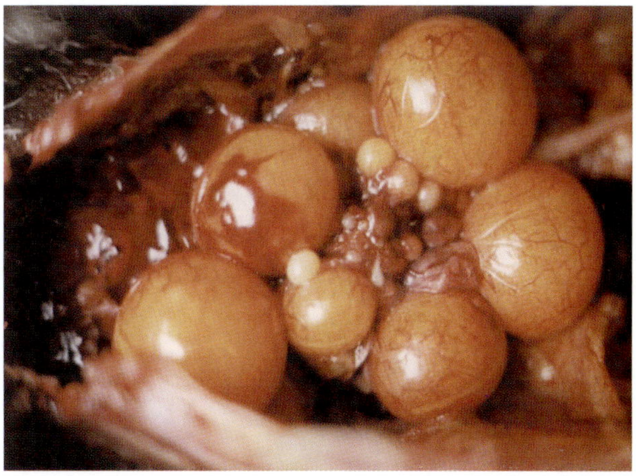

卵泡充血、出血、坏死

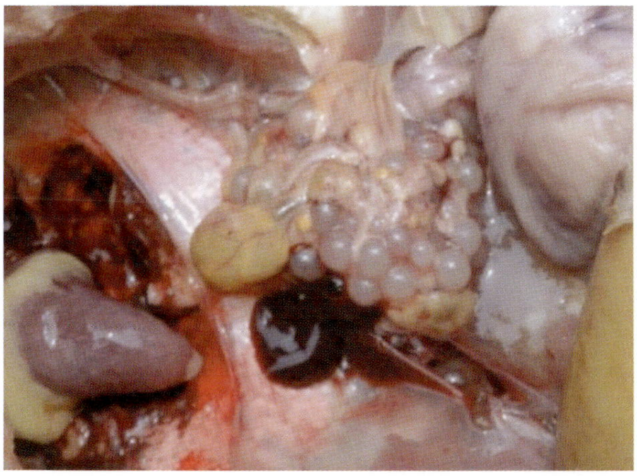

卵泡由黄色变为灰褐色，液化、萎缩

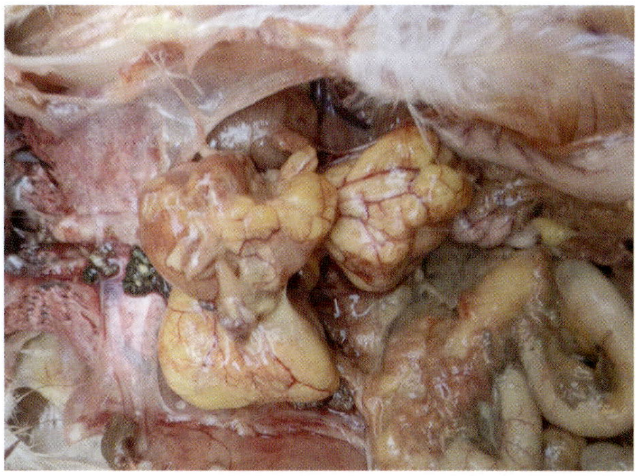

卵泡硬固坏死

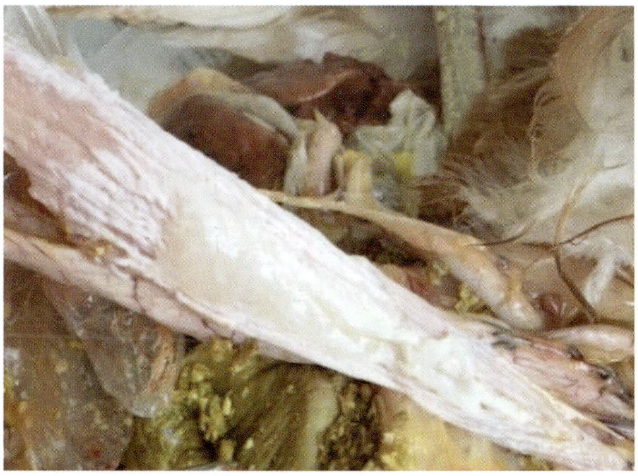

输卵管内有纤维素性渗出物

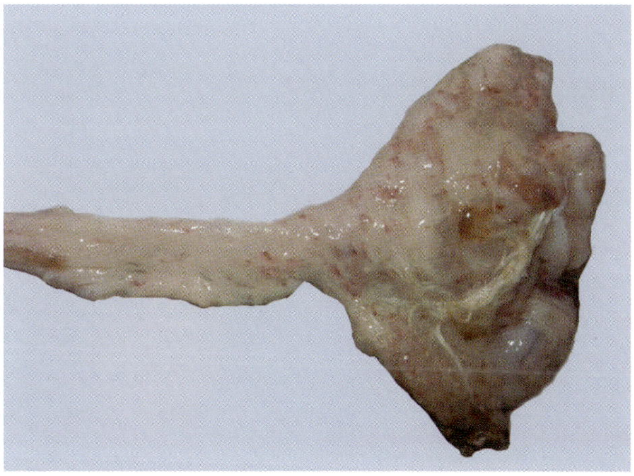

白冠病：输卵管黏膜出血

蛋鸡输卵管严重积液，“企鹅样”站立

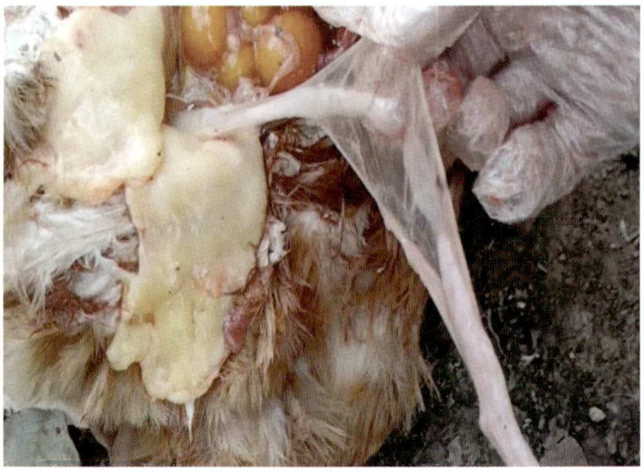

生殖型传染性支气管炎：输卵管畸形，永久性损伤

输卵管内有结石异物

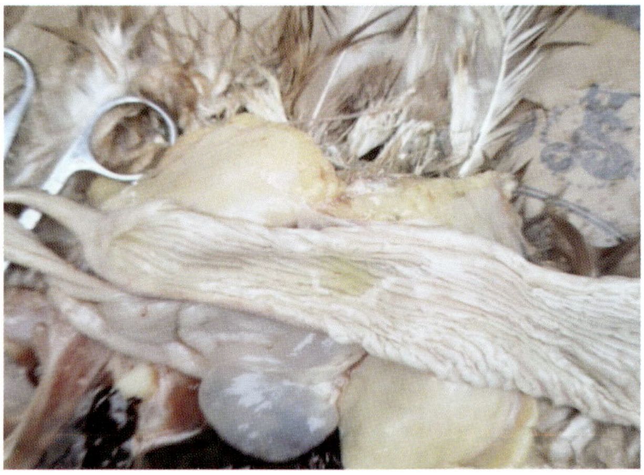

输卵管纤维素性渗出物

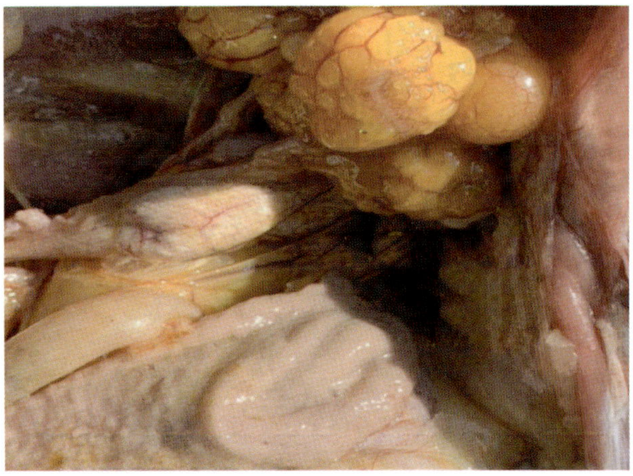

输卵管黏膜水肿，有黏液

子宫脓性分泌物积留

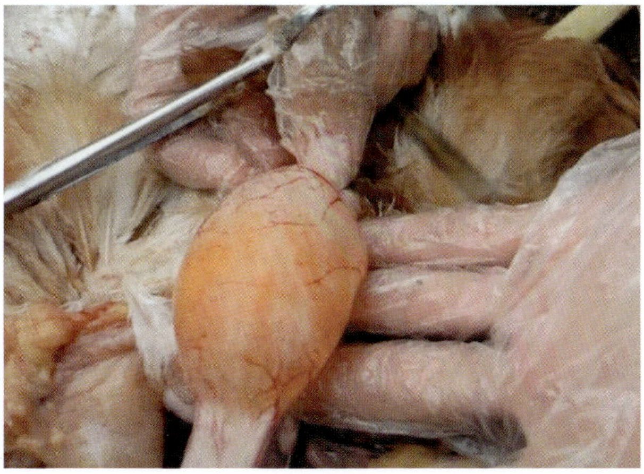

输卵管积液

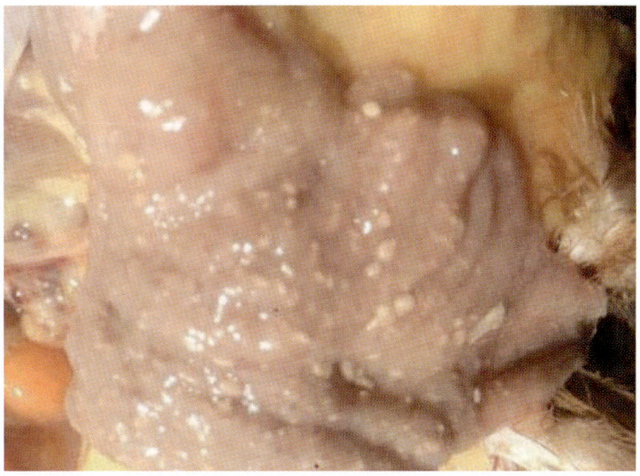

前置吸虫病：输卵管有虫体

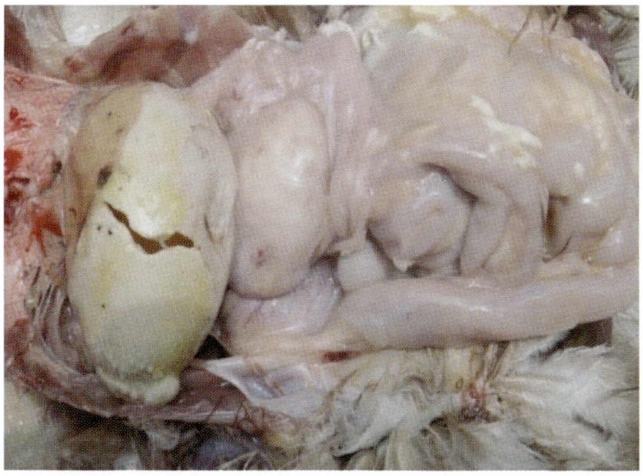

输卵管炎：鸡蛋可掉入腹腔内，破裂

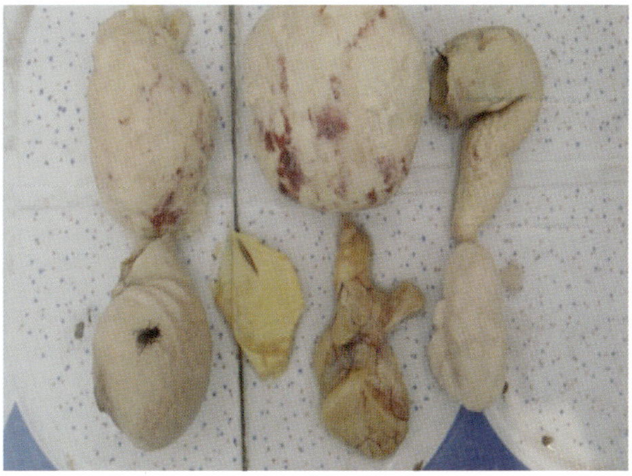

输卵管炎：内有畸形蛋和各种异物

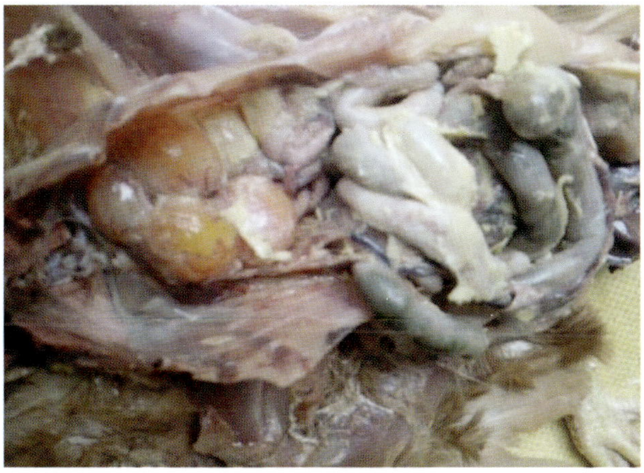

腹膜炎：输卵管炎易继发卵黄性腹膜炎

正常褐壳鸡蛋

输卵管炎：排出带血鸡蛋

畸形蛋：褐壳蛋变为白壳蛋，蛋壳表面有异物

畸形蛋：软壳蛋增多

沙壳蛋

滑膜型支原体病恢复后的鸡所产血斑蛋

六、霉菌毒素中毒

霉菌毒素是由霉菌或真菌产生。病鸡表现采食量减少，生产性能下降，饲料报酬降低；肌－腺胃炎及肠道疾病频发；卵巢和输卵管萎缩，产蛋率下降，产畸形蛋；种蛋孵化率降低等。霉菌毒素还能造成免疫抑制，而继发其他疾病，应予以高度重视。

【病因】霉菌毒素是霉菌的毒性代谢产物。霉菌产毒仅限于少数产毒霉菌的部分菌株，不同的霉菌可产生同一种霉菌毒素，而一种菌种或菌株又可产生几种霉菌毒素。目前已发现的霉菌毒素约 200 余种，对鸡毒害作用较大的，有黄曲霉毒素、赭曲霉毒素、新月毒素群、呕吐毒素、腐马毒素、玉米赤霉烯酮等。

谷物、原料、饲料、饮水及环境中，均可发现霉菌及霉菌毒素；一种超标的霉菌及毒素即可使鸡致病，多种毒素尽管检测每一种都不超标，但叠加起来就能对鸡群造成极大损害。其危害既是普遍性的，又是常年性的，还是致死性的。

霉菌毒素可存贮于种鸡的卵黄之中，影响孵化率，还造成雏鸡发生呼吸道疾病。

【临床症状与病理变化】

1. 黄曲霉毒素

黄曲霉毒素是由黄曲霉菌、寄生曲霉和软毛青霉产生的高毒性、高致癌性毒素。该毒素可严重干扰肝脏功能，影响蛋白质合成，降低抗体水平，使肉鸡生长缓慢，蛋鸡产蛋率下降。剖检病鸡，肝脏肿大、出血，心包积血，气囊有霉斑等。

2. 赭曲霉毒素

赭曲霉毒素是由赭曲霉和纯绿青霉产生的一种肾毒素。鸡中毒时可以引发肾病，也可影响肝脏、免疫器官和造血功能。肾脏肿胀、贫血和出血是该病特征。鸡群会因饲料适口性差而厌食、体重下降，产蛋率和品质下降，还会造成畸形胚增加。

3. 呕吐毒素

呕吐毒素属单端孢霉毒素，多由镰刀菌属产生。鸡群采食污染饲料后几天内，即可出现嗉囊积液、吐水、口腔黏膜溃烂；产蛋率迅速下降，蛋壳变薄；肝呈棕黄色、易碎，肌胃壁增厚等。

4. 伏马毒素

伏马毒素由串珠镰刀菌分泌，成鸡中毒症状表现为排黑色黏性稀便，气囊霉斑，肢体残废，死亡率增加。伏马毒素对巨噬细胞和淋巴细胞有毒性作用，可降低免疫细胞的杀菌活性。

5. 新月毒素群

新月毒素群主要产生 T–2 毒素、HT–2 毒素、瓜蒌镰菌醇、镰刀菌烯酮 –X 等，可使鸡的免疫器官萎缩、贫血，白细胞减少。T–2 毒素影响 T、B 淋巴细胞，能使雏鸡发生早期免疫抑制。

6. 玉米赤霉烯酮

玉米赤霉烯酮主要由禾谷镰刀菌及其他多种镰刀菌产生。赤霉烯酮是一种对鸡毒性很强的植物性雌激素。蛋鸡中毒的临床表现为鸡冠膨大，就巢频繁，卵巢萎缩，产蛋率和受精率下降，有的出现腹水症；公肉鸡可出现睾丸水肿，母肉鸡在直肠末端右侧已经退化了的输卵管又开始积水膨大。

【诊断要点】

1. 临床特征

病鸡消瘦吐水，趾间烂，排黑色、棕红色稀便。

2. 剖检变化

肝、肾、心出血，气囊炎，肌腺胃炎。

【防控措施】

1. 严格管理

注重原料、饲料、饮水及环境霉菌与毒素的污染检测。

2. 合理使用脱霉剂

合理使用优质脱霉剂，吸附剂要具备吸附、抑制、分解霉菌及毒素的特性，而又不吸附营养成分且对鸡群无害。

3. 保肝解毒素

目前毒素是没有药物能杀灭的，毒素吸收后完全在肝脏中和分解，因此，临床定期使用优质保肝解毒药物非常重要。

4. 治疗用药

针对鸡粪便变化、吐水，特别是肌腺胃炎，要应用中药、制霉菌素、硫酸铜溶液、抗氧化剂、优质保肝药等治疗，及时补充有效维生素和益生素。

玉米已经霉变，不能作为饲料原料

饲料发生霉变并结块，产生毒素

水线长期不清洗，易滋生霉菌

黑色和棕红色粪便

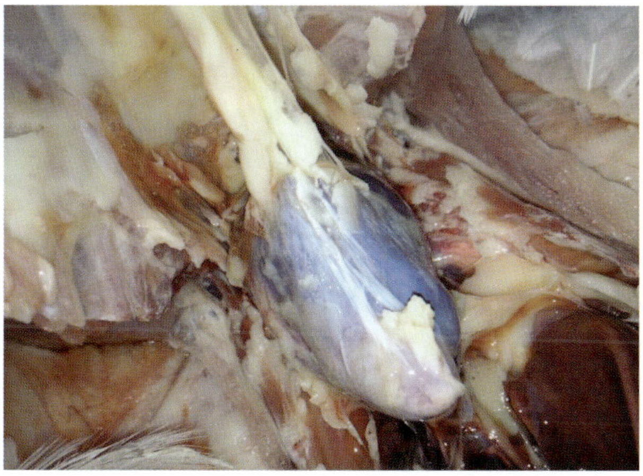

黄曲霉毒素导致心包积血

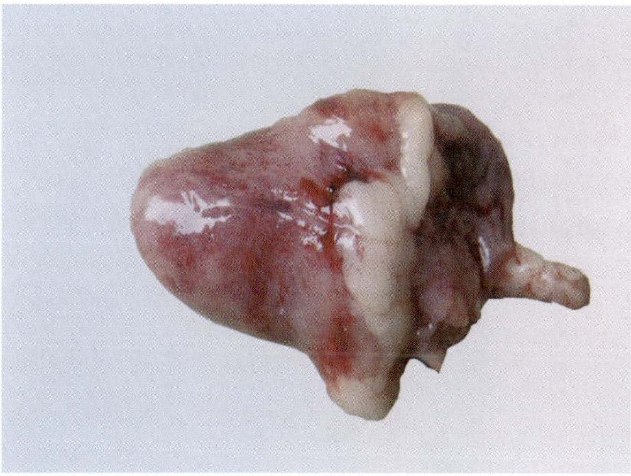

黄曲霉毒素导致心肌出血

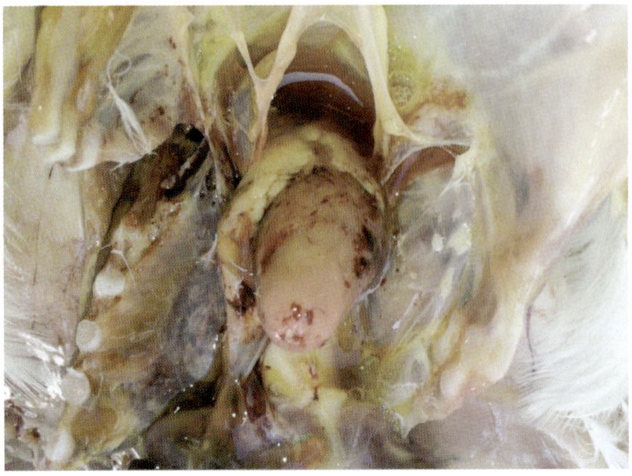

黄曲霉毒素导致心肌严重出血

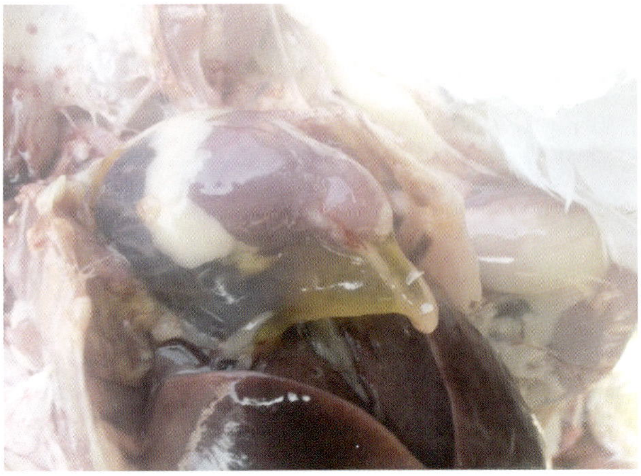

黄曲霉毒素导致心包积液

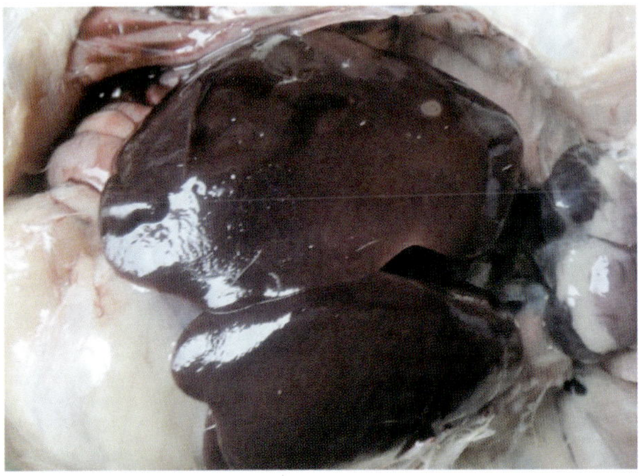

黄曲霉毒素导致肝脏肿胀，高度淤血

黄曲霉毒素导致肝脏肿胀、黄染、出血

黄曲霉毒素导致肝脏明显渗血

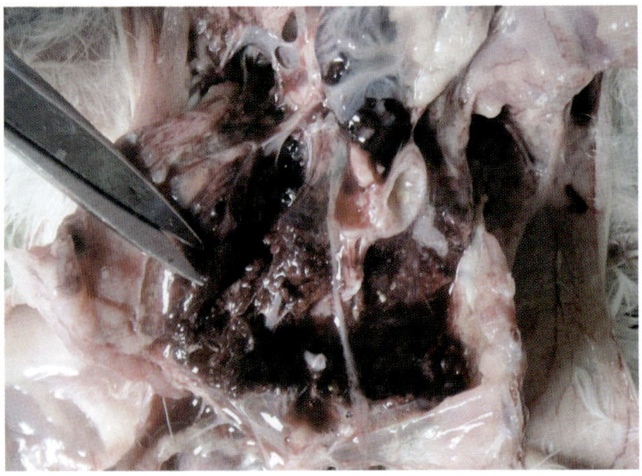

黄曲霉毒素导致肺脏严重出血

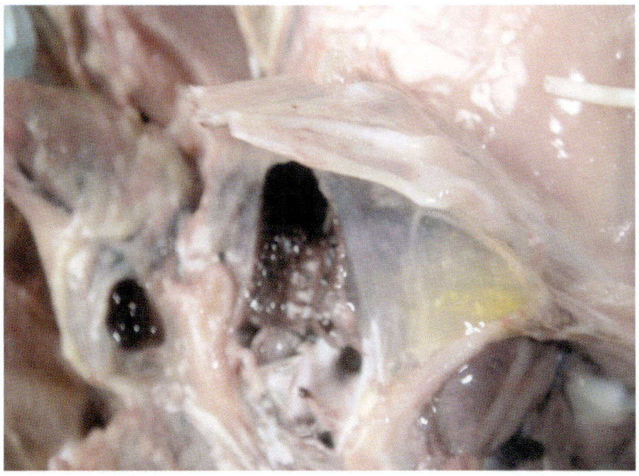

胸气囊局部浑浊，有干酪样物质

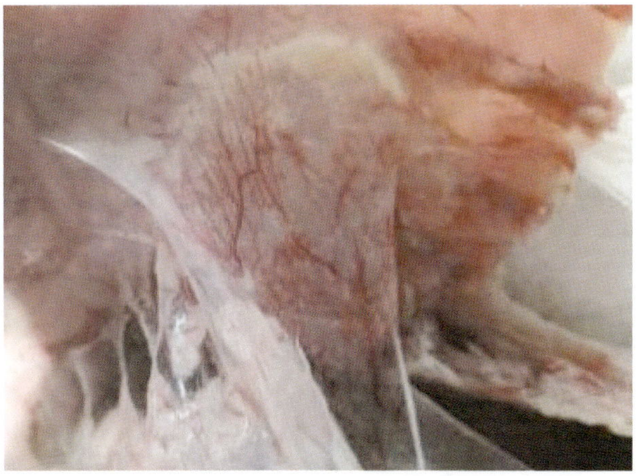

胸气囊有血管增生及霉斑

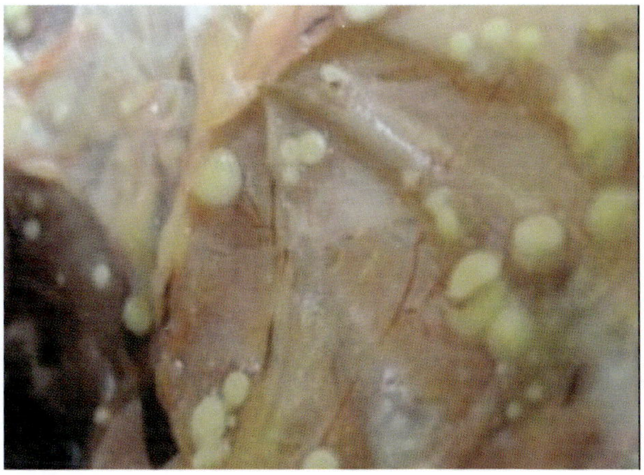

气囊有霉斑及霉菌结节

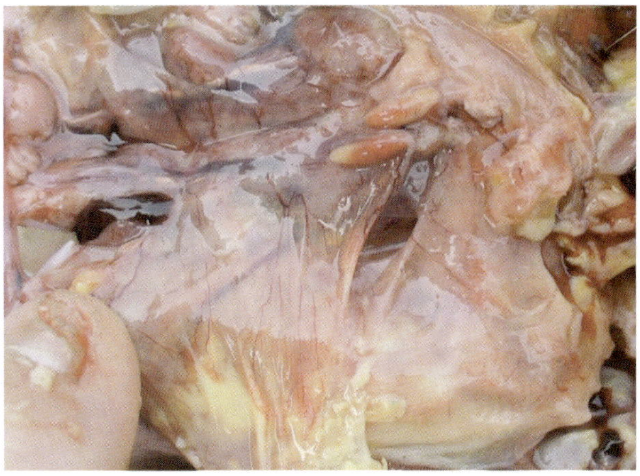

霉菌致腹气囊炎症

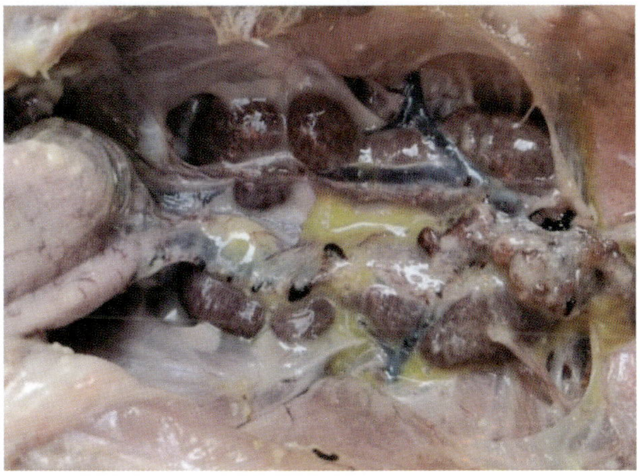

赭曲霉毒素导致肾脏肿胀、出血

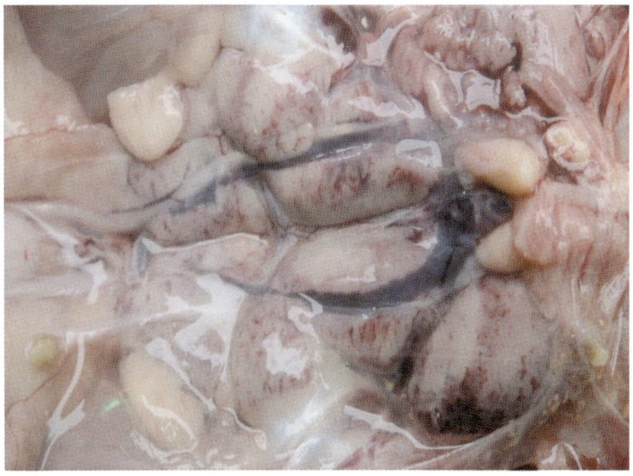

赭曲霉毒素导致肾脏肿、出血、贫血

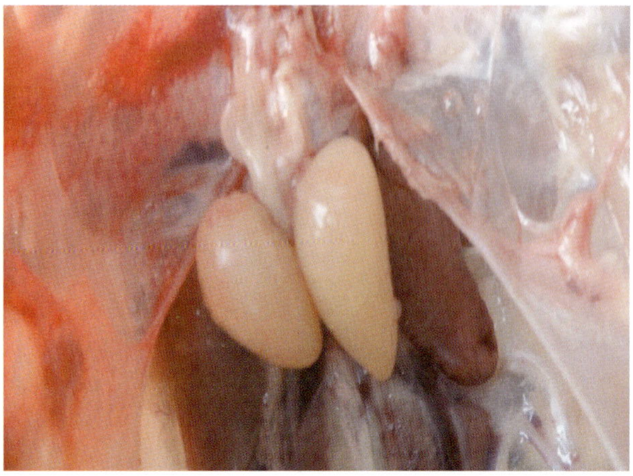

赤霉烯酮毒素导致睾丸轻度水肿

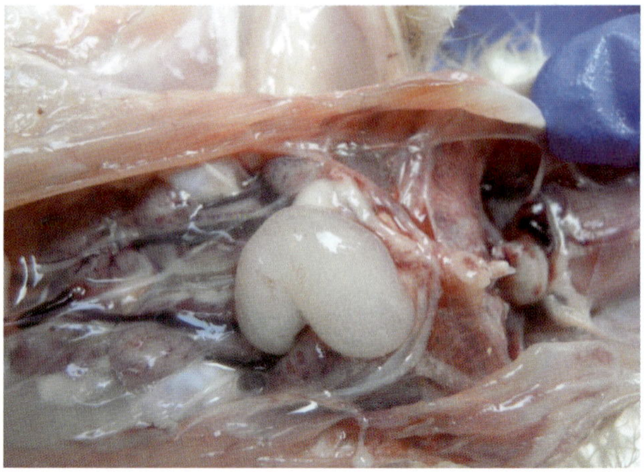

赤霉烯酮毒素导致睾丸高度水肿

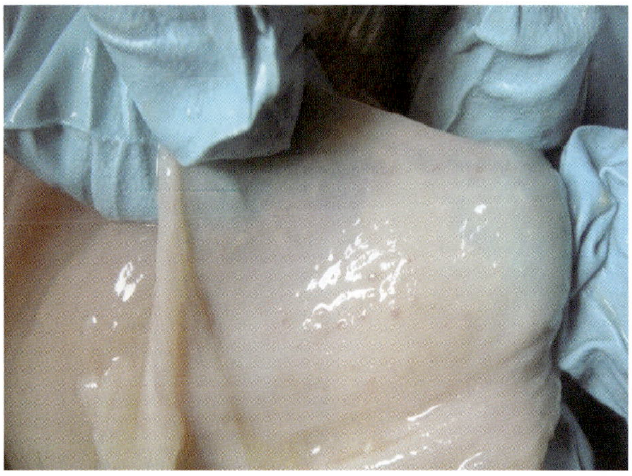

黄曲霉毒素导致嗉囊有出血点

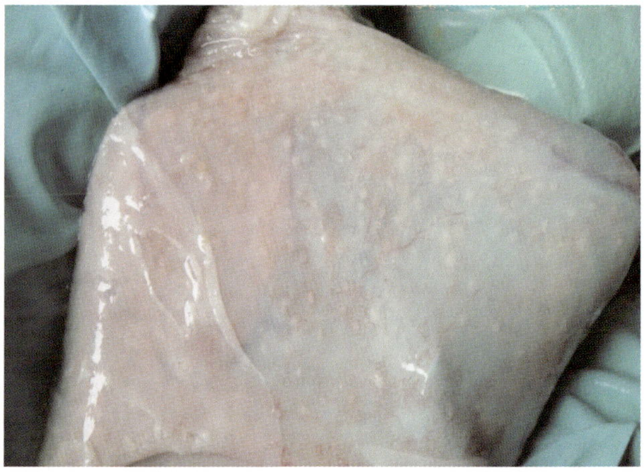

黄曲霉毒素导致嗉囊有结节

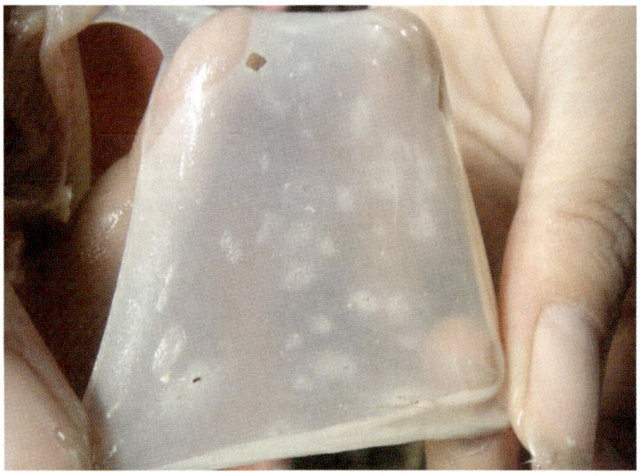

黄曲霉毒素导致嗉囊黏膜霉斑

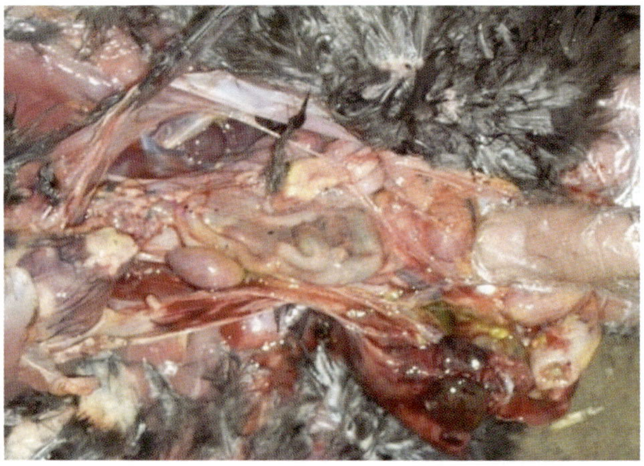

赤霉烯酮毒素导致卵巢及输卵管萎缩

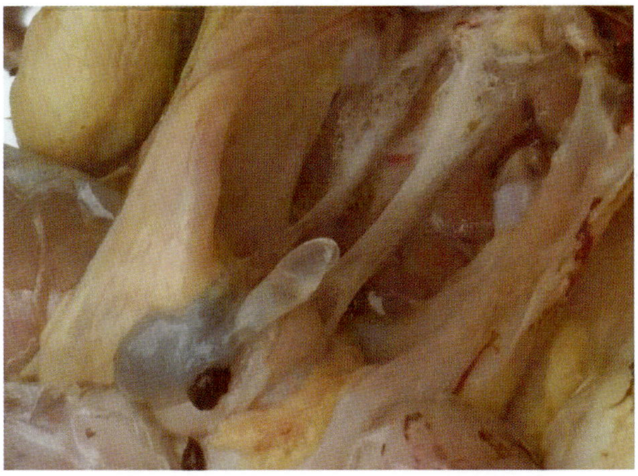

赤霉烯酮毒素导致已退化的输卵管积液

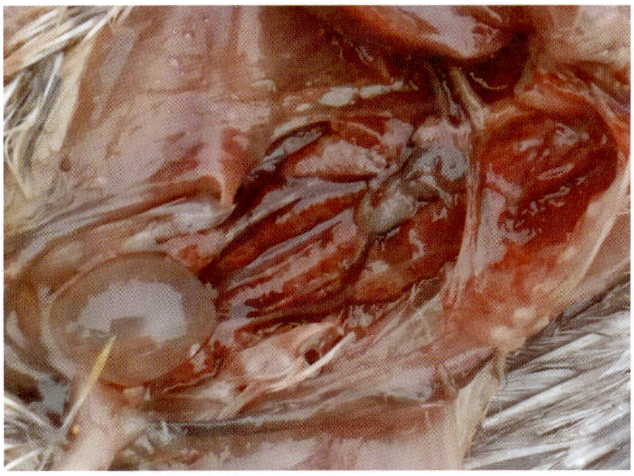

赤霉烯酮毒素导致输卵管大量积液

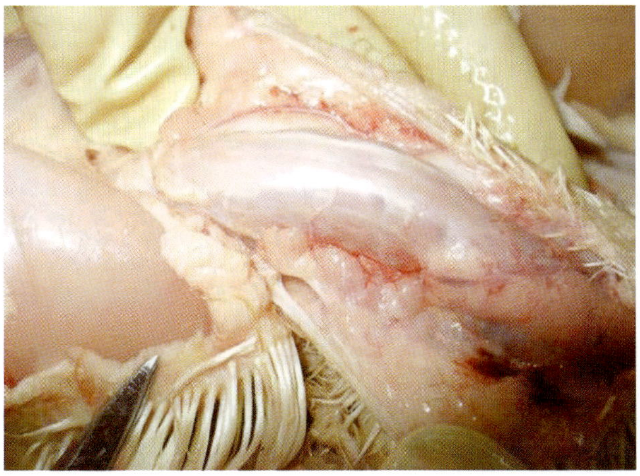

新月毒素导致胸腺贫血、萎缩

新月毒素导致骨髓萎缩，表现为白腿、白爪

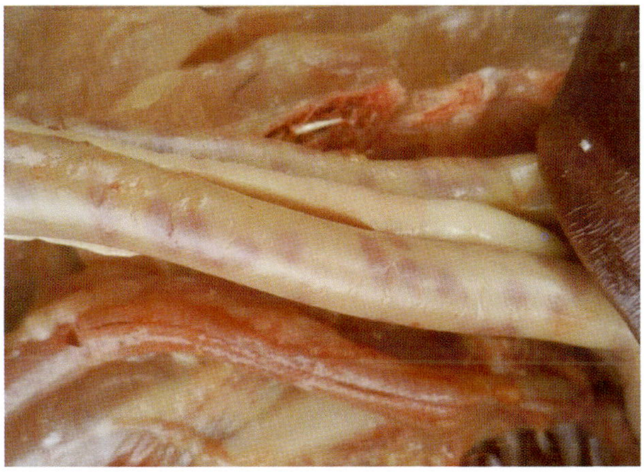

黄曲霉毒素斑：十二指肠浆膜层豆状出血斑

黄曲霉毒素导致肌胃炎和腺胃炎

呕吐毒素导致鸡经常向食槽内吐水

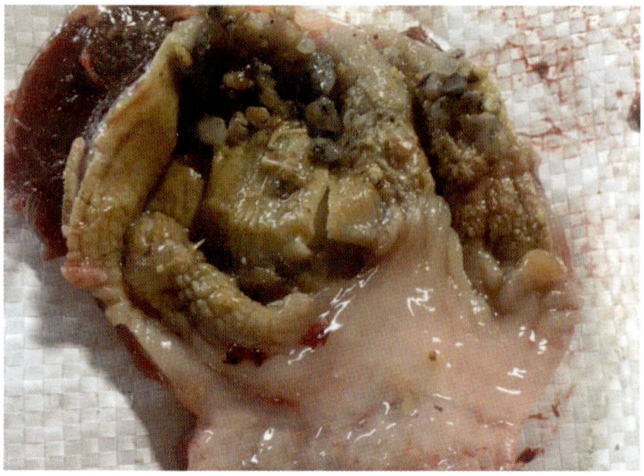

呕吐毒素导致腺胃黏膜松弛并坏死

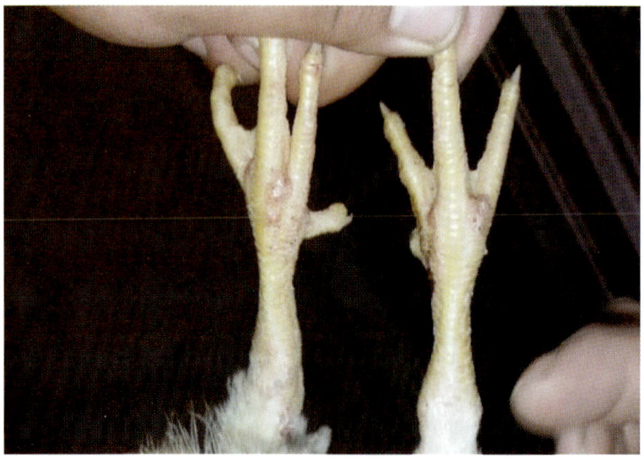

赭曲霉毒素导致趾间轻度溃烂

伏马霉素导致鸡排出黑色煤焦油稀便

七、痢菌净中毒

因用痢菌净治疗肠炎、肠毒、腹泻、禽霍乱、气囊炎、大肠杆菌病等效果确实，而且价格较为低廉，所以临床应用广泛。但由于多种因素，特别是将含痢菌净成分的复方制剂联合应用或使用时间过长，致使痢菌净超量、蓄积而中毒的病例屡有发生。

【病因】 病因有原粉使用搅拌不均匀，重复用药、联合用药致痢菌净过量，大剂量用药，计算错误或估重失误等。

【临床症状与病理变化】 病鸡采食饮水下降或废绝，头部冠髯皮肤黑紫，水样白色下痢，神经症状严重。一般在停药 3~5 天后陆续出现死鸡，且持续时间较长。

死鸡口流黏液，尸体脱水而呈暗紫色；腺胃乳头呈暗红色出血，有陈旧性溃疡斑；腺胃和肌胃交界处有多处暗褐色，陈旧性溃疡面；肝脏肿大发黑；肺脏出血；心肌松弛，心肌内、外膜有散在性出血点；肠黏膜有弥漫性出血等。

【诊断要点】

1. 临床特点

有痢菌净饲喂史，白色水样腹泻，冠髯黑紫，停药后陆续死亡。

2. 剖检变化

肝脏肿大色暗，腺胃乳头出血，肠黏膜出血斑，腺胃移行部溃疡。

【防控措施】严格控制痢菌净用量，不用复方制剂或不联合用药。2 周龄前雏鸡禁用含痢菌净成分的药物，以防中毒。一旦发现鸡中毒，立即停用所有含痢菌净成分的药物。痢菌净中毒尚无特效解毒药，可及时在饮水中添加应用葡萄糖、维生素 C 等，优质保肝药对缓解中毒有明显作用。

雏鸡羽毛松乱，精神高度沉郁

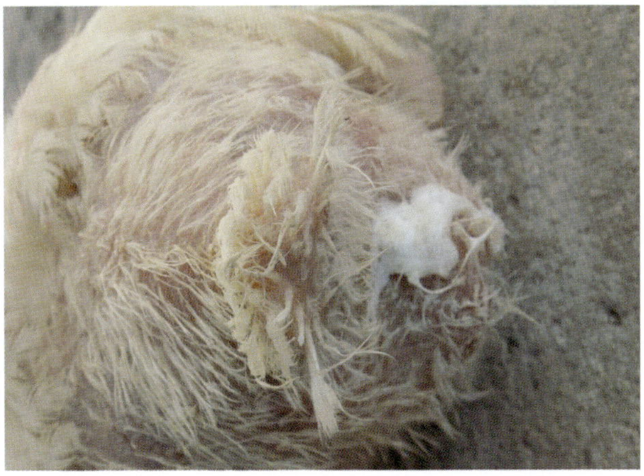

雏鸡白色下痢

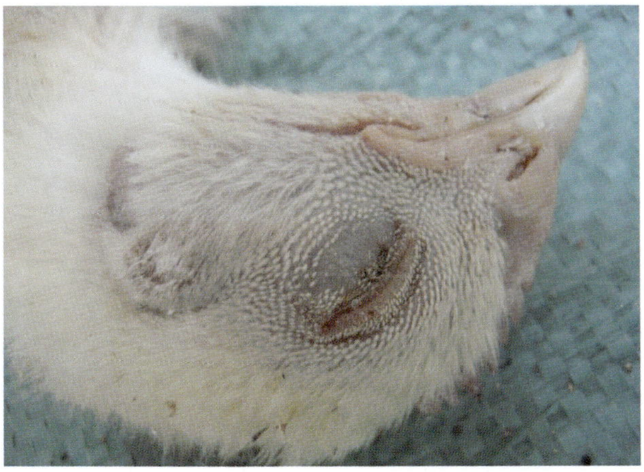

肉鸡头部皮肤青紫色

鸡中毒，大量死亡

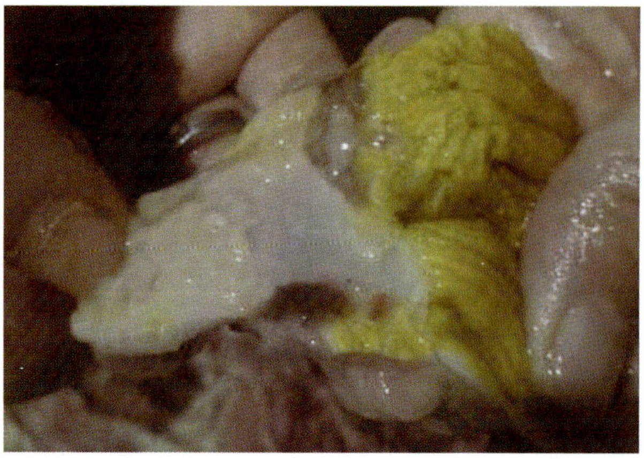

腺胃与肌胃间有陈旧性溃疡斑

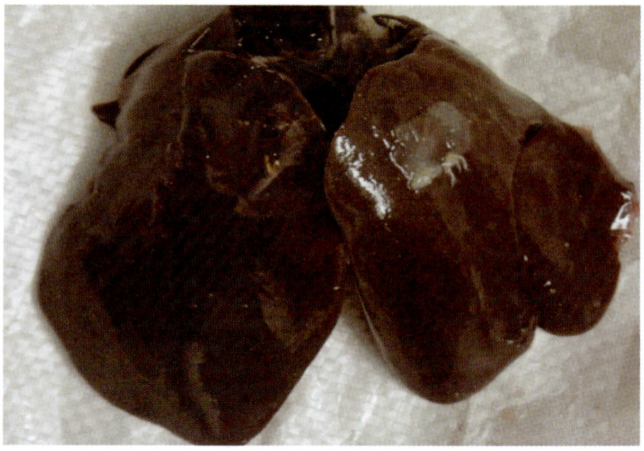

肝脏肿胀，呈黑紫色

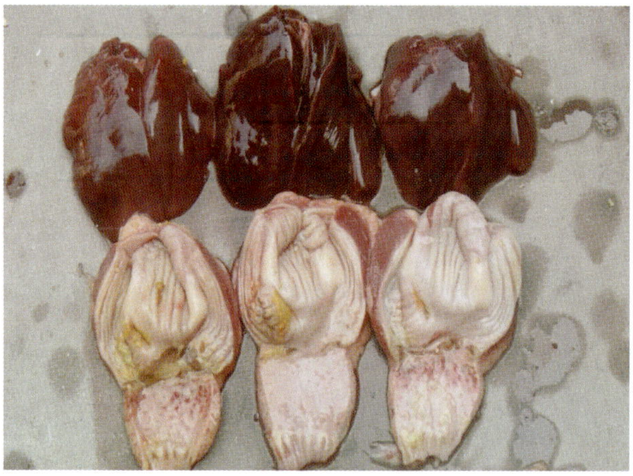

肝脏淤血色暗，腺胃乳头出血，腺胃与肌胃间溃烂

腺胃与肌胃间明显溃烂

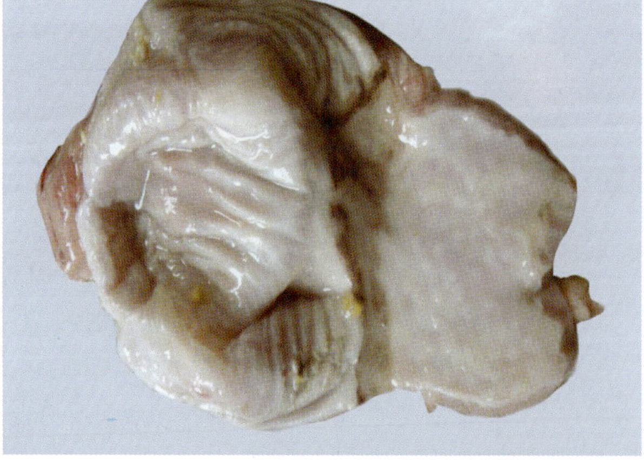

腺胃－肌胃交界处典型的溃疡面

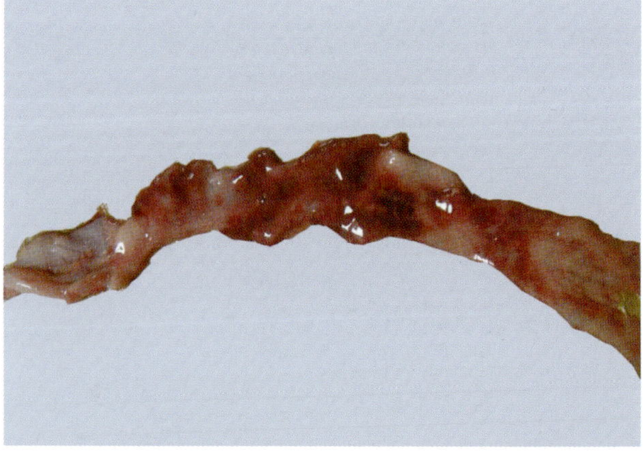

十二指肠严重出血斑

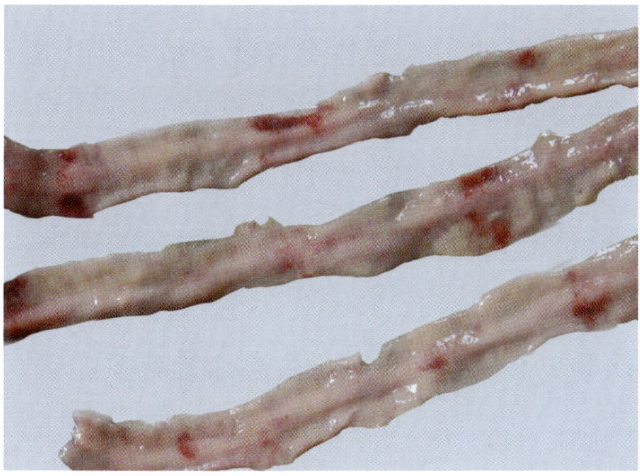

空肠密集出血斑

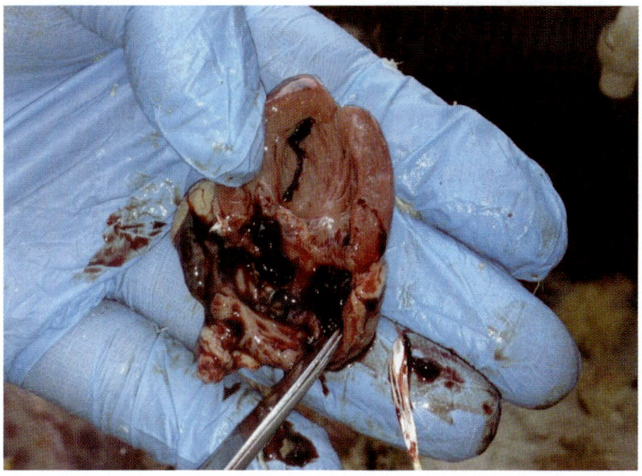

心肌内膜出血，心腔内积有凝血块

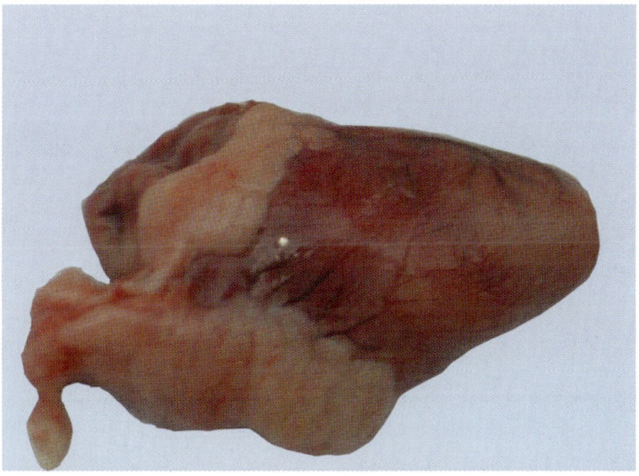

心肌外膜出血、淤血

八、磺胺药中毒

磺胺是治疗家禽细菌性疾病和寄生虫病的常用药，用法不当或用量过大可引起中毒。家禽特别是雏禽，对磺胺类药物敏感，易出现中毒反应。

【病因】磺胺类药物是最常用的合成化学药物，一旦用药剂量过大或连续使用超过7天，即可造成中毒。磺胺药物的治疗剂量与中毒量接近，较易造成中毒。据报道，给鸡饲喂含0.5% SM2或SM1饲料8天，可引起鸡脾出血性梗死和肿胀，饲喂至第11天即开始死亡；复方敌菌净在饲料中添加至0.036%，第6天即引起死亡；复方新诺明混饲用量超过3倍以上，即可造成雏鸡严重的肾肿。维生素K缺乏可促发本病。

【临床症状与病理变化】特征变化为皮下、肌肉广泛出血，尤以胸肌、大腿肌最为明显，呈点状或斑状。血液稀薄。骨髓褪色黄染。肠道、肌胃与腺胃有点状或长条状出血。肝、脾、心脏有出血点或坏死点。肾肿大，输尿管增粗，充满尿酸盐。

生长鸡精神沉郁，食欲减退，羽毛松乱，生长缓慢或停止，虚弱，头部苍白或发绀，黏膜黄染，皮下有出血点，凝血时间延长，排酱油状或灰白色稀粪。产蛋鸡食欲减少，产蛋率下降，产薄壳蛋、软壳蛋或蛋壳粗糙。

【诊断要点】有超量、长时间应用磺胺类药物史。以出血或溶血性贫血为典型症状。剖检，有全身性广泛性出血。注意本病与传染性贫血、传染性法氏囊病及球虫病的鉴别诊断。

【防控措施】青年鸡使用磺胺药不超过 5 天。肉鸡和产蛋鸡禁止使用磺胺类药物。鸡发生中毒现象，立即更换饲料，停止饲喂磺胺类药物，供给充足饮水；在饮水中加入 1% 小苏打和 5% 葡萄糖溶液，连饮 3~4 天；每千克饲料中可加入 5 毫克维生素 K_3，连用 3~4 天；大剂量应用优质保肝解毒药。

蛋鸡头部发绀、淤血

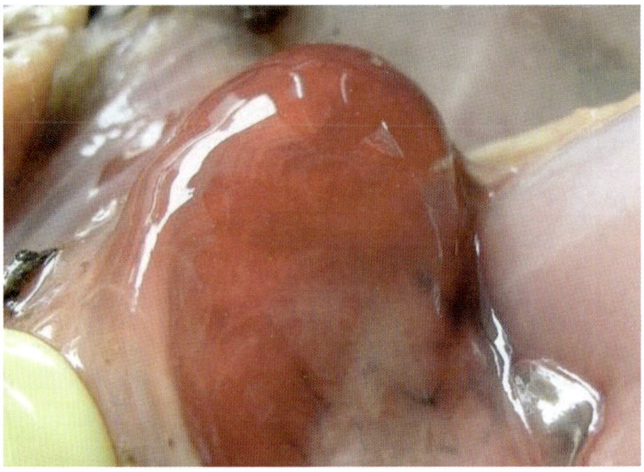

蛋鸡皮下胶冻样渗出物

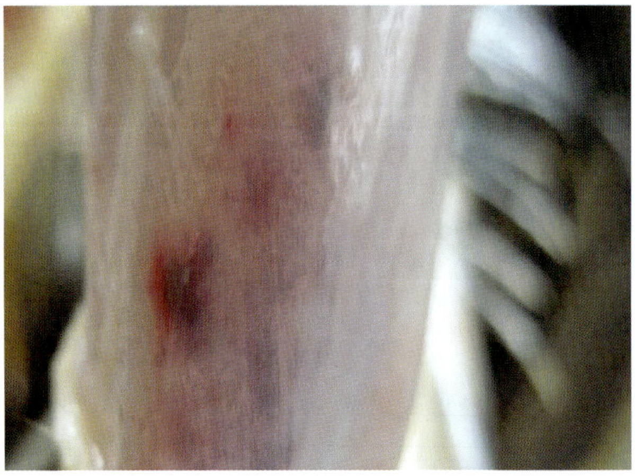

腿肌出血

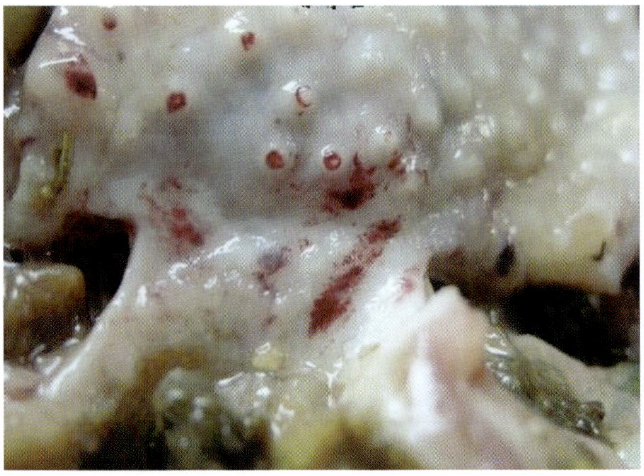

腺胃乳头出血

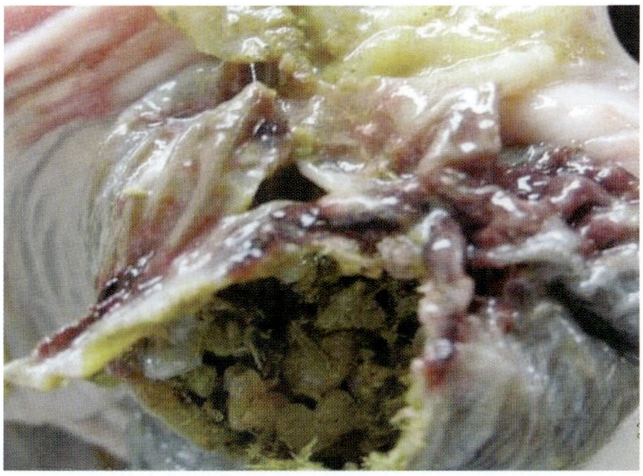

肌胃角质膜出血

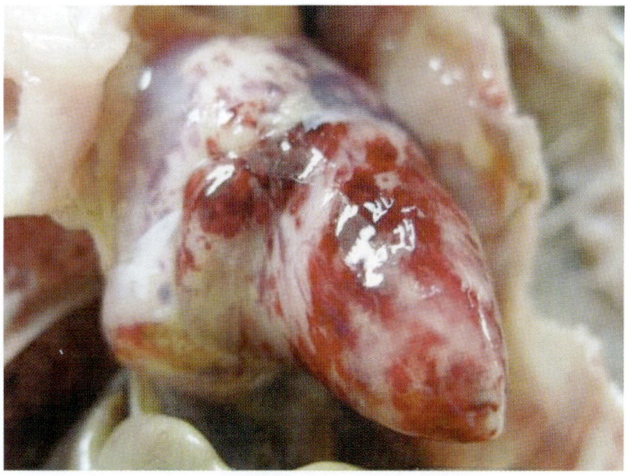

心肌严重出血

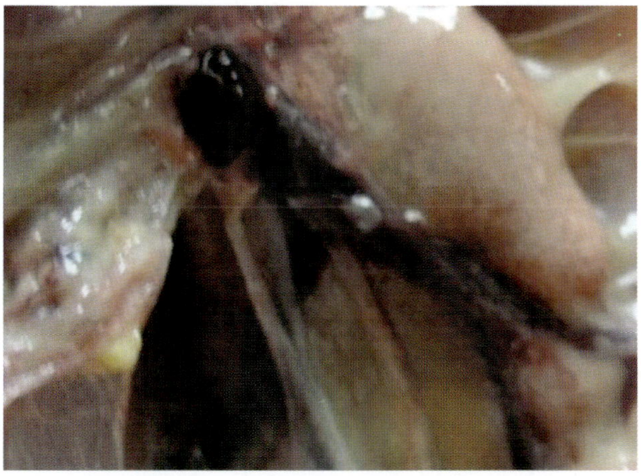

肾脏高度肿胀，色淡，呈土黄色

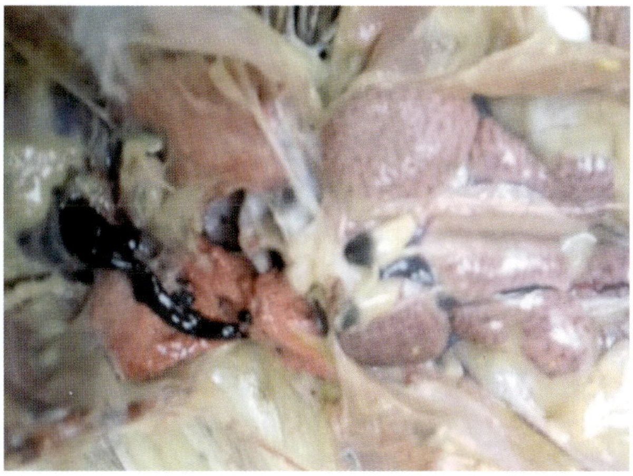

严重的肾脏尿酸盐沉积

九、热射病

热射病即热应激导致的中暑，多发生在炎热季节，突然高温且通风不良即可发生热射病。在规模化、现代化养殖的鸡场，多因供电障碍导致大量死鸡，甚至全群覆没。即便存活下来的鸡，也会造成严重的免疫抑制，并发或继发感染其他疾病。

【病因】鸡舍温度突然升高且持续时间较长；鸡舍简陋，条件较差，无温控通风设备；即便是在温控、通风条件较好的鸡舍，由于外界气温突然升高而未能及时采取降温措施，也会发生中暑；饲养密度过大、通风不良，导致了中暑。

【临床症状】中暑鸡张口呼吸，伸颈气喘，采食减少，饮水量增加，痉挛倒地，昏迷休克，直至死亡。

高温导致雏鸡张口呼吸

养殖密度过大易导致散热障碍—热射病

高温导致中鸡张口呼吸

因风窗处光线太强，导致鸡群向光线弱的地方拥挤

高温导致鸡只伸颈气喘

【病理变化】死鸡皮肤淤血，尸僵缓慢；肺脏淤血水肿；腺胃乳头水肿，有黏液、出血；因缺氧致心室扩张、心包积液；肝脏肿胀、黑紫，严重者有出血点；法氏囊轻度炎性反应等。

【诊断要点】根据高温条件和剖检变化，即可确诊。

【防控措施】保持鸡舍温度的恒定性，保持良好的通风效果，在夏季充分利用好湿帘。外界气温突然升高时，及时通风和采取必要的降温措施。夏季为防止热应激，应在饮水中添加降温药物和防止应激药物。随时检查检修线路及发电设备，以防突然停电。一旦发生热应激，要及时通风，立即降温，补充水分，添加维生素和抗应激药物，减少死亡，并提高机体免疫力。

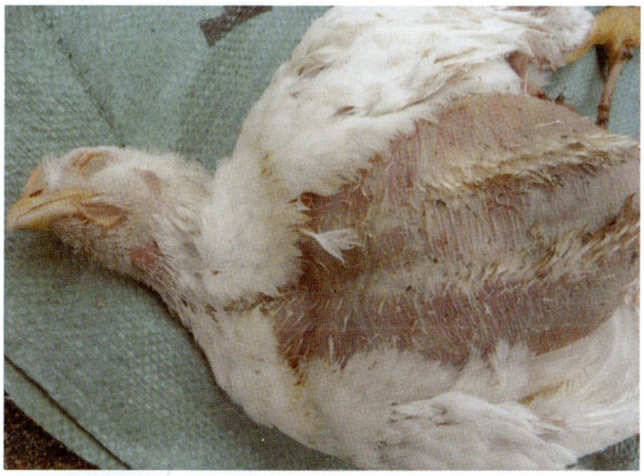

鸡中暑，皮肤呈暗紫色

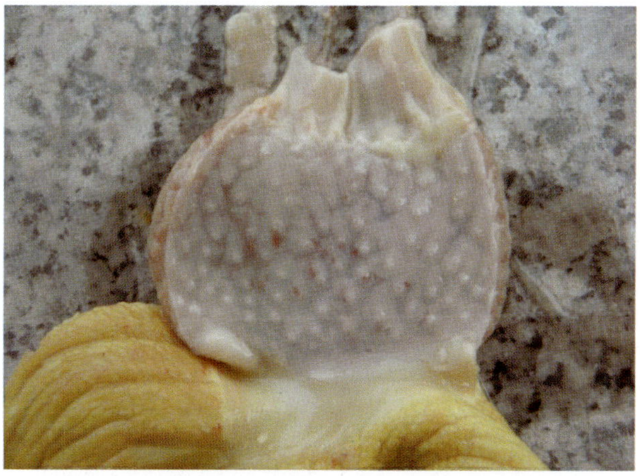

腺胃乳头水肿，小点出血

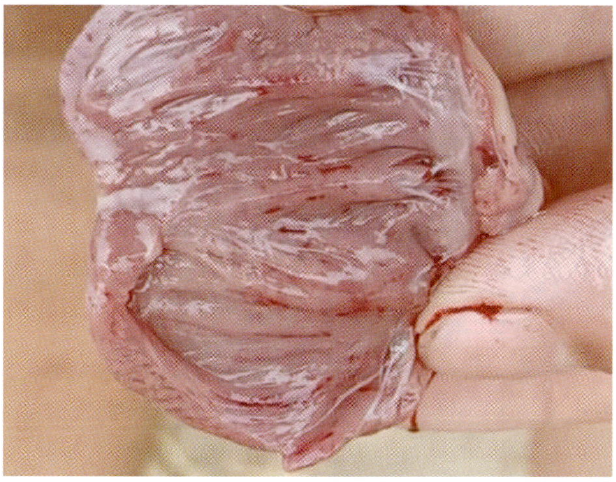

因热应激导致心肌内膜出血

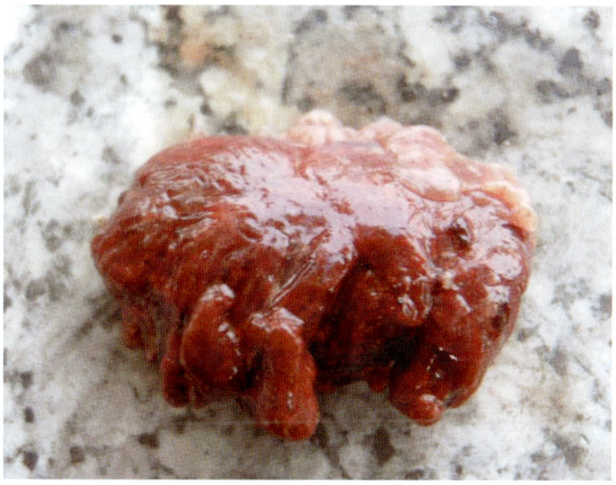

中暑导致肺水肿

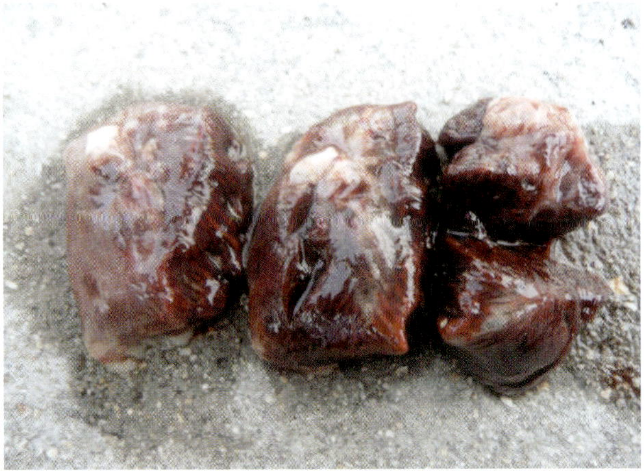

肺脏淤血，高度水肿

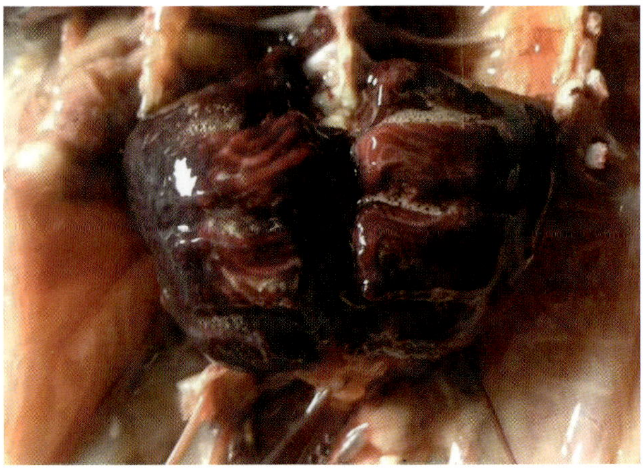

肺脏严重淤血、水肿，呈黑色

因缺氧导致心包积液，肝脏肿大淤血

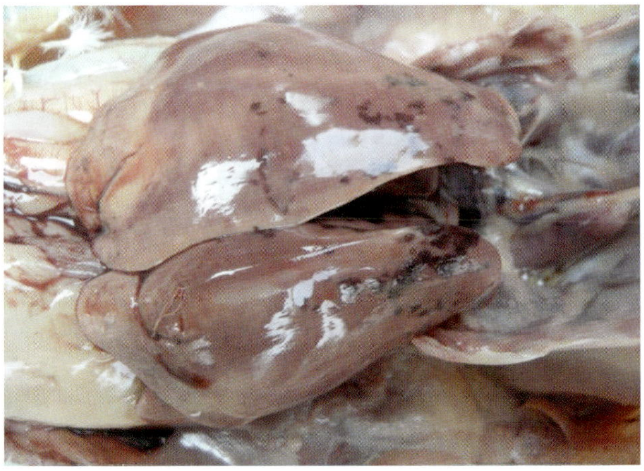

热应激导致肝脏有出血点

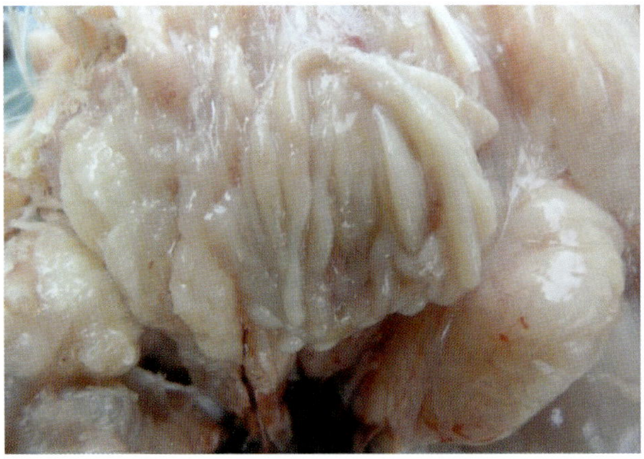

热应激导致法氏囊发炎

十、腹水综合征

肉鸡腹水综合征是一个复杂的症候群，以腹腔明显积水，肺淤血水肿和心脏扩张肥大为特征。近年来本病的发病率呈上升趋势，已成为世界养禽业主要的疾病之一，带来很大的经济损失。

【病因】

1. 生长过快

因为快大型肉鸡生长速度快，肺的容积与体重的增加不成正比。为了满足机体对氧的需要，肺动脉压升高，血液流量增加，从而使心脏负担加重，右心室肥大、扩张，进而引起肺脏淤血，大量腹水出现。

2. 鸡特殊的生理解剖结构

鸡的肺脏固定于胸腔肋间隙内，肺毛细血管氧交换范围不充足，易引起肺高血压、肺淤血。

3. 中毒

因饲料中含有毒性油脂、食盐和其他药物等而导致中毒，直接损伤肝脏，造成肝病变，腹水大量潴留。

4. 环境因素

缺氧、高温、寒冷、通风换气不良等，会引起鸡血液中氧浓度降低，心脏搏动加快，导致心脏功能障碍，而出现全身性淤血，尤其是肝脏淤血。

5. 继发感染

继发禽曲霉菌病、大肠杆菌病、沙门菌病等，引起肺、心、肝病变，而导致大量腹水出现。

【临床症状与病理变化】病鸡采食量减少，生长变慢，突然死亡。最典型的症状是腹部膨大，腹部皮肤变薄发亮，用手触压有波动感。病鸡行动困难，腹部着地，“企鹅状”走动。呼吸困难，严重病例冠和肉髯呈紫红色，抓鸡时可突然死亡。

剖检病鸡，在扩张的腹腔中积有300毫升以上的黄色腹水，混有纤维素块或絮状物。肝脏皱缩，体积变小，边缘钝圆，质地较韧，被一层白色纤维素膜包裹。有的病例见肝脏表面凹凸不平。心包腔积有大量清亮液体，右心室肥大。肺淤血、水肿，脾、肾、胃、肠淤血。

【诊断要点】病鸡呼吸困难，腹部胀满，心包积水，腹腔积液，肺脏水肿。

【防控措施】

1. 改善环境条件

及时通风，降低温度，调整饲养密变。在饲养肉鸡不同阶段所需温度的基础上降低1~2℃，避免肉鸡代谢器官功能失调。适当减小饲养密度，特别是在育成中后期，做到每周一次分群。尤其是在夏季，肉鸡到4周龄时，每平方米应控制在15只以内。

2. 限制饲养

包括限质法和限量法两种。限质法是限制饲料中蛋白质和能量的含量。一般可在3周龄以内饲喂质量较低的粉状料，3周龄后逐步换成颗粒料。不少养殖场采用此法后，腹水综合征的发病率和死亡率明显下降。限量法是在喂颗粒料及高营养料时，在3周内限制采食量来控制生长速度，也可减少腺－肌胃炎的发生。

3. 合理配料

饲料中能量、蛋白质、矿物质和维生素的含量符合要求，每吨饲料中，加硒0.05克，加维生素E4万国际单位，加维生素C500克，加氯化胆碱1~2千克。

4. 科学用药

肉鸡每次用药，一定要按照说明书进行饲喂，不要盲目加大药物的用量，防止药物中毒对肝脏和肾脏的危害，而造成腹水。在肉鸡饲料中添加维生素C 500毫克/千克饲料，或40毫克/千克饲料辅酶Q_9，均能有效预防肉鸡腹水综合征。

5. 定期驱散鸡群

每2小时定期到鸡舍检查，促进肉鸡运动，加快消化吸收。对于肉鸡有扎堆的，及时驱散开。

6. 腹腔抽水

对已发生腹水综合征的病鸡，用注射器抽出腹水，以减轻对心、肝、肾的不良影响。抽水时注意对器械和肉鸡腹部的消毒，做到无菌操作。

7. 药物防治

长期或过量使各种药物，残毒可影响心、肝、肾功能，导致腹水综合征，因此，在生产中应尽量减少使用药物。口服利尿类药物对症治疗或皮下注射0.1%亚硒酸钠溶液1毫升1~2次。运用中兽医学辨证施治理论，以利尿除湿、活血化淤组方原则研制的中草药方剂，对防治肉鸡腹水综合征有良好的效果。在肉鸡饲料中加中药柴胡、龙胆、泽泻、车前草、木通等具有解热疏肝、渗湿利水的药物。

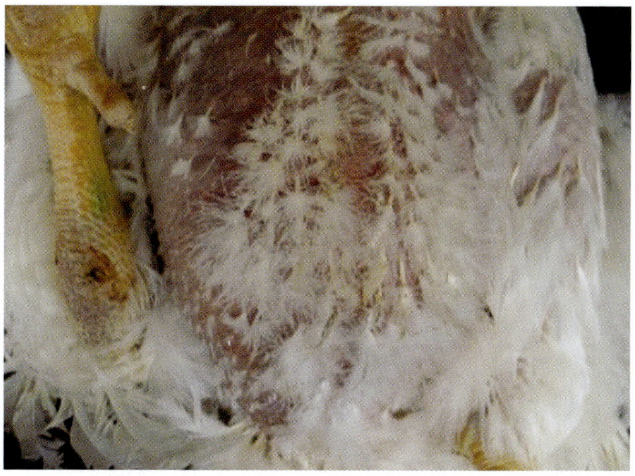

病鸡腹部发紫

腹腔有黄色、浑浊液体

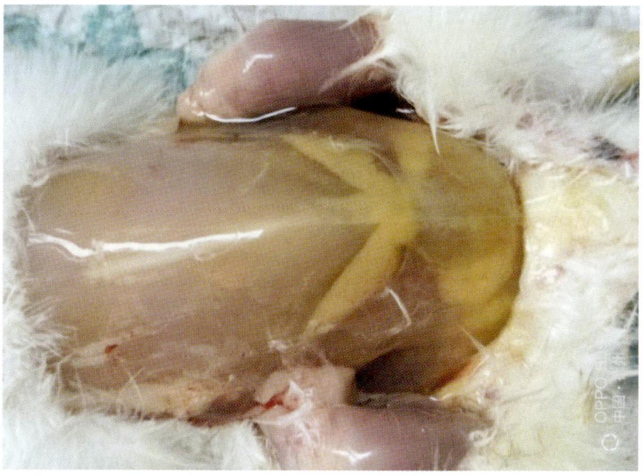

腹腔有黄色透明液体

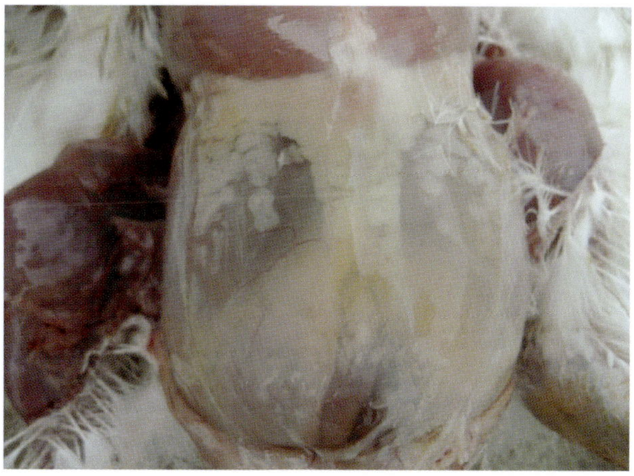

腹部胀满，有透明液体

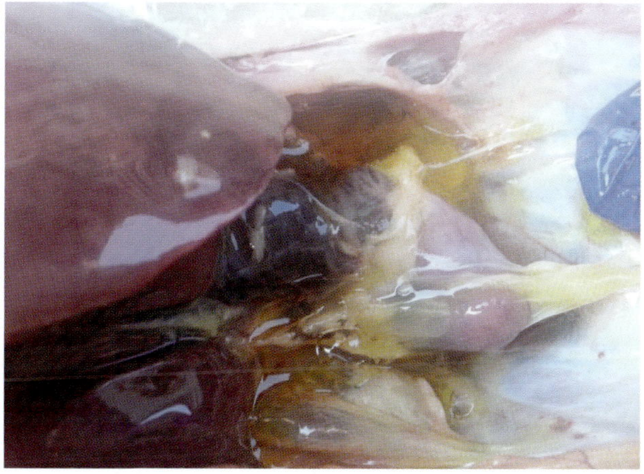

腹腔有少量黄色纤维素性物质沉积

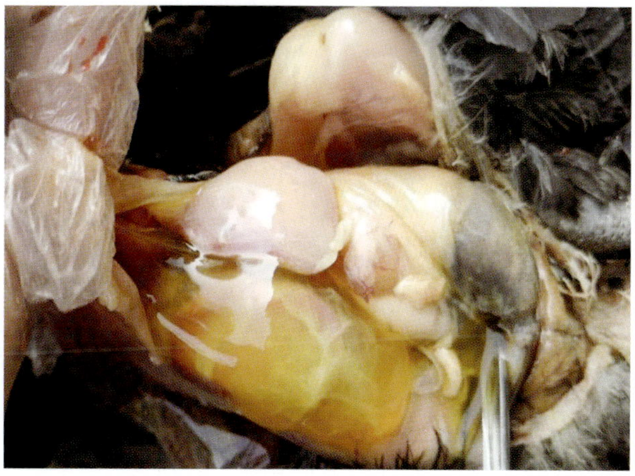

腹腔附着大量黄色纤维素性物质

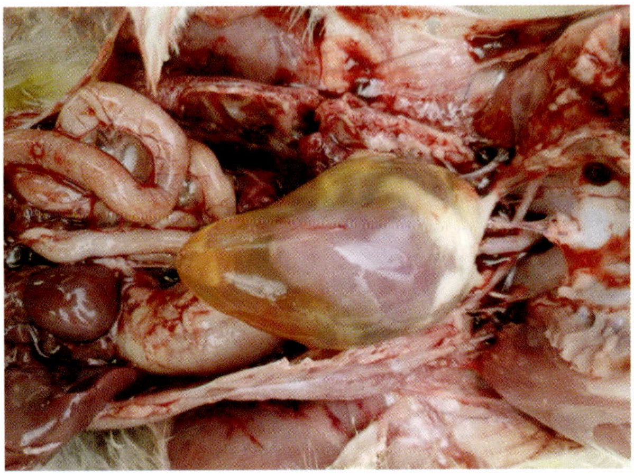

心包积液透明

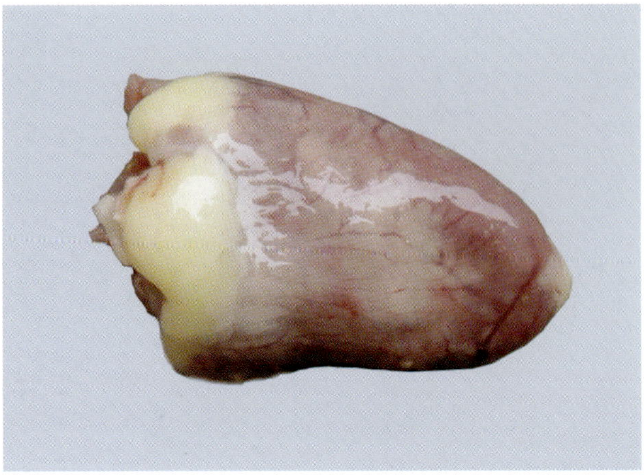

心肌泛白，心室扩张

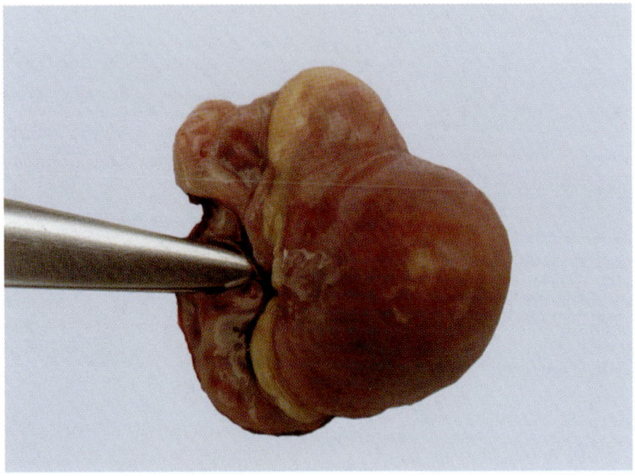

心室明显扩张，导致心尖钝圆

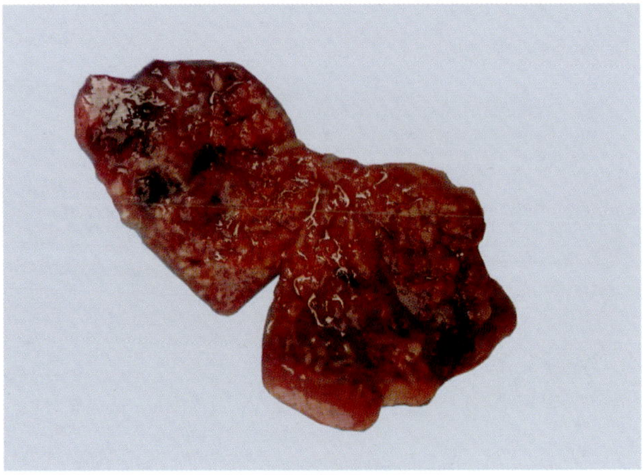

肺脏轻度水肿

因循环障碍，导致肺脏重度淤血、水肿

希腊纯天然牛至油

预防和治疗细菌性和真菌性感染 防治球虫
提高饲料转化率

产品功效

1.100%天然药物、绿色、无残留。
2.美国FDA认证安全有效产品，获得欧洲和美国专利。
3.无耐药性，抗氧化。
4.提高机体免疫器官的重量，促进抗体的形成，提高饲料营养物质的吸收利用能力。增加产蛋率和产肉率，改善蛋壳品质。
5.清除饮水管内由于细菌和霉菌生成的生物膜。

欧洲专利证书：EP 0 835 120 B1
美国专利证书：US006106838A

产品成分 牛至精油、香芹酚、百里香酚、硅藻土；

用法用量 每300毫升兑水1000升，每天连续给药8~10小时，可连续使用5~7天。

胡芩甘

调理内脏 提高抗生素药效 抗菌 抗病毒

产品功效

1.迅速修复损伤的肝脏、肾脏、心脏、肺脏等器官。减少病毒病的发生并迅速提高机体的免疫力，迅速减少死亡。
2.减少肝脏胆汁淤积，减少心脏淤血、心衰，减少肺脏栓塞。
3.减少鸡35天突然发病率，减少病死率。
4.减少蛋鸡、种鸡肝脏破裂率和瘫痪率。
5.减少鸭、鹅肝脏淤积，瘫痪，关节肿大，摇头晃脑等疾病发生。
6.增加药效，提高抗生素的利用率。

产品成分 金银花、蒲公英、黄芩等。

用法用量 每1000g兑水2000kg，拌料1000kg。

鑫宝星®

济南鑫宝星动物药业有限公司 济南市市中区七贤兽药市场北区202
销售电话：李经理 18853185355 刘经理 18853186355

嘉博生物
JIABO BIOLOGICAL ENGINEERING
—好中药 嘉博造—
中药提取物
专业生产企业
招商热线：0792-3682888 可提供中草药私人定制及代工业务
传承国药经典 倡导无抗养殖
解除抑制
健脾保肝
补气增免
温补肾阳
嘉芪素
芪贞增免颗粒
江西嘉博生物工程有限公司
防治 卵巢炎 输卵管炎
改善 蛋壳颜色 舍内氨气
提高 抗病力 产蛋率
减少 软壳蛋 血斑蛋 沙皮蛋
延长 产蛋高峰
降低 死淘率 料蛋比
嘉蛋多
黄芪
淫羊藿
女贞子
甘草
党参

利德尔
CNLEADER

扶正解毒散+肠益舒康

种禽保健之黄金组合

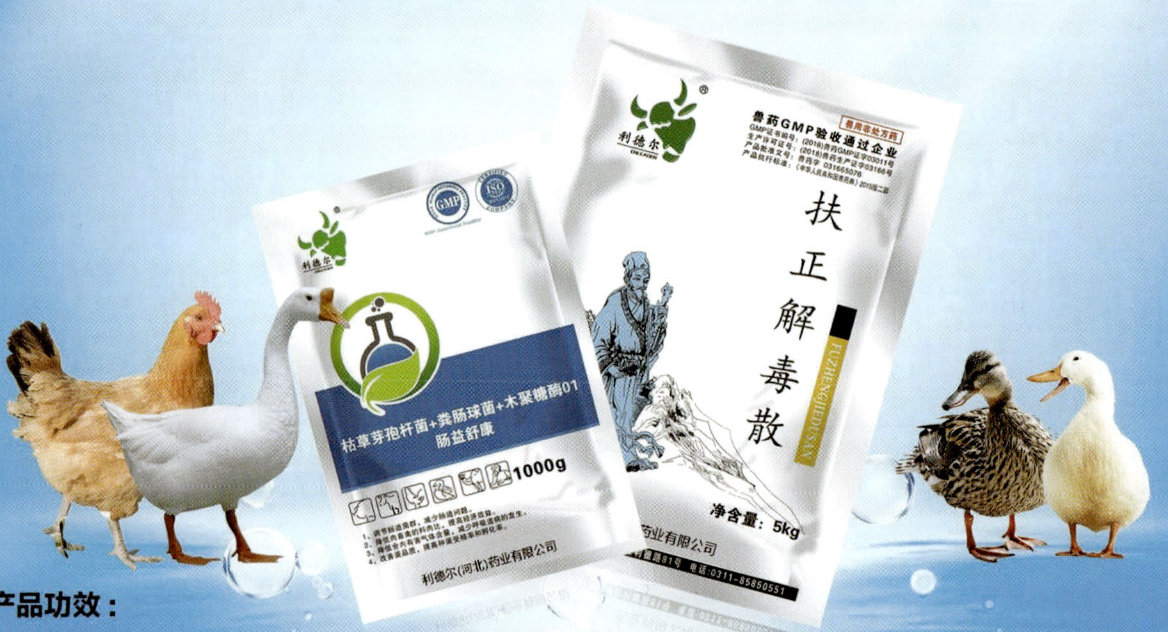

产品功效：

1. 调节肠道菌群平衡，促进有益菌增殖，抑制有害菌，改善肠道内环境，防止肠炎腹泻发病。
2. 维护肠道黏膜的完整，提高肠绒毛的营养吸收功能，提高饲料的利用率，维持机体营养均衡。
3. 促进胸腺、法氏囊、脾脏等免疫器官发育，促进免疫细胞的分化，提高机体免疫力，减少各类病毒发病。
4. 促进卵泡发育，提高产蛋率，延长产蛋周期，减少输卵管炎症，预防蛋子瘟，改善蛋壳质量，降低破蛋率。
5. 生成抗菌肽等抗菌物质，减少发生细菌性疾病，预防大肠杆菌、浆膜炎、霍乱等疾病。
6. 分解霉菌毒素，抑制霉菌繁殖，改善畜舍内环境，降低圈舍氨气浓度，降低呼吸道发病率。

用法用量：

扶正解毒散，每袋 5 千克拌料 1000 千克；肠益舒康，每袋 1 千克拌料1000千克；两药合用拌料，每天集中一次或自由采食，连用 5~7 天。

利德尔（河北）药业有限公司

地址：河北省赞皇县五马山工业园区利德路81号　邮箱：leader282@sina.com　邮编：051230
全国咨询电话：400-061-5551　销售热线：0311-85850551